BARLAGE | GOSS | HAAS | SCHUSTER

GÄRTNERN

für Gartenneulinge

So gelingt garantiert jeder Handgriff

BARLAGE | GOSS | HAAS | SCHUSTER

GÄRTNERN

für Gartenneulinge

So gelingt garantiert jeder Handgriff

Inhalt

Verstehen + loslegen = gärtnern 9

Was ist wo wann zu tun – und wo steht's 10

Tabelle: Die zehn phänologischen Jahreszeiten 12

Allgemeine Gartenpraxis 19

Boden 20

Das Bodenleben 20

Schimmel auf Erde 22

Beet anlegen 23

Boden ist nicht gleich Boden 24

Boden schützen 26

Bodenretterpflanzen 27

Zeigerpflanzen 28

Torffreie Erden 30

Wiederverwendung von Substraten 31

Boden mulchen 32

Vliese und Folien 33

Besondere Beetformen 34

Die Düngung 36

Nährstoffe kurz erklärt 36

Wichtige Nährstoffe 37

Nährstoffe 38

Grundkenntnisse Düngung 40

Düngemittel 41

Tierische Düngemittel 42

Düngen mit Mist 43

Dünger selbst herstellen 44

Wässern 47

Richtig wässern 47

Gießtipps 48

Wasser sparen 49

Wasserbedarf 50

Pflanzen ziehen 51

Lebensformen von Pflanzen 51

Tabelle: Die wichtigsten Pflanzengruppen 52

Saatgutbegriffe 54

Aussaatmethoden 54

Saatgutgewinnung 55

Nützliche Hilfsmittel 56

Aussaatfehler 57

Stecklingsvermehrung 59

Teilen und trennen 60

Steckholzvermehrung 61

Absenker und Veredelungen 62

Ein Beet vorbereiten 63

Einpflanzen 64

Ballierte und wurzelnackte Pflanzen 65

Wurzelnackte Pflanzen 66

Geräte für die Gartenarbeit 67

Die wichtigsten Gartengeräte und ein paar interessante Ergänzungen 68

Das ideale Pflanzgefäß 72

Richtig Gärtnern in Töpfen 73

Pflanzenschutz 74

Natürliche Pflanzenschutzmittel 74

Schnecken abwehren 76

Biomittel gegen Blattläuse 77

Nützlingsstreifen 78

Dickmaulrüssler 79

Wühlmäuse bekämpfen 80

Umgang mit Beikräutern 81

Nützlinge 82

Wildbienen im Garten fördern 84

Schritte zum Naturgarten 86

Gefahren im Naturgarten vermeiden 88

Ziergarten 91

Gehölze 92

Saftdruck steuert Wachstum 92
Wuchs- und Triebformen 93
Gehölze für den Garten 94
Hausbäume und Klimagehölze 96
Hecken Schritt für Schritt 98
Hecken als Sichtschutz 99
Robuste Hecken 99
Wildgehölzhecke 100
Totholzhecke 100
Bunte, blühende Hecken 101
Frühblühende Gehölze 102
Blühende Sträucher für kleine Gärten 103
Klein bleibende attraktive Gehölze 104
Früchte für Mensch und Tier 105
Hitzverträgliche Sträucher 106
Hangbepflanzung 107
Buchsersatzpflanzen 108
Empfehlenswerte Koniferen 109
Hortensien 110
Buchsbaumzünsler 111
Gespinstmotten 112
Absterbende Koniferenhecke 113
Schnittformen 114
Sommerschnitt 115
Hortensien schneiden 116
Mönchspfeffer und Hibiskus schneiden 117
Lavendel und Thymian schneiden 118
Spiräe und Blutjohannisbeere schneiden 119
Markante Frühjahrsblüher 120
Formschnitte 121
Hecken in Form halten 122

Kletterpflanzen 123

Vorteile von Kletterpflanzen 123
Selbsthaftende Kletterpflanzen 124
Stützhilfen 125
Einjährige Kletterpflanzen 126
Klematisarten 127
Klematis schneiden 128
Berg-Waldrebe schneiden 129
Efeu und Wilden Wein bändigen 130
Blauregen in Form halten 131
Klematiswelke 132

Rosen 133

Rosen pflanzen 133
Die passenden Rosensorten finden 134
Rosen – hoch hinaus 136
Rosenpflege 138
Rosenstämmchen 139
Rosen vergangener Tage 140
Winterschutz bei Rosen 141
Öfterblühende Rosen schneiden 142
Kletterrosen schneiden 143
Einmalblühende Rosen schneiden 144
Pflegeschnitt bei Rosen 145
Rosenprobleme 146

Stauden und Gräser 148

Staudenvielfalt 148
Stauden pflanzen und umpflanzen 150
Stauden für trockene Flächen 152
Stauden für den Schatten 154
Dauerblüher Stauden 155

Bodendeckende Stauden 156
Bodendecker für den Schatten 157
Pflanzung und Pflege von Gräsern 158
Mit Ziergräsern gestalten 159
9 wilde Garten-Stars 160
Sommerstauden schneiden 162
Gräser schneiden 163
Wintergrüne Stauden schneiden 164
Sommerlicher Staudenschnitt 165

Zwiebeln und Knollen 166
Tolles trockenes Pflanzgut 166
Zwiebeln und Knollen pflanzen 167
Tabelle: Wichtige Zwiebel- und Knollenpflanzen 168
Zwiebel- und Knollenpflanzen in Gefäßen 170
Frühjahrspflanzung 171
Dahlienknollen pflanzen 172
Tulpen kommen nicht wieder 173
Gestalten mit Zwiebeln und Knollen 174
Einfache Überwinterung 175

Saisonpflanzen 176
Frühlingsboten 176
Pflege der Sommerblumen 177
Sommerblüher für heiße Standorte 178
Tabelle: Sommerblumen für Anfänger 179
Saisonpflanzen für Insekten 180
Einjährige Herbstblüher 181
Tabelle: Aussaattabelle Saisonpflanzen 182
Direktsaat von Sommerblumen 184
Trockenblumen 185
Kübelpflanzen überwintern 186

Rasen 188
Wichtiges Gartenelement: Rasen 188
Rasen ausäen 189
Rollrasen 190
Rasen mähen 191
Rasenprobleme 192
Rasenkrankheiten 193
Rasenflächen gestalten 194
Blumenwiese 195

Wasser im Garten 196
Einen Teich anlegen 196
Teichplanung 197
Pflanzen für den Teich 198
Teichpflege 199

Nutzgarten 201

Gemüse 202
Fruchtfolge und Mischkultur 202
Aussaat im Freiland 204
Gemüse pflanzen 206
Tabelle: Pflanzzeiten von Gemüse 207
Pflanzen im Gewächshaus 208
Aussaaten im Gewächshaus 209
Vorziehen auf der Fensterbank 210
Frühbeet anlegen 211
Nährstoffmangel bei Gemüse 212
Tomaten anbauen 214
Gurken kultivieren 216
Kohlarten gedeihen nicht 217
Salate anbauen 218

Kartoffeln anbauen 219
Paprika und Chili 220
Zucchini und Kürbis 221
Hülsenfrüchte 222
Wurzelgemüse aussäen 223
Zwiebelgewächse anbauen 224
Spinnmilbe an Gurke 225
Tabelle: Gemüse kultivieren 226
Tomatenkrankheiten 230
Lauchminierfliege 231
Gemüse fault 232
Erdflöhe 233

Obst im Garten 234

Obstarten 234
Richtige Baumgröße 236
Früchte ausdünnen 237
Einen Obstbaum erziehen 238
Einen Obstbaum vital halten 239
Einen Spindelbaum schneiden 240
Sauerkirsche und Pfirsich 241
Säulenbäume schneiden 242
Spalierbäume erziehen 243
Kirsche und Zwetschge schneiden 244
Apfelwickler 245
Kräuselkrankheit an Pfirsich 246
Madige Kirschen 247
Schrotschusskrankheit 248
Krankheiten an Tafeltraube 249
Rindenbrand an Obstgehölzen 250
Walnussfruchtfliege 251

Beeren und Trauben 252

Erdbeeren 252
Himbeeren und Brombeeren kultivieren 254
Johannis- und Stachelbeeren 256
Heidelbeeren 257
Kirschessigfliege 258
Johannis- und Stachelbeeren schneiden 259
Frühjahrsschnitt: Him- und Brombeere 260
Tafeltraube schneiden 261
Sommerschnitt bei Him- und Brombeere 262
Resistente Sorten 263

Kräuter 264

Mehrjährige und einjährige Kräuter 264
Mediterrane Kräuter 266
Gesprenkelte Topfkräuter 268
Dill kommt nicht voran 268
Petersilie gedeiht nicht 269

Glossar 270
Register 278
Bezugsquellen 282
Literatur/Bildnachweis 286
Die Autoren 287
Impressum 288

Verstehen + loslegen = gärtnern

Nachvollziehen können, warum dieses oder jenes dann und nicht wann anders getan werden sollte, das macht Gärtnern noch schöner – und die Arbeit geht leichter von der Hand.

Was ist wo wann zu tun – und wo steht's

Die drei großen Kapitel »Allgemeine Gartenpraxis«, »Ziergarten« und »Nutzgarten« präsentieren eine Sammlung der wichtigsten und aktuellsten Gartenfragen, die wir als Autorenteam zusammengetragen haben. Diese sind in Unterkapiteln thematisch zusammengefasst. Bei jeder Frage ist mindestens eine der zehn phänologischen Jahreszeiten angegeben. So ist leicht zu erkennen, zu welcher Zeit eine Arbeit am besten erledigt werden sollte. Kommen mehrere Zeitpunkte infrage, sind alle Jahreszeiten angegeben. Ist eine Zeit besonders gut geeignet, ist sie auch besonders herausgestellt. Bei allgemeinen Fragen, z. B. bei der Vorstellung der Gartengeräte, entfällt dagegen die Jahreszeitangabe. Die einzelnen Fragen sind, so gut es möglich war, in den Unterkapiteln beginnend mit der Jahreszeit »Vorfrühling« der phänologischen Reihe nach sortiert. So können Sie sich bequem und schnell orientieren, was wann im Jahreslauf ansteht. Und wie wissen Sie, welche Jahreszeit gerade im Gange ist? Ganz einfach: Sie brauchen dazu nicht einmal einen Kalender – ein Blick in die Natur genügt.

Das Motto »Man muss nicht alles wissen, man muss nur wissen, wo es steht!« gilt auch für dieses Buch, und Sie müssen kein Sherlock Holmes sein, um hier Antworten auf Ihre Fragen zu finden.

Allgemeines, Nutzgarten oder Ziergarten?

Als ersten Schritt reicht es, sich klarzumachen, ob das, was Sie gerade beschäftigt, sich auf die allgemeine Gartenpraxis bezieht oder im Ziergarten eine Rolle spielt oder für den Anbau von Obst, Kräutern oder Gemüse wichtig ist. Antworten finden Sie dann in den Kapitel »Allgemeine Gartenpraxis«, »Ziergarten« und »Nutzgarten«.

Richtiges Timing ist alles

Danach geht es vorrangig darum, ob Sie direkt aktiv werden müssen oder noch etwas zeitlichen Spielraum haben, um zu Werke zu gehen. Innerhalb der drei Kapitel ist die Reihenfolge der Themen, die jeweils durch eine typische Frage umrissen werden, an die Jahreszeiten angelehnt und ab dem Vorfrühling beginnend in eine Reihenfolge gebracht. Alle Tätigkeiten, die mehrmals im Jahr anfallen, sind zuerst in der ersten Jahreszeit zugeordnet, in der sie erledigt werden sollten.

Dazu müssen Sie lediglich wissen, welche Jahreszeit gerade tatsächlich ist, und das hat für unsere Zwecke wenig mit dem Kalender zu tun, sondern viel mit der Natur selbst.

Es gibt zehn (!) Jahreszeiten in der Natur

Für den Jahreslauf in Mitteleuropa sind seitens der Natur nicht nur vier, sondern zehn Jahreszeiten voneinander abgrenzbar. Sie zeigen sich deutlich durch die fortschreitende Entwicklung des Pflanzenwachstums an einem Standort. Typische, sogenannte »Zeigerpflanzen« signalsieren jeweils den Anfang einer neuen Jahreszeit. Die Natur kommt jedes Jahr ab dem Vorfrühling sichtbar in Gange. Der wird durch die Blüte der Haselnuss oder des Schneeglöckchens und das erste Aufkommen von Hummeln angezeigt. Es folgen Erstfrühling und Vollfrühling, Sommer und Herbst sind ebenso nochmals in drei Jahreszeiten unterteilt. Nur der Winter bleibt eine Einheit. Auf diese Weise kommen die zehn phänologischen Jahreszeiten zustande.

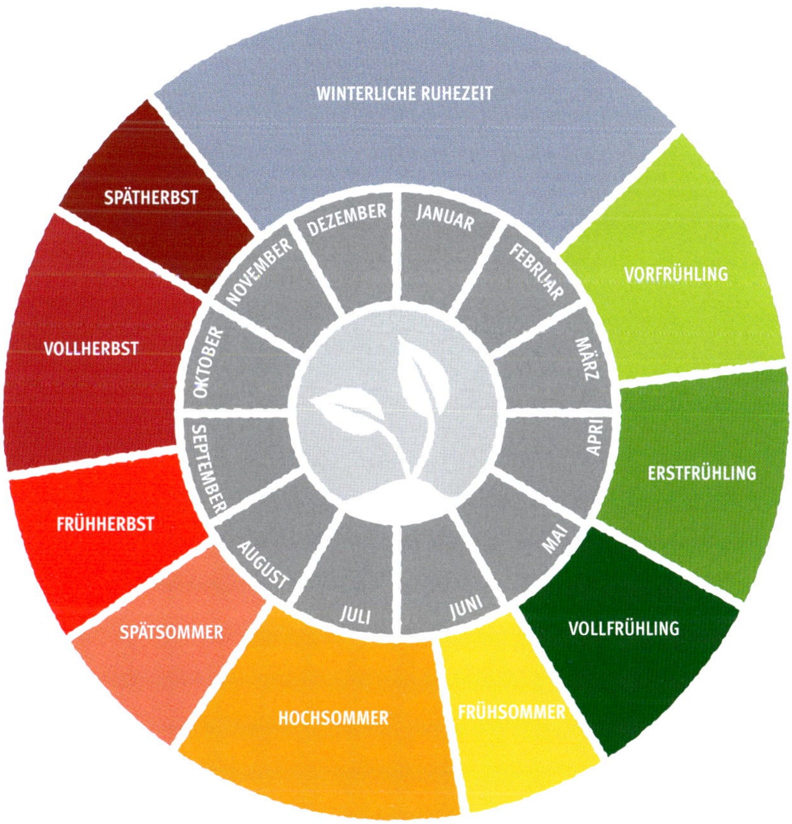

DIE ZEHN PHÄNOLOGISCHEN JAHRESZEITEN

Jahreszeit	Zeigerpflanzen	Weitere Anzeichen	Beispiele für Gartenarbeiten
Vorfrühling VoFr 	Blüte der ← **Schneeglöckchen,** Haselnuss-Sträucher, Schlüsselblumen, Kornelkirschen	Erste Hummeln fliegen, Amseln starten Nestbau, Maulwürfe werfen Hügel auf	Ausbringen von Gesteinsmehlen, Obstbaumschnitt, Indoor-Aussaat langwieriger Kulturen zur Vorkultur
Erstfrühling ErFr 	Blühbeginn ← **Narzissen,** Buschwindröschen, Buche, Birke, Stachelbeeren, Kirschbäume	Erste Bienen fliegen, Schwalben kommen zurück, Rotschwänzchen beginnen mit der Brut	Ausbringen von Kompost, Gehölzpflanzung, Rückschnitt öfterblühender Rosen, Nisthilfen für Vögel und Insekten aufhängen
Vollfrühling VollFr 	Blüte der ← **Apfelbäume,** Bärlauch, Maiglöckchen, Rosskastanie	Eintreffen der Mauersegler aus dem Winterquartier, Maikäfer lassen sich blicken, Kuckuck ruft	Aussaat ins Freiland, Pflanzen frostempfindlicher Gewächse, Herausräumen überwinterter Kübelpflanzen
Frühsommer FrSo 	Reife von ← **Erdbeeren,** Blühbeginn von Holunder, Robinie, Vollblüte von Wiesen mit Klatschmohn und Kornblumen	Erste Grillen zirpen, erste Bruten von Singvögeln verlassen die Nester	Stecklingsvermehrung, Aussaat von zweijährigen Pflanzen, späte Gemüse säen oder pflanzen
Hochsommer HoSo 	Blühbeginn ← **Lavendel,** Sommer-Linde, Reifen von Süßkirschen, Johannis- und Stachelbeeren	Frösche quaken, Glühwürmchen glimmen	Ernte von Beerenobst und Kirschen, Schnitt von Frühsommerblühern, Gründüngung einsäen

Jahreszeit	Zeigerpflanzen	Weitere Anzeichen	Beispiele für Gartenarbeiten
Spätsommer SpSo 	Blühbeginn ← **Dahlien,** Sommer-Heide, Herbst-Anemonen, Reife von Ebereschen	Libellen schwirren, es ist Wespenzeit	Pflanzen von Herbstzeitlosen, letzter Termin für Stecklingsvermehrungen, Aussaat diverser Gemüse
Frühherbst FrHe 	Allgemeine Reife von ← **Äpfeln,** sowie Birnen, Zwetschgen, Holunder- und Brombeeren, Blüte der Herbstzeitlosen	Hausschwalben ziehen ab	Allgemeine Obsternte, Herbstpflanzung von Stauden, Pflanzzeit von frühlingsblühenden Zwiebeln- und Knollenpflanzen beginnt
Vollherbst VoHe 	Beginn ← **Laubfärbung,** Blüte von Efeu, Reife von Quitten und Walnüssen, Weinlese	Stare sammeln sich zu Schwärmen für den Start ins Winterquartier	Kübelpflanzen kommen ins Winterquartier, Pflanzzeit von Gehölzen beginnt, lagerfähiges Gemüse wird geerntet und eingelagert
Spätherbst SpHe 	Allgemeiner ← **Laubfall,** Lärche färbt die Nadeln gelb	Igel suchen ihre Winterquartiere auf, Eichhörnchen sammeln Vorräte	Refugien für Tiere schaffen (Laubhaufen etc.), letzte Sommerblumen abräumen, letzte Blumenzwiebeln und -knollen pflanzen, Winterschutz, wo nötig, aufbringen
Winter Wi 	Vollblüte ← **Christrosen,** Laubbäume sind kahl, allgemeine Vegetationsruhe	Krähenschwärme ziehen sich zusammen	Geräte checken, reinigen und verstauen, Ideen für kommendes Jahr sammeln

Igel haben es in unseren Gärten immer schwerer. Helfen wir ihnen etwa durch Laubhaufen und den Verzicht auf Mähroboter.

Kein Jahr gleicht dem anderen

Jeder von uns weiß, dass die Phasen der Zeigerpflanzen und besondere Ereignisse in der Tierwelt jedes Jahr je nach Verlauf der Witterung an einem Ort an etwas anderen Kalendertagen einsetzen. Ganz zu schweigen von den Unterschieden etwa beim Einsetzen der Apfelblüte in Mittelgebirgslagen, verglichen mit den Weinbaugebieten. Hinzu kommt, dass auch die Dauer einer Jahreszeit alles andere als stets gleich ist. Manchmal dauert ein Vorfrühling nur zwei Wochen, manchmal dreimal so lange. Ganz genau das macht die Sichtweise durch die Phänologie auf die Jahreszeiten für alle, die gärtnern, so wertvoll, denn Pflanzen richten sich niemals nach einem fixierten Monats- oder Tagesdatum, sondern ausschließlich nach den konkreten Möglichkeiten und Impulsen, die ihnen der Witterungsverlauf in einer Vegetationperiode an ihrem Standort bietet.

Es geht beim Gärtnern schließlich nicht um das Einhalten von Kalenderdaten; die Natur ist keine Behörde. Es geht darum, die optimalen Entwicklungsphasen, die eine Pflanze hat oder die Natur anbietet, abzupassen. So stehen die Chancen, dass alles gut gedeiht, am besten.

Klimawandel verschiebt Jahreszeiten

Es ist nicht zu übersehen: Das Klima wandelt sich, und das hat auch Auswirkungen auf den Verlauf der phänologischen Jahreszeiten. Dabei wird allen, die etwas zurückdenken, klar, wie sich die Dauer und der tatsächliche Beginn der Jahreszeiten verändert haben. Vergleicht man deren aktuelle Abfolgen deutschlandweit mit denen der vergangenen Jahrzehnte im Durchschnitt, lässt sich das deutlich anhand der Daten belegen: In den Erhebungen von 1961 bis 1990 betrug die übliche Dauer des Winters im vieljährigen Mittel 120 Tage. Dieser vieljährige Mittelwert sinkt und beträgt für den Zeitraum von 1991 bis 2020 nur noch 101 Tage, und wurde Mitte Februar vom Vorfrühling abgelöst. Der Winter der Kalenderjahre 2024 und 2025 dauerte nur noch 98 Tage und der Vorfrühling startete bereits Ende Januar. Die Dauer des Winters tendiert also deutlich unter die Drei-Monats-Marke.

Der Vorfrühling beginnt folglich früher, und insgesamt zieht sich der Frühling bis zum Beginn des Frühsommers mehr als 100 Tage hin. Die drei Sommerjahreszeiten sind insgesamt mit etwa 90 Tagen einigermaßen konstant geblieben, dafür setzt der Frühherbst nun etwas zeitiger ein, und alle drei Herbstteile gemeinsam dauern mit rund 80 Tagen mittlerweile deutlich länger als ein kompletter Herbst Ende des letzten Jahrhunderts.

Die genannten Werte repräsentieren Mittelwerte für ganz Deutschland. Dass es je nach Region sehr starke Abweichungen davon gibt, erklärt sich von selbst. Doch die Tendenz ist klar: Wir haben immer kürzere Winter und längere Herbst- wie Frühlingsjahreszeiten.

Phänologische Jahreszeiten
Beginn und Dauer in Tagen
Deutschland

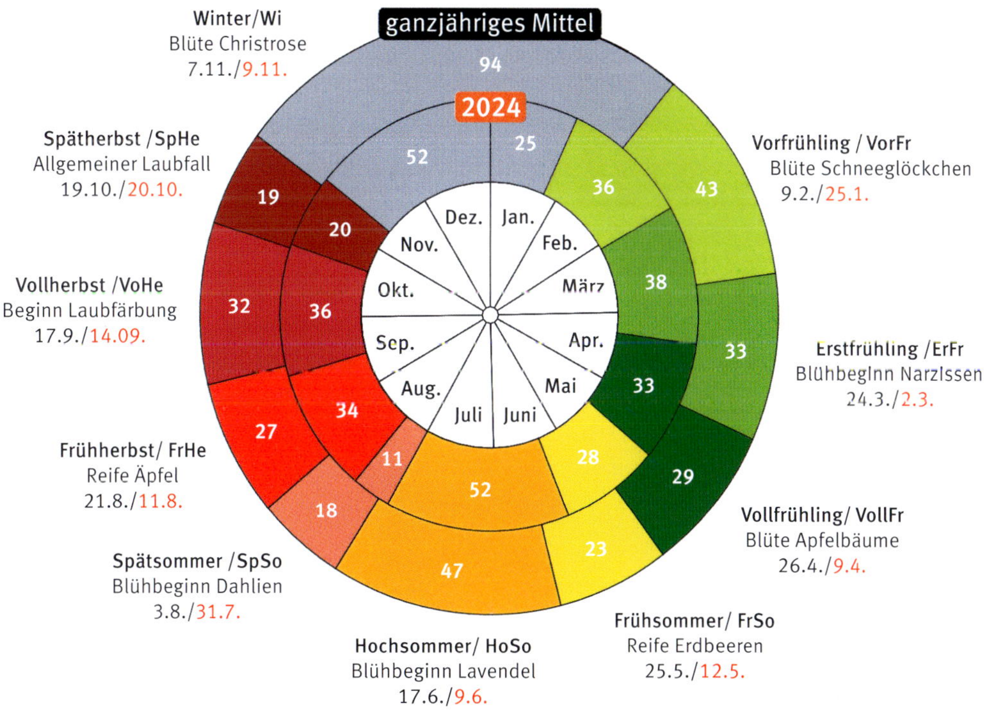

1

2

3

Mit der Natur arbeiten heißt beispielsweise, 1 zusammengetragene Pflanzenteile zu kompostieren, 2 Pflanzen zu setzen, die Insekten versorgen, und 3 hier und da Rückzugsorte für Tiere zu schaffen.

Flexibel und klug gärtnern

Wer seine Gartenarbeiten nach dem phänologischen Kalender ausrichtet, reagiert automatisch auf die neuen Anforderungen, die der Klimawandel an das Timing für das, was draußen zu erledigen ist, stellt.

Auch auf die zunehmende Unberechenbarkeit der Wetterverläufe müssen Gärtnernde immer flexibler eingehen. Späte Frostperioden können nach wie vor noch im Mai auftreten, doch sie treffen dann nun oft eine besonders weit entwickelte Natur, in der mehr bereits grünt und blüht als etwa vor etwa 20 Jahren. Gleiches gilt für die Verteilung der Niederschläge: Die Zeiten sind offenbar vorbei, in denen man sich auf ein zuverlässiges Auffüllen der Grundwasserreservoirs im Laufe des Winters und Frühlings verlassen kann, und auch der für das Pflanzenwachstum extrem wichtige ergiebige Regen zwischen März und Mai fällt immer spärlicher aus oder kommt nahezu gar nicht. So sind Strategien des wassersparenden Bewässerns ebenso angesagt wie eine clevere Auswahl der Pflanzen und ein Anpassen der Pflegemaßnahmen.

Erfolgreiches Gärtnern fußt auf gutem Beobachten dessen, was im Garten vor sich geht, und dem rechtzeitigen und korrekten Handeln. Das Beachten der phänologischen Jahreszeiten hilft dabei sehr wirkungsvoll. Steigen Sie ein mit Ihren Fragen. Sie werden die Antworten bekommen und feststellen: Gärtnern ist kein Hexenwerk.

Ehrensache: Umweltfreundlich vorgehen

Gärtnern und Umweltschutz sind alles andere als Gegensätze – im Gegenteil: Sie sind als Kombination wichtiger als je zuvor. Der Klimawandel setzt bekanntlich unserer Umwelt und allen Tieren und Pflanzen, die in unseren Gärten und drum herum leben, stärker zu, als alles bisher Dagewesene. Hinzu kommen noch die Schäden, die eine zu intensive und aus ökologischer Perspektive falsche Nutzung unserer Lebensräume verursacht. Wir alle registrieren zudem, dass es weniger Insekten, Vögel oder Vierbeiner gibt als noch vor 20 Jahren.

Dabei ist es gar nicht schwierig, diese Effekte wenigstens ein wenig abzumildern und dazu beizutragen, diesem alarmierenden und auch für uns unguten Artenschwund etwas entgegenzusetzen. Kein Garten, kein Balkon ist zu unbedeutend, als dass er nicht Nahrung und Refugien etwa für Tiere bieten kann. Schmetterlinge und weitere bestäubende Insekten, allen voran Honig- und Wildbienen, profitieren, wenn wir beispielsweise Zierpflanzen auswählen, die zuverlässig Nektar und/oder Pollen möglichst dauerhaft bieten. Kleine »unordentliche« Gartenecken stellen Nistmaterial und Überwinterungsorte bereit, und der eine oder andere Trick erleichtert das Leben von allen, die da kreuchen und fleuchen, zusätzlich.

Und vor allem: Verzichten Sie grundsätzlich auf Pflanzenschutzmittel und setzen Sie nur, wenn ein Befall wirklich bedrohlich grassiert, solche ein, die nützlingsschonend sind. Wer beim geringsten Läusebefall etwa alle Tiere beseitigt, wird nie erleben, wie sich Nützlinge von selbst einstellen. Manchmal braucht der Pflanzenfan Geduld, denn erst nach zwei, drei Wochen stellt sich die Kavallerie von Marienkäfern und Co. wirkungsvoll ein.

Ist es nicht besser, auf ein paar Blüten, ein paar makellose Gemüsepflanzen oder ein paar perfekt belaubte Zweige zu verzichten und dafür das eigene kleine, intakte Ökosystem zu schützen?

Nützlinge, etwa Marienkäfer-Larven, stellen sich nur ein, wenn keine Gifte ausgebracht werden.

Allgemeine Gartenpraxis

Gärtnerische Grundlagen gelten für alle Pflanzen und Gartentypen. Darum starten wir im ersten Kapitel mit den wichtigsten Tipps und Informationen.

Boden

Das Bodenleben

Der Boden ist die Grundlage des Gartens. Warum ist das so, und warum ist es so wichtig, den Boden fruchtbar zu halten?

Für viele ist Erde nur Staub und Dreck, doch ihre Bedeutung für uns Menschen ist so groß wie Wasser, Licht und Luft. Sie ernährt nicht nur Pflanzen, die wiederum uns ernähren, sondern filtert auch unser Trinkwasser. Ein Boden ist ein uralter Superorganismus aus abgestorbenem organischem Material, mineralischen Bestandteilen, Humus und angefüllt mit unzähligen Bodentieren und Mikroorganismen. Es dauert 100 Jahre, bis 1 cm Boden entsteht.

Wie sich ein Boden zusammensetzt, hängt stark vom Ausgangsgestein im Untergrund ab. Ein über Jahrtausende dauernder Prozess, an dem Wasser, Frost, Hitze, Wind, Pflanzen sowie Bodenflora und -fauna beteiligt sind, haben den Boden geformt und gestaltet. Böden sind aber nie »fertig«, sie entwickeln sich weiter, und der Mensch kann seine Entwicklung maßgeblich beeinflussen. Starke Bodenbearbeitung, Verdichtung, einseitiger Anbau von Pflanzenarten, Düngung mit synthetischen Mineraldüngern und die Ausbringung von Pflanzenschutzmitteln belasten die Böden. Andererseits kann durch schonenden Umgang die Fruchtbarkeit gefördert werden.

Bodenleben

Ein lebendiger Boden beherbergt eine unvorstellbare Anzahl an Bodenlebewesen, das sogenannte Edaphon. Die Bodenflora, also Bakterien und Pilze bewirken Erstaunliches: Sie zerlegen organisches Material in

1 Zum Standard-Repertoire zählt die Hacke. Mit ihr kann der Boden gelockert und Unkraut entfernt werden. 2 Schonend lockert der Sauzahn. 3 Ernten und Lockern können Sie mit der Grabegabel.

die Grundbestandteile, wie Stickstoff, Phosphat und Kalzium. Die Bodenfauna arbeitet vor und zerkleinert abgestorbene Pflanzenreste und Tierkadaver. Außerdem leben 80 Prozent der Pflanzen in Symbiose mit Mykorrhiza-Pilzgeflechten im Boden, die Nährstoffe wie Phosphat für die Pflanzen aufbereiten und im Gegenzug Kohlenhydrate geliefert bekommen.
Tiere im Boden, die kriechen und wühlen, wie Würmer, Engerlinge und Maulwürfe, lockern und durchmischen den Boden. Auch wenn die Ameisen nervig sind, kommt ihnen eine wichtige Funktion für die Umwelt und den Boden zu: Sie lockern durch ihre Nester den Boden, bringen Pflanzenreste in den Boden ein und fördern dadurch den Humusaufbau.
Humus ist im gewachsenen Boden zwar nur in sehr geringen Mengen vorhanden, für die Bodenfruchtbarkeit abeir unverzichtbar. Er enthält u. a. Huminstoffe, die für die Bildung von Ton-Humus-Komplexen wichtig sind. Und die wiederum sind entscheidend für die Stabilität eines gesunden Bodens. Ein humoser Boden hat außerdem eine gute Wasserhaltefähigkeit. Um den Humusaufbau zu fördern, ist eine ständige Zufuhr von organischer Substanz nötig.

Umgraben im Herbst

Früher wurde generell im Spätherbst der Gemüsegarten umgegraben. Durch Frosteinwirkung werden die Böden bis zum Frühjahr locker und krümelig. Doch frostige Winter sind selten geworden. Bei schweren, tonigen und lehmigen Böden ist Umgraben immer noch angebracht, aber erst, wenn sich längerer Frost ankündigt. Ansonsten genügt oberflächiges Einharken oder Rechen im Frühjahr zur Saatbeetvorbereitung. Vermeiden Sie in jedem Fall das Betreten des Bodens bei Nässe.

GUT ZU WISSEN

Das richtige Gartengerät für den Einsatz zur Bodenbearbeitung schont nicht nur den Boden, sondern auch Kräfte und den Rücken. Wer viel im Garten arbeitet, sollte besonders darauf achten.

Ein Spaten darf in keinem Gartenhaushalt fehlen, um Pflanzlöcher auszuheben, umzugraben und umzupflanzen. Für sehr schwere Böden eignet sich der Spork. Um den Boden zu lockern, ist eine Grabegabel ausreichend. Mit ihr lassen sich Wurzelunkräuter wie Giersch gut entfernen. Mit Ziehhacken lockert man die oberste Bodenschicht, mit einem einzinkigen Kultivator schmale Zwischenräume. Ein Sauzahn dringt tiefer in den Boden ein. (Weitere Gartengeräte und deren Einsatz finden Sie auf Seite 68)

Schimmel auf der Erde

Auf der Erde meiner Kübelpflanzen hat sich weißer Schimmel gebildet, bei einigen Töpfen wachsen kleine Pilze. Was kann das sein?

Der Schimmelpilz befällt zwar nicht die Pflanze, sieht aber nicht sehr schön im Blumentopf aus.

Flauschiger Schimmelbelag auf der Erde von Kübelpflanzen ist kein Grund zur Panik. Es handelt sich um einen Pilz, der sich vom organischen Material in dem Substrat ernährt. Der Pilz hilft beim natürlichen Abbauprozess organischer Stoffe. Gerade Erden in Bioqualität enthalten Bestandteile aus Holzfaser und anderen organischen Stoffen, die die perfekte Nahrungsgrundlage für die Schimmelpilze bieten.
Allerdings sollten sich Allergiker und Menschen mit schwachem Immunsystem den Sporen der Pilze nicht aussetzen, wenn die Töpfe im Winter im Haus stehen. Ist beim Öffnen eines Sackes mit Blumenerde Schimmel zu erkennen, kann die Erde für Pflanzen im Freien verwendet werden. Durch die Kondenswasserbildung in einem Plastiksack entsteht das richtige Wachstumsmilieu für den Pilz. Ist die Erde wieder an der Luft und kann abtrocknen, verschwindet der Pilz in der Regel wieder.
Der Schimmelpilz befällt zwar nicht die Pflanze, kann sie aber schwächen. Er ist ein Indikator für die Bodenverhältnisse. Wenn Schimmel auftritt, wird meist zu viel gegossen, die Erde ist vernässt und kann nicht abtrocknen.
Am besten wird die oberste Erdschicht entfernt und die Oberfläche aufgelockert, damit die Erde abtrocknen kann. Zusätzlich kann man die Erdoberfläche mit Sand oder Tongranulat abdecken. Tritt der Pilz relativ schnell wieder auf, wird die Pflanze in hochwertiges Substrat umgetopft. Mischt man die Erde mit mineralischen Bestandteilen, wie Tongranulat, Bimskies oder Lava, wird dem Pilz das Futter entzogen.

Zum Verwechseln

Bei einem weißen watteartigen Belag auf der Erdoberfläche kann es sich allerdings auch um Kalk- und Düngerablagerungen an der Erdoberfläche handeln. Das tritt vor allem dann auf, wenn die Pflanze längere Zeit nicht mehr umgetopft wurde oder die Pflanze das Wasser nur aus dem Untersetzer aufgenommen hat. Diese Verkrustungen nimmt man am besten weg und füllt mit frischer Erde auf.

Beet anlegen

Unser Rasen nimmt viel Raum ein im Garten. Nun möchte ich auf einer Rasenfläche ein Beet anlegen. Wie gehe ich vor?

Entfernen Sie zuerst den Rasensoden, Steine und Wurzeln. Lockern Sie den Boden mit einer Grabegabel und entfernen dabei unerwünschte Wildkräuter, Steine und Wurzeln. Bei Wurzelunkräutern wie Quecke, Winde und Giersch sollten Sie jede Wurzel akribisch herauslesen. Samenunkräuter wie Melde, Vogelmiere oder Fadenhirse lassen sich eindämmen, indem man die Fläche alle 1–2 Wochen hackt. Werden an der Erdoberfläche keimende Lichtkeimer wie die Brennnessel mehrmals über ein halbes Jahr weggehackt, ist das »Unkraut«-Problem gebannt.

Wie es um Ihren Boden bestellt ist, erfahren Sie durch eine professionelle Bodenanalyse. Standardanalysen sind nicht teuer und geben Auskunft über Nährstoffgehalt, Humusgehalt, pH-Wert und Bodenart. Gute Böden müssen in der Regel nicht aufgebessert werden. Verarmte Böden beleben Sie mit Bodenaktivatoren. Lehmige, verdichtete Böden, die zu Staunässe neigen, werden durch Sand, Splitt und Humus durchlässiger. Bentonit und Humus bzw. Kompost verbessern die Eigenschaften von sandigen Böden. Damit die Pflanzen gut in den Boden einwurzeln können, sollten Sie etwa 30 cm tief lockern.

Einsatz von Unkrautvliesen überdenken

Unkrautvliese werden zur Abdeckung des Bodens gegen Bei- und Unkräuter eingesetzt. Durch den Zuflug von Samenunkräutern entwickeln sich aber leider auch auf den Unkrautvliesen Wildkräuterbestände, die nur sehr schwer zu entfernen sind. Zudem kommen Bodenlebewesen nicht mehr an organisches Material, sodass der Boden verarmt. Mäusepopulationen können sich hingegen darunter gut entwickeln. Meist bestehen die Unkrautvliese aus Polypropylen (PP). Dieses Plastik gilt zwar als wenig gesundheitsschädlich, dennoch gibt es bei Reibung Mikroplastik in den Boden ab.

→ WANN: FrHe – ErFr

1 Zuerst wird die Rasenkante abgestochen und die Rasensode entfernt, 2 dann, wenn nötig, der Boden mit Humus aufgebessert. 3 Zum Schluss mit einem Rechen das Beet einebnen.

Boden ist nicht gleich Boden

Wer die Eigenschaften seines Bodens kennt, kann abschätzen, was darin gut gedeiht. Für weniger fruchtbare Böden gilt: Geduld haben. Es braucht einige Jahre, viel Aufmerksamkeit und verschiedene Zugaben, bis sich der Boden verbessert.

Wie ist der Gartenboden beschaffen? Das erfährt man durch eine einfache Fingerprobe.

Die Fingerprobe

Für eine erste Einschätzung der Bodenart eignet sich die Fingerprobe. Am besten nimmt man Boden aus 20–30 cm Tiefe. Kann die Erde mit den Händen zu einer halben Bleistiftdicke ausgerollt werden, handelt es sich um einen tonigen, schweren Boden. Fühlt es sich klebrig und bindig zwischen den Fingern an, ist es ein mittlerer Boden, z. B. sandiger Lehm. Klebt der Boden wenig oder zerrinnt förmlich, besitzen Sie einen leichten Boden mit viel Sandanteilen.

Leichter Boden

Sandböden erwärmen sich schnell im Frühjahr. Pflanzenwurzeln haben darin einen guten Luftaustausch. Andererseits können sandige Böden Wasser und Nährstoffe schlecht speichern, haben meist einen niedrigen pH-Wert und neigen zur Bodenerosion. Humus kann die Ausgangslage verbessern. Er kann in Form von Grünkompost, Gartenkompost, Lauberde, abgelagertem Pferdemist und Substraten aus dem Gartenfachhandel zugeführt werden. Das Tonmineral Bentonit sorgt dafür, dass Wasser und Nährstoffe besser gespeichert werden. Ein ganz einfaches Mittel zur Bodenverbesserung ist Mulchen (siehe Seite 32).

Schwerer Boden und mittlerer Boden

Schwere Böden brauchen im Frühjahr lange, bis sie sich erwärmen. Sie können Wasser und Nährstoffe gut halten, sind deshalb aber auch so »dicht«, dass sich Wasser staut. Wenn der Boden austrocknet, ist er dann kaum zu bearbeiten. Pflanzenwurzeln geraten darin in Atemnot und können die Bodenschichten kaum durchdringen. Oft findet man darin zwar dicke Regenwürmer, die aber in diesem Fall kein Zeichen für einen guten Boden sind. Umgraben in der kalten Jahreszeit und auf die Sprengwirkung des Frostes zu setzen, ist eine Maßnahme, die wirkt. Doch mit langen Frostperioden ist heute nicht mehr zu rechnen. Heute setzt man eher auf Gründüngungspflanzen wie Luzerne, die den Boden mit ihren Wurzeln sogar in metertiefen Bodenschichten gut lockern. Zudem macht das Ausbringen von gewaschenem Sand tonige Böden lockerer. Diese Maßnahme wird am besten mit Mulchen und Gründüngungspflanzen kombiniert.

Mittlere Böden bestehen hauptsächlich aus feinen und groben Teilchen, solche Böden sind mit vielen Hohlräumen durchzogen, die Wasser und Nährstoffe gut speichern können. Mit einem hohen Humusanteil sind sie fruchtbare Böden, in denen die meisten Pflanzen gut wachsen.

GUT ZU WISSEN

Der pH-Wert zeigt an, wie sauer oder alkalisch der Boden ist. Welche Werte sind denn da von Bedeutung und was sagen sie aus? Hat der pH-Wert einen Einfluss auf die Pflanzen?

Der pH-Wert im Boden beeinflusst chemische und biologische Prozesse. Die Werte liegen zwischen 4 und 8. Unter pH 6 gelten Böden als sauer, über pH 7 als basisch. Im pH-Bereich von 6–7, also von schwach sauer bis neutral, sind die meisten Nährstoffe gut verfügbar; optimal also für den Garten. In basischen Böden verschlechtert sich die Verfügbarkeit von Eisen, Mangan, Kupfer, Zink und Bor, und das kann zu Mangelsymptomen führen. Moorbeetgewächse, wie Rhododendren, Azaleen, Heide, Heidelbeeren und Hortensien, wachsen in saurer Erde.

Boden schützen

Baumaßnahmen stehen an. Was muss ich beachten, damit ich den Boden schone und später die Pflanzen gut wachsen können?

Stehen rund ums Haus Baumaßnahmen an, hinterlassen die hohen Lasten durch abgestellte schwere Baumaterialien und das Überfahren mit schweren Maschinen und Fahrzeugen bleibende Schäden im Bodengefüge und Verdichtungen. Der Schaden zeigt sich oft erst Jahre später, wenn Bäume und Gehölze nicht richtig wachsen wollen. Bereits bei einer Bauausschreibung sollten Sie die Maßnahmen zum Bodenschutz schriftlich festlegen, damit Sie diese dann auch von den Baufirmen problemlos einfordern können.

Bevor es mit dem Bauen losgeht, sollten Sie sich über die spätere Gartengestaltung Gedanken machen. Planen Sie möglichst genau, auch wenn das zu diesem Zeitpunkt vielleicht gar nicht so passend erscheint, und legen Sie die Überfahrten der Maschinen über das Gelände fest. Bei häufig befahrenen Flächen, Zufahrten und Lagerplätzen kann der Lastendruck auf den Boden durch Baggermatten, Kiesaufschüttungen und Holzbohlen verringert werden. Führen Sie Bodenarbeiten nur bei trockenem Wetter durch. Wenn Boden entfernt werden muss, lassen Sie den Oberboden (ca. 20 cm), den Unterboden (ca. 20–60 cm) und den Untergrund schichtweise abtragen. Lagern Sie die unterschiedlichen Bodenschichten getrennt und am besten an einer wasserdurchlässigen und trockenen Stelle. Der Boden sollte nicht lange gelagert und entsprechend dem ursprünglichen Aufbau wieder eingebaut werden.

Nach Baumaßnahmen sind beispielsweise der Einsatz von Fräsen, Grubbern oder das Umgraben mit der Hand gängige Maßnahmen, um den Boden zu lockern. Allerdings wird hierbei nur der Oberboden erfasst, Verdichtungen im Untergrund können nicht aufgebrochen werden. Im Hausgarten setzt man auf die biologische Lockerung des Bodens durch den Anbau tiefwurzelnder Gründüngungspflanzen (siehe Seite 27). Idealerweise werden sie unmittelbar nach der Beendigung der Bauarbeiten angesät, um so zusätzlich den offenen Boden vor Erosion und Verschlämmung zu schützen. Mindestens eine Vegetationsperiode brauchen die Pflanzen, um den Boden durchdringend zu lockern.

Tipp

PROFESSIONELLE BODENSANIERUNG

Sehr starke Verdichtung können Sie durch Fachfirmen beseitigen lassen. Mit einer Lanze wird hierbei Luft in den Boden eingepumpt, sodass feine Risse auch in tieferen Bodenschichten entstehen. Strukturstabile Granulate und Bodenhilfsstoffe werden eingebracht, die die Lockerung stabilisieren.

Bodenretterpflanzen

Gründünger sollen dem Boden und nachfolgenden Pflanzen guttun. Welche gibt es und wie kann ich sie einsetzen?

Unter dem Begriff »Gründünger« sind Pflanzen zu verstehen, die angesät werden, um den Boden zu schützen und zu verbessern. Wurzeln lockern den Boden und fördern mit einem dichten Wurzelgeflecht die Humusbildung. Leguminosen, wie Lupine, Ackerbohne und Luzerne, leben mit Bakterien zusammen, die Stickstoff aus der Luft in den Boden bringen. Alle Gründüngungspflanzen entnehmen dem Boden Restnährstoffe, die sie in der Pflanzenmasse speichern. Im Frühjahr arbeitet man sie ein. Sie fungieren somit als organischer Dünger. Bei der Wahl der Gründünger müssen Sie die Fruchtfolge beachten. So sollte Spinat nicht nach oder vor Roter Bete oder Mangold stehen. Kreuzblütler, wie Gelbsenf, können allerlei Schadorganismen bei Kohlgewächsen fördern. Nicht winterharte Pflanzenarten bleiben je nach Blattmasse nach dem Frost liegen oder können kompostiert werden. Winterharte Gründüngerpflanzen werden im Frühjahr abgemäht.

→ WANN: VoFr – SpHe

BODENVERBESSERN MIT PFLANZEN

Gründünger	Winterhärte	Eigenschaften
Blaue und Gelbe Lupine	Nicht winterhart	Stickstoffsammler, Tiefwurzler, für sandige Böden
Luzerne	Winterhart	Stickstoffsammler, Tiefwurzler bis 4 m
Gelbsenf und Ölrettich	Nicht winterhart	Tiefwurzler bis 1,5 m, nicht bei Kohlkrankheiten
Bienenfreund	Frosthart bis -8 °C	Bienenweide, günstig in der Fruchtfolge
Winterroggen	Winterhart	Hinterlässt feinkrümeligen Boden, Aussaat bis Okt. möglich
Spinat	Winterhart	Hinterlässt feinkrümeligen Boden, Aussaat bis Sept.

Zeigerpflanzen

Wilde Pflanzen haben häufig ganz bestimmte Ansprüche an Standort und Boden. Dort wo sie gut wachsen und sich ausbreiten, zeigen sie an, was vor unseren Augen verborgen ist, und geben Auskunft über die Bodenbeschaffenheit. Solche Pflanzen bezeichnet man als Zeiger- oder Indikatorpflanzen. Werden sie richtig gedeutet, können sie wertvolle Hinweise für die Gartenarbeit geben. Sie zeigen beispielsweise an, wo gedüngt werden muss oder wo genügend Stickstoff im Boden ist.

1. Stickstoffreicher Boden

Klettenlabkraut, Brennnessel, Gänsefußarten, Wiesenkerbel, Giersch, Taubnessel, Melde, Vogelmiere, Gänsedistel, Löwenzahn, Taubnessel

2. Stickstoffarmer Boden

Wilde Möhre, Taubenkropf, Mauerpfeffer, Weißklee, Hungerblümchen, Ziest

3. Trockene Bodenbeschaffenheit

Feld-Thymian, Zypressenwolfsmilch, Färberkamille, Wiesensalbei, Reiherschnabel, Sichelmöhre, Wegerich

4. Nasser bis staunasser Boden

Gemeiner Beinwell, Wiesenschaumkraut, Huflattich, Ackerschachtelhalm, Kriechender Hahnenfuß, Scharbockskraut

5. Saurer Boden

Sauerampfer, Hundskamille, Hundsveilchen, Sauerklee

6. Kalkhaltiger Boden

Wegwarte, Klatschmohn, Wiesen-Salbei, Löwenzahn, Ackersenf, Taubnessel, Storchschnabel, Gänsedistel

7. Schwerer toniger Boden

Gänsefingerkraut, Kriechender Hahnenfuß, Löwenzahn, Quecke, Ackerschachtelhalm, Breit-Wegerich

8. Leichter sandiger Boden

Vogelmiere, Königskerze, Klatschmohn

9. Mittelschwerer lehmiger Boden

Flockenblume, Persischer Ehrenpreis, Herbstzeitlose

1
2
3
4
5
6
7
8
9

Torffreie Erden

Es gibt viele Substrate. Was muss ich bei torffreien Erden beachten und welche Erden brauche ich wirklich?

Erde kann in einem Eimer aus verschiedenen Komponenten zusammengemischt werden.

Erde aus dem Sack ist wie eine Backmischung mit bestimmten Zutaten, die bei Markenprodukten genau auf die Bedürfnisse der Pflanzen abgestimmt wurde. Achten Sie auch darauf, dass die Erde torffrei ist.
Blumenerde ist vielseitig einsetzbar und eignet sich für die meisten Zimmerpflanzen, Balkonblumen sowie für nährstoffbedürftige Gemüse wie Tomaten, Kohlarten, Gurken und Zucchini. Hochwertige Produkte enthalten meistens Langzeitdünger. Daneben gibt es spezielle Kübelpflanzenerde, die für Pflanzen geeignet ist, die länger als eine Vegetationsperiode in einem Topf stehen. Sie enthält mineralische Bestandteile, wie Lava, Bims und Blähton, die die Erde strukturstabil für die Luftzufuhr an die Pflanzenwurzeln halten.
Sämlinge und Stecklinge brauchen eine feinporige, humose und nährstoffarme Erde, damit die zarten Wurzeln nicht austrocknen oder durch Nährsalze verbrennen. Spezielle Anzuchterden setzen sich aus einem hohen Humusanteil und Sand zusammen. Viele Kräuter schätzen diese Eigenschaften ebenfalls. Sogenannte Moorbeetpflanzen, wie Rhododendren, Heidearten, Heidelbeeren und Preiselbeeren, wachsen dagegen nur in saurer Erde.
Zudem gibt es Rasenerde, die aus Kompost, Humus und Sand besteht, und Hochbeeterde aus Mutterboden und Kompost. Unter dem Begriff Pflanzerde kann sich Blumenerde, aber auch eine einfache ungedüngte Erde als Bodenverbesserer für die Pflanzung von Freilandpflanzen verbergen.

Eigenschaften torffreier Erde

Hauptbestandteile torffreier Erden sind Kompost, Holzfaser und Kokosfaser. Bei einem hohen Anteil Kompost in der Erde nehmen ausgetrocknete Topfballen nur langsam wieder Wasser auf und trocknen andererseits bei Nässe schlecht ab. Die Nährstoffversorgung vor allem von Stickstoff gerät nach einiger Zeit meist ins Stocken. Am besten düngen Sie je nach Nährstoffbedarf der Pflanzen rechtzeitig nach.

→ WANN: VoFr – FrSo

Wiederverwendung von Substraten

Kann ich Erde von Balkonkästen aus dem Vorjahr oder auch Sackerde wiederverwenden? Wie lagere ich die Erde am besten?

Substrate sind hochwertige Produkte und sollten möglichst nicht verschwendet werden. Ist ein Balkonkasten von den Sommerblumen stark durchwurzelt, ist keine lose Erde mehr vorhanden. Anders verhält es sich mit Frühlings- und Herbstpflanzen, die ein Gefäß kaum ganz durchwurzeln. Die lose Erde lässt sich, wenn die Pflanzen nicht an bodenbürtigen Pilzerkrankungen wie Wurzelfäulen erkrankt sind, wiederverwenden. Mischen Sie die Erdenreste vor einer Pflanzung mit neuer Erde im Verhältnis von mindestens 1 : 1.

Balkonblumenerden aus der vergangen Saison, die im Sack gelagert wurden, sollte man ebenfalls mischen, es könnten sich nämlich Langzeitdünger gelöst und zu einer Nährstoffbombe entwickelt haben. Vorsicht auch bei der längeren Lagerung von Anzuchterden. Darin könnten sich die wurzelschädigenden Larven der Trauermücken befinden. Lagern Sie die Erden gut verschlossen, kühl und sorgen Sie dafür, dass die Erde nie ganz austrocknet. Damit Aussaaterde wirklich schädlingsfrei ist, kann sie über 30 Minuten bei 80 Grad sterilisiert werden. Die Erde nach der Abkühlung noch einige Tage in einem geschlossenen Gefäß liegen lassen. Durch starkes Erhitzen wird die Verfügbarkeit der Nährstoffe, wie Mangan, verändert. Nach ein paar Tagen hat sich aus heutigem Kenntnisstand aber alles wieder reguliert. In der Mikrowelle kann 10 Minuten bei 600 Watt sterilisiert werden.

→ WANN: VoFr – VollFr

GUT ZU WISSEN

»Terra Preta« heißt übersetzt »Schwarze Erde«. Diese uralte von Menschen gemachte fruchtbare Erde wurde im Amazonasgebiet entdeckt. Kann ich Terra Preta auch selbst herstellen?

Heutige Pflanzenkohle entsteht aus Holz- und Grünabfällen, die bei hohen Temperaturen und unter Sauerstoffabschluss verkohlen. In der porösen Struktur der Pflanzenkohle werden Wasser und Nährstoffe hervorragend gespeichert. Von selbst hergestellter Pflanzenkohle wird aber dringend abgeraten. Bei der Verbrennung der organischen Substanz entstehen viele giftige Stoffe, wie PAK (polyzyklische aromatische Kohlenwasserstoffe) und Dioxine. Als Zusatz für eigene Erden eignet sich unkrautfreier Kompost (nicht mehr als 30 %) am besten.

Boden mulchen

Welche natürlichen Mulcharten gibt es, wo setze ich diese am besten ein und was muss ich beim Mulchen beachten?

Wie eine Decke legt sich eine Mulchschicht über den Boden und lässt Pflanzen optimal wachsen. Ob Garten oder Gewächshaus, Gurken, Tomaten, Stauden oder Gehölze – es gibt für alles das passende Mulchmaterial. Mulchen unterstützt das Bodenleben, erhält und fördert die Krümelstruktur, vor allem bei schweren und leichten Böden. Mit einer Mulchauflage bleibt die Bodenfeuchte lange erhalten, es muss also weniger gegossen werden. Mulch hemmt unerwünschtes Unkraut, dämpft aber auch Starkregen und verhindert Abschwemmungen.

Aber es gibt auch Argumente gegen eine Mulchauflage: Bodenbrütende Wildbienen und Kleintiere brauchen offene Böden u. a. zur Fortpflanzung, Wühlmäuse breiten sich unter einer Mulchdecke unbemerkt aus. Offene Böden geben in Spätfrostnächten Wärme ab, und das ist ein leichter Frostschutz für kälteempfindliche Pflanzen wie Erdbeeren. Niedrige Stauden und Steingartenpflanzen sollten nicht gemulcht werden.

➜ WANN: VollFr – Wi

NATÜRLICHE MULCHMATERIALIEN

Material	Verwendung für	Bemerkungen
Rasenschnitt, Gemüserückstände, z. B. Kohlblätter	Alle Beete, außer Magerstandorte	Dünn ausbringen
Rindenmulch	Wegebelag, unter Bäumen, Sträucher	Pflanzen vorher mit Hornspänen versorgen
Pinienrinde	Wege, unter Bäumen, Sträucher	Pflanzen vorher mit Hornspänen versorgen
Holzhäcksel	Wegebelag, unter Bäumen	Nicht geeignet unter Sträuchern und Stauden
Flusskies oder Splitt	Für trockene, sonnige Standorte, Stauden und Gehölze, Wegebelag	Max. 5 cm
Spinat	Winterhart	Hinterlässt feinkrümeligen Boden

Vliese und Folien

Mulchvliese und -folien sollen Arbeit im Garten sparen, aber sind sie auch umweltfreundlich?

Gute Alternativen zu schwer abbaubaren Kunststofffolien sind 1 Mulchpapier und 2 Wollvlies.

Die meisten Mulchfolien oder Mulchvliese bestehen aus Polyethylen (PE) oder Polypropylen (PP). Wird nicht sachgerecht damit umgegangen, verbleiben nach der Verwendung Folienrückstände, Makroplastik und Mikroplastik auf dem Beet und reichern sich im Boden an. Liegen Kunststofffolien aus, hemmen sie zudem das Bodenleben und schneiden es von der Versorgung mit organischem Material ab, das sich natürlich ablagert. Eine gute Alternative sind Folien und Vliese aus vollständig biologisch abbaubaren Materialien. Achten Sie darauf, dass die Biokunststoffe anerkannt zertifiziert sind.

Positive Effekte

Dunkel gefärbte Folien und Vliese fördern die Erwärmung des Bodens. Wärmeliebende Kulturen, wie Gurken, Paprika, Tomaten und Auberginen, wachsen mit dieser Bodenabdeckung zügiger und können früher geerntet werden. Vielen Pilzerkrankungen, z. B. der Braunfäule kann mit einer Vliesabdeckung vorgebeugt werden. Die Früchte liegen nicht direkt auf dem Boden, bleiben sauber und faulen bei Regenwetter nicht so schnell.

Folien eignen sich vor allem zur Unterdrückung von hartnäckigen Wurzelunkräutern, wie Giersch, Quecke und Winde. Werden die Pflanzen darunter für einige Monate abgedunkelt, verlieren sie die wichtige Lebensgrundlage Licht und gehen ein.

Aus umweltfreundlichen Materialien sind auch Mulchpapiere, dicke Lagen von Zeitungspapier, Pappe und Wollvliese. Sie sind wirkungsvoll und füttern sogar das Bodenleben. Wollvliese geben sogar Nährstoffe bei der Zersetzung frei.

Besondere Beetformen

Auf dem Hügelbeet hat jede Gemüsepflanze ihren perfekten Platz, je nach Lichtbedarf.

Wenn Blumen- oder Gemüsebeete schnell und einfach angelegt werden sollen, dann sind »No-Dig«-, Lasagne- oder Hügelbeete genau das Richtige. Kraterbeete eignen sich für den Anbau von wärmeliebenden und windempfindlichen Pflanzen.

»No-Dig«-Beet

Wörtlich übersetzt heißt es *No* = nicht, *Dig* = graben, also ein Beet ohne vorherige Bodenbearbeitung. Auf den gewachsenen Boden werden eine oder mehrere Lagen Papiermulch, Pappe oder Zeitungspapier aufgelegt. Die zellulosehaltigen Materialien speichern Feuchtigkeit und unterdrücken unerwünschten Aufwuchs. Auf die Auflage kommt unkrautfreie Erde. Blumenansaaten wachsen z. B. schon auf einer 3–5 cm hohen Erdschicht, je nach Gemüseart wird bis zu 10 cm Erde benötigt.

→ WANN: ErFr VollFr VoHe

Lasagne-Beet

Beim Lasagne- oder Schichtmulchbeet wird die vorgesehene Fläche 5–10 cm mit Grasschnitt oder 30–50 cm mit langstieligem Gras, Heu und Staudenrückschnitt abgedeckt. Darunter gehen Gras und Wildkräuter ein. In ebenen Schichten können Grassoden, verrotteter Kompost und andere leicht zersetzbare organische Materialien aufgebracht werden. Wird das Beet im Herbst angelegt, kann im Frühjahr des nächsten Jahres bereits Gemüse gepflanzt werden.

→ WANN: SpHe VoFr

Hügelbeet

Beim Hügelbeet wird Grassoden entfernt und der Oberboden einen Spaten tief ausgehoben. Bei einem 1,5 m breiten Beet besteht der 80 cm breite und 50 cm hohe Kern aus dicht eingeschichtetem Holz, Gehölzschnitt oder Ästen. In die Zwischenräume kommt Erde. Das sich zersetzende Holz speichert später viel Feuchtigkeit. Darüber kommen umgedrehte Grassoden, Jätegut, Heu, Staudenschnitt und anderer organischer Abfall. Eine 10–20 cm hohe Schicht aus Gartenerde stabilisiert. Eine letzte Mulchschicht aus angetrocknetem Gras oder Heu schützt vor Erosion. Wärmeliebende Kulturen, wie Paprika, Tomaten oder Auberginen, kommen an die Südseite, Hitzeflüchtlinge, wie Kohl und Salat, an die Nordseite.

→ WANN: SpHe Wi VoFr

Das Kraterbeet

Kraterbeete sind rund und in der Mitte deutlich tiefer als die Umgebung. Diese Beetform schützt Gemüsepflanzen vor allem vor starkem Wind. Bei Kälte ist es im Inneren wärmer, und bei Hitze kühlen die unterschiedlichen Bodenlagen. Für ein Kraterbeet mit einem Durchmesser von 2 m wird eine Fläche von 4 m Durchmesser benötigt. In der Mitte wird die Erde etwa 20 cm tief ausgehoben. Der Aushub dient als Wall. Im Norden kann höher aufgeschüttet werden, sodass das Innere des Beetes etwa 40 cm tiefer liegt.

→ WANN: ErFr – FrSo

Tipp

UMWELTFREUNDLICH

Vor der Verwendung von Pappe im Garten sollten alle Klebebänder und Plastikteile beseitigt werden. Zeitungspapier ist zwar oft bunt bedruckt, doch es enthält keine Schwermetalle wie früher und kann zum Einsatz kommen. Zeitschriften mit beschichteten Seiten gehören dagegen nicht in den Garten.

Die Düngung

Nährstoffe kurz erklärt

Meine Pflanzen sollen gesund wachsen und müssen entsprechend gut ernährt sein. Welche Nährstoffe brauchen meine Pflanzen?

Stickstoff, Phosphor und Kalium sind die Hauptnährstoffe der Pflanzen. Aber auch Spurennährstoffe, wie Eisen, die nur in geringen Mengen benötigt werden, sind entscheidend für viele Stoffwechselvorgänge.

Stickstoff N

Stickstoff ist der Wachstumsmotor für Pflanzen. Er ist zuständig für die Bildung von Blattmasse, Pflanzeneiweiß, Zellen und das lebenswichtige Blattgrün. Im Frühjahr haben die Pflanzen den höchsten Stickstoffbedarf. Stickstoff verbirgt sich übrigens auch hinter den Begriffen: Nitrat (NO3), Ammonium (NH4) und Harnstoff (NH2). Sie sind unterschiedlich für die Pflanze verfügbar. Der meiste Stickstoff befindet sich in der Luft. Pflanzen können ihren Bedarf allerdings nur über den Boden decken. Knöllchenbakterien, die mit Pflanzen aus der Leguminosenfamilie zusammenleben, holen den Stickstoff aus der Luft und bringen ihn in den Boden.

Phosphor P

Phosphor ist Energieträger in der Pflanze und an allen Stoffwechselvorgängen beteiligt und fördert die Bildung von Blüten und Früchten. Phosphor ist im Boden meist ausreichend vorhanden, aber meist festgelegt. Bodenpilze, die sogenannten Mykorrhizapilze, machen den Nährstoff für die Pflanzen erst verfügbar. Mineralische Dünger zerstören dieses Mikrobiom.

Kalium K

Kalium ist an der Bildung von Kohlenhydraten beteiligt, verbessert die Qualität der Gemüse und Früchte, reguliert die Wasserversorgung in der Pflanze, erhöht die Frosthärte und Widerstandskraft gegen Schadorganismen. In mit Kompost gedüngten Gärten ist Kalium ausreichend vorhanden.

Kalzium Ca

In der Pflanze stabilisiert Kalzium das Zellgewebe wie ein Skelett und fördert das Wurzelwachstum. Im Boden verbessert das Element die Humusbildung, die Verfügbarkeit anderer Nährstoffe und bindet Bodensäure.

Wichtige Nährstoffe

Welche Nährstoffe sind für meine Gartenpflanzen besonders wichtig, und in welchen Düngern sind sie enthalten?

Magnesium (Mg)

Als zentraler Baustein des Blattgrüns ist Magnesium unverzichtbar. Im Blattgrün bzw. dem Chlorophyll findet die Photosynthese statt. Im Boden ist Magnesium sehr beweglich und kann durch andere Elemente fixiert werden.

Schwefel (S)

Schwefelverbindungen sind in gesundheitsfördernden Pflanzeninhaltstoffen, wie Senfölen, Vitamin B1 und Biotin, enthalten. Schwefel kann leicht ausgewaschen werden. Stickstoff und Schwefel stehen in direktem Zusammenhang und sollten im Verhältnis 10 bis 12 Teile N zu 1 Teil S vorhanden sein.

Eisen (Fe)

Als Spurenelement ist Eisen für den Stofftransport oder als Baustein für Enzyme und Chlorophyll unverzichtbar. Das Metall kann auf eher sauren Böden und als Chelat am besten von der Pflanze aufgenommen werden. Weitere Spurenelemente sind: Bor, Mangan, Molybdän, Kupfer, Zink, Kobalt.

→ WANN: VoFr – FrSo

WICHTIGE NÄHRSTOFFE IN DÜNGERN

Nährstoff	Chem. Zeichen	Typische Dünger
Stickstoff	N	Horndünger, Jauche, Grasschnitt, Hühnermist, Blutmehl
Phosphor	P	Knochenmehl, Stallmist, Algen
Kalium	K	Gesteinsmehl, Algen, Stallmist
Kalzium	Ca	Algenkalk
Magnesium	Mg	Bittersalz, Kalimagnesia, Kieserit, Magnesiumkalk
Schwefel	S	Bittersalz, Schafwollpellets
Eisen	Fe	Eisenchelate in flüssiger Form

Nährstoffe

Die Ernährung der Pflanzen hängt nicht allein vom Angebot der Nährstoffe ab. Elemente können sich gegenseitig behindern oder sind durch Trockenheit, Bodenverdichtung, zu niedrige oder zu hohe pH-Werte für Pflanzen unerreichbar.

1. Stickstoffmangel

Das Wachstum der Pflanzen ist deutlich reduziert. Vor allem ältere Pflanzenteile vergilben, werden hellgrün, zeigen Absterbeerscheinungen.

2. Stickstoffüberschuss

Blätter sind dunkelgrün, die Blattränder zeigen braune Stellen. Bei zu viel Stickstoff erhöht sich die Anfälligkeit für Pilzerkrankungen und der Schädlingsbefall.

3. Phosphormangel

Blätter erscheinen purpur bis braun und bleiben klein. Bei Feldsalat, Kohlpflanzen, Tomaten: blaugrüne, nach unten gebogene Blätter, vergilben, sterben vorzeitig ab.

4. Kaliummangel

Blätter werden von den Blatträndern her braun. Kalimangel begünstigt die Bildung von Grünkragen an Tomate.

5. Kalziummangel an Apfel

Braune Stellen im Fruchtfleisch von Äpfeln werden als Stippe bezeichnet.

6. Blütenendfäule

Bei Kalziummangel werden Tomaten- und Paprikafrüchte von unten her braun und faulen. Tritt nach heißen Tagen und bei Stickstoffüberschuss auf. Gleichmäßige Bodenfeuchte wirkt dem entgegen.

7. Magnesiummangel

Besonders auf sandigen, sauren Böden kommt Magnesiummangel vor. Blätter werden zwischen den Blattadern gelb bis weiß. Nadeln von Nadelgehölzen vergilben.

8. Eisenmangel

Vergilbte junge Blätter mit scharf abgegrenzten grünen Adern. Hauptursachen sind Bodenverdichtung, Staunässe, zu hoher pH-Wert, Kalk- oder Phosphatgehalt.

9. Schwefelmangel

Gemüsepflanzen bleiben im Wachstum stecken und vergilben. Auf sandigen und durchlässigen Böden oder bei Stickstoffüberdüngung.

1
2
3
4
5
6
7
8
9

Grundkenntnisse Düngung

Ich kenne mich mit der Düngung gar nicht aus, es erscheint mir sehr kompliziert, was muss ich beim Düngen beachten?

Düngen Sie nur, wenn die Pflanzen auch Nährstoffe brauchen, und denken Sie »Düngen« neu: Füttern Sie nicht die Pflanzen, sondern den Boden! Wählen Sie in erster Linie organische Dünger, die das Bodenleben fördern, und düngen Sie nach dem Prinzip des Naturkreislaufs.
Leider wird nämlich häufig noch immer zu viel gedüngt. Ältere Hausgärten sind in der Regel sogar mit Phosphat und Kali überversorgt. Schicken Sie etwa alle fünf Jahre, am besten im Herbst, Bodenproben aus dem Garten an ein anerkanntes Bodenlabor. So sind Sie bezüglich der Nährstoffversorgung des Bodens immer auf dem neuesten Stand. Und können pflanzengerecht düngen.

Tipp

CHEMISCH-SYNTHETISCHE DÜNGER,

wie Blaukorn, sind zwar schnelllöslich und hochwirksam, sollten aber nicht in Hausgärten verwendet werden. Sie überschwemmen den Boden mit Nährstoffen, die auch ins Grundwasser gelangen. Dabei schädigen sie das humusaufbauende Bodenleben und machen den Boden langfristig unfruchtbar.

Ob eine Düngung nötig ist, hängt von den Bedürfnissen der Pflanze, der Entwicklungsphase und der Jahreszeit ab. Sämlinge bzw. Pflanzensetzlinge brauchen kaum Dünger, Jungpflanzen brauchen schon etwas mehr Nährstoffe. Pflanzen in der Wachstumsphase haben einen hohen Nährstoffbedarf. Alte verholzte Pflanzen, wie Blütensträucher und Gehölze, brauchen hingegen wieder weniger »Futter«. Ende Juli sollte im Garten in der Regel nicht mehr gedüngt werden.

Wer braucht was?

Für viele Pflanzen reicht eine Gabe Kompost aus dem eigenen Garten im Frühjahr aus. Nährstoffbedürftige Gemüsepflanzen, wie Tomaten, Paprika, Kohl, Sellerie und Zucchini, Beerenobst, Spalier- und Spindelobstbäume, aber auch Tulpen, Rosen, Kübel- und Balkonpflanzen brauchen eine zusätzliche Düngung. Im Handel gibt es zwar spezielle Dünger mit genau abgestimmten Nährstoffverhältnissen. Doch meist sind die Unterschiede nicht so gravierend. Sie können z. B. Tomatendünger ruhig auch für andere hungrige Kulturen wie Zucchini, Kürbisse und Kohl verwenden. Ausnahme sind Rhododendrondünger mit ihrem niedrigen pH-Wert, die nur bei Moorbeetpflanzen, wie Rhododendron, in die Erde kommen, oder Rasendünger, der hohe Gehalte an Stickstoff aufweist.

→ WANN: VoFr – FrSo

Düngemittel

Die Auswahl an Düngemitteln im Handel ist kaum überschaubar. Welche Dünger sind frei von tierischen Produkten?

Es gibt verschiedene Dünger, die frei von tierischen Produkten sind: Komposterden besitzen in der Regel geringere Nährstoffgehalte als Gartenkomposte. Sie werden aus den Bioabfällen der Haushalte und Grünschnitt aus öffentlichen Flächen gewonnen, sind unter Umständen aber mit Plastikteilen und chemisch behandelten Hölzern verunreinigt. Achten Sie deshalb auf das RAL- Gütezeichen Kompost. Es garantiert die Überwachung und Qualitätskontrolle. Bei Gartendünger aus Pflanzen fördert z. B. Dünger aus getrocknetem Klee die Bodenaktivität und das Wurzelwachstum. Der Nährstoffgehalt liegt bei: 3,5 % N; 0,8 % P; 3,4 % K.

Vinasse-Flüssigdünger wird aus Pflanzen, wie Zuckerrüben und Rückständen aus der Zuckerrohrverarbeitung gewonnen. Vinasse ist ein schnellwirkender Dünger für nährstoffbedürftige Pflanzen. Die Nährstoffzusammensetzung liegt bei 9 % N; 0,3 % P; 7,3 % K. Maltaflor-Gartendünger besteht aus Rückständen der Mälzung, Malzgerste, Malzkeimen. Er regt das Anwachsen der Pflanzen an, kräftigt die Pflanzen und macht sie widerstandsfähig.
5% N; 3% P; 5% K; plus Mg und S enthält der Dünger.

→ WANN: VoFr – FrHe

GUT ZU WISSEN

Früher galt: Kalken erhöht die Fruchtbarkeit des Bodens, sorgt aber auch für einen Abbau von Humus. Ist es sinnvoll zu kalken und gibt es Alternativen?

In schweren, tonigen Böden verbindet der Kalk die Tonteilchen mit Huminstoffen und schafft so stabile Bodenkrümel. Im Hausgarten hat sich das Kalken mit Algenkalk und Gesteinsmehlen bewährt. Sie zählen zu den langsam wirkenden Kalkdüngern. Neben Calciumcarbonat (Kalk) enthalten sie viele wichtige Spurenelemente und Mineralstoffe. Einige Gesteinsmehle werden von »sauren« Urgesteinsmehlen aus Basalt oder Granit gewonnen. Auch diese Gesteinsmehle und Kalk sollten jedoch nicht bei Moorbeetpflanzen verwendet werden.

Tierische Düngemittel

Hornspäne sind bekannte organische Dünger. Es gibt aber auch andere tierische Nebenprodukte. Wie verwendet man sie im Garten?

Hornmehl, Hornspäne sowie Horngries (Stickstoffgehalt 14 % N) sind reine Stickstoffdünger. Hornprodukte sollten im Boden nur oberflächlich eingearbeitet werden. Die Geschwindigkeit der Freisetzung des Stickstoffs ist von der Witterung und Fraktionsgröße abhängig. Hornmehl zeigt schon nach zehn Tagen eine Wirkung, Hornspäne erst nach 5–6 Wochen, dafür wirken sie bis zu drei Jahre nach. Hornspäne sind eine gute Ergänzung zur Düngung mit Kompost. Angaben zur Düngemenge von 30 g bis 170 g pro m^2 und Jahr orientieren sich an dem Stickstoffbedarf der Pflanzen. Düngergaben für Starkzehrer, wie Tomaten, werden auf zwei Gaben aufgeteilt, ein Teil zur Pflanzung und ein zweiter Teil nach fünf Wochen. Obstgehölze werden schon Ende März bis Anfang April gedüngt. Pro Baum erhalten Kernobst 100–140 g, Kernobst 70–100 g und Beerensträucher 100 g pro Strauch Hernspäne.

Schafwolle ist ein hochwirksamer Langzeitdünger mit etwa 12 % Stickstoff, enthält aber wenig Phosphor, Kali, Schwefel und Magnesiumoxid. Die Pellets quellen stark auf, speichern Wasser und lockern so den Boden. Schafwollpellets können in tiefere Bodenschichten eingebracht werden. Schafwolle besitzt einen hohen pH-Wert und eignet sich deshalb nicht für Moorbeetpflanzen.

Rinderpellets bestehen aus getrocknetem Rinderdung. Sie sind ein natürlicher Humuslieferant für den Boden. Die Düngewirkung ist aber relativ schwach: 2 % N; 1,5 % P; 2,5 % K.

Bei Wurmhumus handelt es sich um einen hochaktiven Bodenverbesserer. Die Nährstoffgehalte der Produkte im Handel schwanken allerdings. Wurmhumus kann aber bis zu 10 % N; 7 % P; 5,6 % K enthalten. Dieser tierische Dünger ist für alle Pflanzen gut verträglich. In vielen organischen Handelsdüngern ist Wurmhumus ein wichtiger Bestandteil. Außerdem gibt es noch Guano, der aus Kot von Seevögeln besteht. Guano ist überaus reich an Nährstoffen und Mineralien. Der Abbau des Düngers ist allerdings höchst umstritten.

→ WANN: VoFr – FrSo

Tipp

EFFEKTIVE MIKROORGANISMEN

(EM) sind eine Mischung aus anaeroben und aeroben Hefepilzen, Milchsäurebakterien und Bakterienstämmen. Sie regen das Bodenleben und das Wurzelwachstum an und beschleunigen die Kompostierung. Ihre Wirkung zeigt sich bei ermüdeten Böden. Die Organismen werden in flüssiger Form angeboten.

Düngen mit Mist

Wir halten Hühner und Kaninchen und möchten den Mist ausbringen. Was müssen wir beachten und wie können wir den Mist verwenden?

Die Verwendung von Kaninchen-, Hühner- und Pferdemist erfordert etwas Erfahrung, damit man die Pflanzen nicht überdüngt. Klarheit schafft alle 2–3 Jahre eine Bodenanalyse. Frischen Hühnermist sollten Sie aus hygienischen Gründen und aufgrund der starken Düngerwirkung nicht bei schwach- und mittelzehrenden Gemüsearten einsetzen. Wird der Mist aber ca. ein halbes Jahr z. B. mit Laub und zerkleinertem Gehölzschnitt kompostiert, wird er »entschärft«. Die Nährstoffgehalte von Hühnermist werden relativ hoch angesetzt, Pferde- und Kaninchenmist ist durch Stroh und Sägemehl stark »verdünnt«. Nach etwa einem halben Jahr ablagern oder kompostieren mit Grasschnitt, Gemüseabfällen ist der Nährstoffgehalt ausgeglichener.

Die Hinterlassenschaften der Hühner sind Nährstoffkonzentrate – zu viel kann den Pflanzen schaden.

Empfohlene durchschnittliche Anwendung pro Jahr: 3 kg/m² abgelagerter Pferdemist; 0,3 kg/m² abgelagerter Hühnermist bei Rosen, Beerensträuchern, Erdbeeren, Sommerblumen und anderen Starkzehrern.

→ WANN: ErFr – FrSo

NÄHRSTOFFZUSAMMENSETZUNGEN

	Pferdemist	Kaninchenmist	Hühnermist
N Stickstoff g/kg	5	18	bis 27
P Phosphor g/kg	3	19	bis 21
K Kali g/kg	8 bis 10	9	bis 19
MgO g/kg	1 bis 2	1 bis 2	5 bis 6

Dünger selbst herstellen

In Haushalt und Garten fallen viele organische Materialien, wie Gemüseschalen, kleinere Äste und Laub, an, aus denen ressourcenschonend und nachhaltig Dünger gewonnen werden können. Auch Kaffeesatz ist als Dünger geeignet.

Kompost

Bei der Kompostierung verwandeln Bakterien, Springschwänze, Kompostwürmer und Pilze pflanzlichen Abfall aus Garten und Küche zu wertvollem Humus und Dünger. Beim Kompostieren sollten »braune«, kohlenstoffreiche Gartenabfälle, wie Blätter, Zweige und Staudenstängel, mit »grünen«, stickstoffreichen Gartenabfällen, wie Grasschnitt und Gemüseabfällen, im Wechsel aufgeschichtet werden. Spätestens im nächsten Jahr wird der Kompost umgesetzt. Je nach Lage, Witterung und Art der Kompostierung ist er nach zwei Jahren einsatzbereit.

Kompostieren geht auch auf dem Balkon.

Im Durchschnitt enthalten Komposte viel Phosphat und Kalium. Als Faustregel gilt generell: Höchstens 3 l pro Quadratmeter im Jahr im Garten verteilen. Da der Stickstoff im Kompost allerdings nur sehr langsam frei wird, sollten Sie zusätzlichen Dünger einsetzen, z. B. Hornspäne. Zum Einsatz kommt Kompost auf Rasenflächen, unter Sträuchern, auf Gemüse- und Staudenbeeten.

Wurmkiste

Im Gegensatz zum Kompost ist Wurmhumus nährstoffreicher, schneller einsetzbar und kann in tiefere Bodenschichten eingearbeitet werden. Wurmhumus enthält viele pflanzenverfügbare Nährstoffe, die aber die Wurzeln nicht verbrennen. Der Komplex aus Huminsäuren und Enzymen senkt den Krankheits- und Schädlingsdruck auf Pflanzen und fördert die Humusbildung.

Eine Wurmkiste besteht aus Kunststoff oder Holz und sollte luftdurchlässig sein. Würmer sind lichtscheu, deshalb braucht die Wurmkiste einen Deckel. Die Kiste sollte 30–40 cm hoch sein und eine Grundfläche von ca. 60 x 60 cm haben. Zum Start können Mistwürmer aus einem Komposthaufen mit etwas Kompost vermischt verwendet werden. Man gibt sie mit angefeuchtetem Karton in die Kiste. Als Wurmfutter eignen sich zerkleinerte Obst- und Gemüseabfälle. Ungeeignet sind Zitrusgewächse, Zwiebelschalen, Fleischreste, Milchprodukte und gewürzte Speisen. Würmer sind bei Temperaturen von 5–38 °C aktiv. Ist es kühler oder wärmer, sterben sie.

Kaffeesatz

Kaffeesatz fällt in vielen Haushalten an. Er enthält etwa 2 % Stickstoff und viele weitere Mineralien. Er eignet sich besonders für Zit-

GUT ZU WISSEN

Asche gilt als kaliumhaltiger Dünger. Kann ich die Asche aus meinem Holzofen, in dem lediglich unbehandeltes Holz verbrannt wird, für die Düngung in meinem Garten verwenden?

Holzasche ist Abfall, der im Restmüll entsorgt werden sollte. Sie gehört nicht auf Staudenbeete oder in den Nutzgarten. Das liegt daran, dass Gehölze schädliche Schwermetalle wie Cadmium und Blei aufnehmen. Bei der Verbrennung werden diese Schadstoffe nicht zerstört, sondern im Gegenteil, sie sind in der Asche konzentrierter enthalten. Zudem können durch den Verbrennungsprozess schädliche Dioxine oder polyzyklische aromatische Kohlenwasserstoffe entstehen, die dann ebenfalls in der Asche vorkommen.

Bei der Herstellung von Bokashi werden die organischen Küchenabfälle mit Effektiven Mikroorganismen geimpft.

rusgewächse. Kaffeesatz wirkt leicht sauer, aber im Garten ist nicht mit einer pH-Wert-Senkung zu rechnen. Kaffeesatz wird in die Erde leicht eingearbeitet. Trocknen Sie den Kaffeesatz, dann lässt er sich ohne Schimmelbildung verwenden.

Bokashi

Die Kompostiermethode aus Japan basiert auf einem Fermentierungsprozess mit Küchenabfällen. Im Unterschied zur Kompostierung findet der Prozess aber ohne Sauerstoff statt. Durch den niedrigen pH-Wert entstehen keine Fäulnisbakterien.

Als Behälter sind spezielle Bokashi-Abfalleimer nötig. Sie sind luftdicht verschließbar, haben einen siebartigen Einsatz und einen Ablasshahn im Bodenbereich. Klein geschnittene, feuchte Bioabfälle werden je nach Anfall 2–3 cm hoch eingeschichtet und mit Effektiven Mikroorganismen geimpft. Nach jeder Schicht wird alles leicht verdichtet und mit einem mit Sand gefüllten Folienbeutel abgedeckt. Der Deckel des Eimers muss luftdicht verschlossen sein. Wenn der Eimer voll ist, bleibt er ca. zwei Wochen verschlossen. Die Temperatur sollte zwischen 8 bis 30 °C liegen. Der flüssige Bodensatz wird zum Düngen 1:100 mit Wasser verdünnt. Das frische Bokashi-Ferment ist für die Pflanzen zu sauer und sollte zunächst in Erde eingegraben werden. Nach etwa zwei Wochen kann das stickstoffreiche Bokashi zur Düngung nährstoffbedürftiger Pflanzen eingesetzt werden: 1 kg pro m^2 bzw. 250 g pro Pflanze.

Pflanzenjauchen

Jauchen aus Kräutern, Brennnesseln und Unkräutern sind wertvolle Flüssigdünger. Man verwendet frische oder getrocknete Pflanzenreste, die keine Blüten oder Samenstände enthalten sollten. Sie werden vorzugsweise mit Regenwasser 5–10 Tage angesetzt und stehen gelassen. Jauchen werden 1:10 verdünnt direkt auf die Erde gegossen.

Wässern

Richtig wässern

Ab wann und wie oft muss ich im Garten eigentlich gießen? Gibt es Tricks, wie ich erkennen kann, ob die Pflanzen durstig sind?

Meist beginnt die »Wässerungssaison« im Vollfrühling oder Frühsommer – je nachdem, wie die Niederschlagsmengen in den Vormonaten ausgefallen sind. Pauschal kann man eine Häufigkeit oder Frequenz des erforderlichen Gießens nicht empfehlen. Das hängt vom Boden und den Wetterverhältnissen ab. Als Faustregel gilt: Je sonniger ein Beet liegt, je stärker es dem Wind ausgesetzt ist und je durchlässiger oder sandiger ein Boden ist, desto öfter müssen Sie wässern. Die Art der Pflanzen spielt dabei eine sehr große Rolle: Beete mit Gewächsen die großflächige, eher weiche Blätter haben und rasch wachsen, wie beispielsweise Blattgemüse, Sommerblumen und alle Pflanzen, die in Kübeln, Kästen oder Schalen wachsen, müssen bei starker Hitze und lang anhaltender Trockenheit täglich kontrolliert und zumindest bei Hitze und Trockenheit auch gegossen werden. Bei Rasen ist in niederschlagsarmen Sommern ein Wässern etwa alle vier Tage fällig. Gehölzränder, eingewachsene Rosen oder mediterrane Kräuter brauchen unter den oben genannten Wetterbedingungen etwa wöchentlich bis zehntägig zumindest eine Kontrolle.

Durstig oder nicht?

Warten Sie nicht, bis die Pflanzen ihre Köpfe hängen lassen, sondern achten Sie auf die Blattstellung. Ist sie arteigen straff, etwa waagerecht bei den meisten Gewächsen, ist alles in Ordnung. Neigt sie sich untypisch etwas, verliert das Gewebe an Wasser und der Wasserdruck der Zellen, fachlich nennt man ihn »Turgor«, lässt nach, dann muss gegossen werden! Wenn die Blätter schlaff herunterhängen, können krautige Pflanzen meist noch gerettet werden, verholzende Gewächse sind dann schon geschädigt.

→ WANN: VollFr – SpHe

Tipp

»ABENDS« …

… heißt im Zusammenhang mit Gießen im Garten hier immer: *»frühestens eine Stunde vor Sonnenuntergang«.*

Gießtipps

Ich gieße meist, wenn ich Zeit habe, also mal morgens, mal mittags, mal abends. Ist das überhaupt richtig?

Abends dürfen auch Blätter benetzt werden. Viel besser ist es aber, Wasser direkt an die Wurzeln zu geben.

Wenn Sie Regner verwenden, die die Pflanzen komplett benetzen, dann sollten diese grundsätzlich nur spätabends eingestellt werden. Es gibt verschiedene Pflanzen, die an Pilzbefall erkranken, der sich auf dem Wasserfilm auf dem Laub verbreitet. Werden die Gewächse von oben bewässert, leistet man dem Fortschreiten der Schäden Vorschub. Das lässt sich eingrenzen, wenn das Wässern nur zwischen Sonnenuntergang und Sonnenaufgang erfolgt. Ohne schädliche Folgen bleibt stets das Wässern direkt an die Basis der Pflanzen, ohne dabei das Laub zu benetzen. Das lässt sich gut erledigen durch Bewässerungssysteme mit niedrig angebrachten Wasserröhren oder Austrittsdüsen oder wenn Sie einen Schlauch zwischen die Pflanzen legen, der im Laufe eines Gießganges immer wieder neu ausgerichtet wird. Wer von Hand mit Schlauch oder Kanne gießt, kann ebenfalls an den »Fuß« der Pflanzen gießen und das Laub trocken lassen. Ganz nebenbei spart man dabei Wasser, denn das verabreichte geht direkt in den Boden, ohne dass es teilweise in der Luft verdunstet.

Die beste Gießzeit ist abends, denn je wärmer und sonniger es ist, desto mehr Wasser verdunstet, bevor die Pflanzenwurzeln es aufnehmen können. Das ist vor allem wichtig, wenn durch Regner gewässert wird. Aber auch Wasser, das direkt an die Wurzeln gegeben wird, sickert über Nacht vollständig in den Boden zu den Wurzeln.

Das »richtige« Wasser

Wer keine Regentonne oder keinen eigenen Brunnen hat, macht nichts falsch, wenn er Leitungswasser gießt. Handelt es sich um Pflanzen, die auf sehr weiches Wasser angewiesen sind, wie Azaleen, Orchideen oder Heidekräuter, sollten Sie sich über den Härtegrad des Wassers bei Ihrer Gemeinde oder den Stadtwerken informieren. Ist es zu kalkhaltig für die gewählten Kulturen, sollten Sie es entsprechend enthärten oder für diese Pflanzen dann doch ausschließlich Regenwasser, wenn vorhanden, verwenden.

→ WANN: VollFr – SpHe

Wasser sparen

In den heutigen Zeiten mit extremen Trockenheiten ist Wassersparen angesagt. Welche Strategien gibt es, um Wasser zu sparen?

Am besten nach dem Gießen, wenn das Wasser eingesickert ist, hacken. Das verhindert Wasserverlust.

Angesichts der zunehmenden Hitzetage und der abnehmenden Grundwasservorräte sind alle Strategien, die dazu beitragen, Wasser zu sparen, wichtiger denn je. Beherzigen Sie darum vier Grundregeln:

1. Nur gießen, was gegossen werden muss. Pflanzen haben unterschiedliche Ansprüche an die Wasserversorgung. Verzichten Sie unbedingt auf Regner, die in gleichen Mengen Gehölze, Rasen, Gemüse und gar Wege oder gepflasterte Flächen benetzen, sondern gießen Sie sehr gezielt.
2. Gießen Sie abends oder nachts. So kann die maximale Menge Wasser zu den Wurzeln in den Boden sickern, ohne dass nennenswerte Anteile verdunsten.
3. Wässern Sie tief. Bei einem Wässerungsgang sollte die gesamte Wurzelzone der Bepflanzung bis in die Tiefe durchtränkt werden; das sind gut 40 cm. Wenn das abends geschieht, sinkt das Wasser auch in tiefere Schichten. Das ist sehr viel nachhaltiger als oberflächliches Benetzen von Pflanzen und Boden und spart häufiges Gießen.
4. Grubbern Sie den Boden. Arbeiten Sie nach dem abendlichen oder nächtlichen Wässern spätestens in den Morgenstunden, ehe die Sonne Kraft gewinnt, die Bodenoberfläche mit einem Grubber durch. So verschließen Sie mit den entstehenden Krümeln genau die Wege, die das Wasser in den Boden hineingenommen hat; Sie schließen sozusagen die Deckel auf den Mini-Zisternen.

Bewässerungsanlagen

Ob Sie eine Bewässerungsanlage installieren, hängt ganz davon ab, wie viel Zeit Sie sich selbst für das Gießen nehmen möchten. Selbstverständlich sind für viele Belange wie Rasenwässern oder die Wasserversorgung von Beeten mit Sommerflor oder Gemüse auch fest installierte Bewässerungsanlagen wasser- und zeitsparend. Doch sollten Sie die Gießrhythmen nicht fest automatisch einstellen, sondern, immer an die aktuellen Erfordernisse angepasst, selbst regulieren.

→ WANN: VollFr – SpHe

Wasserbedarf

Braucht die gleiche Pflanze, wenn sie in einem Kübel oder Kasten wächst, mehr Wasser, als wenn sie in einem Beet ausgepflanzt wird?

Erde in Pflanzgefäßen trocknet wesentlich schneller aus als in Beeten, da die Hitze nicht nur von oben austrocknend wirken kann, sondern auch von den Seiten her. Ist ein Kübel oder Kasten noch der vollen Sonne ausgesetzt, heizt sich die gesamte Wurzelzone stark auf; die Pflanzen brauchen auf jeden Fall mehr Wasser, wobei am besten abends gegossen wird. Zudem kann eine Pflanze auch nicht tiefer wurzeln, als das Gefäß hoch ist, und deshalb ihr volles Potenzial der Wurzelmasse kaum ausprägen. Und als dritter Faktor kann auch logischerweise kein Wasser aus tieferen Bodenschichten in die Wurzelzone etwa durch Verdunstung nach oben nachkommen. Das alles bewirkt, dass etwa eine Rose, die in einem Pflanzgefäß kultiviert wird, fast täglich gegossen werden muss, während die gleiche Rose, wenn sie in einem Beet eingewachsen ist, gut zehn Tage oder noch länger ohne zusätzliche Bewässerung auskommt.

Aufmerksam versorgen

Zahlreiche Stauden und Gehölze wurzeln so tief, dass sie auch einige Tage oder sogar Wochen im Sommer ohne Bewässerung überstehen und nicht eingehen oder sonstwie massiv leiden. Dafür müssen sie nach einer Pflanzung aber erst einmal ein tief reichendes Wurzelwerk ausbilden. Geben Sie also Rosen, Bäumen und Sträuchern, Heckenpflanzen oder auch Pfingstrosen Starthilfe in Form von regelmäßigem Gießen dazu und achten im ersten Jahr nach der Pflanzung gut darauf, wie sie vorankommen. Diese Pflanzen müssen sicher nicht täglich gegossen werden, wie etwa Sommerflor, doch im Jugendstadium gewiss häufiger, als wenn sie voll etabliert sind. Bei Rosen etwa ist das nach einem vollen Standjahr oft der Fall. Großgehölze brauchen etwas länger und sind drei, vier Jahre für Unterstützung durch Gießgaben etwa durch ein Rohr, das in der Erde gesteckt in die Wurzelzone reicht, dankbar.

WANN: VollFr – SpHe

1 Großlaubige Kübelpflanzen, wie Engelstrompeten, brauchen im Sommer täglich Wasser. 2 Zwischendurch einzelne Pflanzen per Hand gießen. 3 Einfüllrohre sind Gießhilfen bei Großbäumen.

Pflanzen ziehen

Lebensformen von Pflanzen

Man hört und liest immer wieder von Stauden, Zweijährigen, Halbsträuchern – was ist dabei eigentlich der Unterschied?

Eine Einteilung der Pflanzen kann unter vielfältigen Gesichtspunkten erfolgen. Die botanische Systematik der Pflanzenfamilien, -gattungen und -arten zeigt zwar Verwandtschaftsverhältnisse und den Evolutionsweg der Pflanzen auf, ist aber wenig hilfreich beim Gärtnern.

Zudem sind viele übliche Begriffe nicht immer eindeutig, denn nicht selten wird etwa eine einjährige Pflanze oder eine Staude als Busch bezeichnet, ein Strauch als Staude oder ein mehrstämmiges Großgehölz als Baum. Hinzu kommt noch, dass etwa in Gartencentern das Sortiment nach Verwendung der fertig angebotenen Pflanzen gegliedert ist. Es finden sich etwa »Kletterpflanzen«, die meist mehrjährige Gehölze sind. Bei den »Stauden« trifft man auch Zweijährige und Halbsträucher, bei »Kräutern« tummeln sich Lorbeer als Gehölz, Minzen als Staude sowie Kressen als Einjährige. Für den Kauf ist das eine schlüssige Orientierung. Gärtnerisch gesehen greift das zu kurz, denn man möchte ja nicht immer nur kaufen, pflanzen und wieder kaufen, sondern auch selbst Gewächse anziehen können und grundlegende Vorstellungen haben, wie sie behandelt werden.

Fachliche Einteilung

Fachleute teilen Pflanzen anhand ihres Lebenszyklus und der Beschaffenheit ihrer Sprosse ein. Pflanzen, die in einer Kategorie zusammengefasst sind, haben gleiche Eigenschaften, die für den gärtnerischen Umgang mit ihnen entscheidend sind. Bei allem: Die Grenzen in der Natur und folglich bei allen aus ihr hervorgegangenen Lebewesen sind fließend – beispielsweise die Abgrenzung der Halbsträucher zu Gehölzen oder von Wurzelknollen und Rhizomen. Dennoch liefert diese pragmatische Konvention der Pflanzenkategorien eine erste, hilfreiche Orientierung für die konkrete Pflege.

DIE WICHTIGSTEN PFLANZENGRUPPEN

Bezeichnung	Charakter	Besonderheiten
Einjährige, z. B. Ringelblume *(Calendula officinalis)*, Duftwicke *(Lathyrus odoratus)*, Tomate *(Solanum lycopersicum)*	Keimung, Wachstum, Blüte und Samenansatz nur eine Vegetationszeit lang; Pflanzen sind krautig	Aussaat im zeitigen Frühjahr entweder als Vorkultur geschützt im Haus oder bei schnell wachsenden Arten direkt ins Freiland; samenfeste Sorten können selbst vermehrt werden
Zweijährige, z. B. Vergissmeinnicht *(Myosotis sylvatica)*, Fingerhut *(Digitalis purpurea)*, Stiefmütterchen *(Viola* x *wittrockiana)*	Pflanzen keimen im ersten Jahr und wachsen gewöhnlich erst ohne Blüten heran, die Blüten erscheinen meist im zweiten Jahr, seltener spät im ersten Jahr; sterben meist nach dem Samenansatz ab; die Pflanzen sind stets krautig	Aussaat im ausgehenden Frühling bis Frühsommer; Pflanzung erfolgt im Frühherbst; einige Arten brauchen kalte Temperaturen im Winter, um Blüten ausbilden zu können; oft kommt es zur Selbstaussaat
Stauden Polsterglockenblume *(Campanula poscharskyana)* Tauben-Skabiose *(Scabiosa columbaria)* Pfingstrose *(Paeonia lactiflora)*	Pflanzen wachsen wenige bis viele Jahre, sind krautig und bilden kein Holz aus, treiben zu Vegetationsbeginn aus den Wurzeln komplett aus, wachsen, blühen und setzen Samen an; je langlebiger eine Art ist, desto länger dauert es, bis sie ihre volle Schönheit erreicht hat	Vermehrung durch Aussaat oder Stecklinge sowie Absenker und Teilung; kurzlebige Arten versamen sich oft selber, langlebige Arten müssen so gepflanzt werden, dass sie ausgewachsen noch ausreichend Platz haben
Zwiebel- oder Knollenpflanzen, winterhart Königs-Lilie *(Lilium regale)*, Tulpe *(Tulipa Cultivar)*, Dahlie *(Dahlia Cultivar)*	Mehrjährig, krautig, haben unterirdische Speicherorgane für Ruhezeiten in ungünstigen Jahreszeiten; Zwiebeln aus verdickten, gestauchten Blättern, Knollen sind verdickte Stängel- oder Pflanzenbasisstrukturen, Rhizome sind verdickte Wurzeln, werden teilweise auch als »Knolle« gehandelt	Während der Ruhezeit trocken aufbewahren; Pflanzzeit Spätsommer bis Spätherbst oder Vor- bis Vollfrühling, Vermehrung durch Brutzwiebeln oder -knollen, Abnehmen äußerer Zwiebelschuppen, Teilung; Wildarten säen sich selbst aus

Bezeichnung	Charakter	Besonderheiten
Halbsträucher Lavendel *(Lavandula)* Rosmarin *(Salvia rosmarinus)* Heidekraut *(Erica)*	Mehrjährig, verholzen an der Basis, überwintern oberirdisch mit Pflanzengerüst, blühen und fruchten am jungen Austrieb aus dem Grundgerüst, neue krautige Austriebe verholzen nicht vollständig; Pflanzengruppe repräsentiert einen fließenden Übergang zwischen Stauden und Gehölzen	Nach der Blüte wird in die Zone junger Zweige geschnitten, um eine gefällige, dichte Pflanzenform zu erhalten, im Frühling nicht bodennah ins alte Holz zurückschneiden, sondern nur, wenn erforderlich, in der Zone der im letzten Jahr gewachsenen jungen Zweige; Vermehrung optimal duch krautige Stecklinge, ehe sie Blütenknospen angesetzt haben
Gehölze: Sträucher und Bäume Apfelbaum *(Malus),* Magnolie *(Magnolia x soulangeana),* Taxus *(Taxus baccata)*	Sträucher: mehrstämmige Gewächse, die verholzende Struktur ausbilden; Bäume: verholzende, meist übermannshohe Gewächse mit Stamm und Krone, die schmal bis breit ausladend sein kann; neue Austriebe an den verholzten Zweigen des letzten Jahres; Blüte bei Frühblühern meist aus dem letztjährigen Holz, bei Blütezeit ab Frühsommer oft an jungen, diesjährigen Trieben, die dann verholzen; belaubt oder benadelt, laubabwerfend oder immergrün, tief bis flach wurzelnd	Rückschnitt zur Verjüngung oder Erhaltung erfolgt abgestimmt auf die Eigenheiten der konkreten Art; Formgehölze und Hecken nach dem Austrieb im Frühsommer stutzen; häufig durch Stecklinge oder Steckhölzer vermehrbar sowie durch Veredelungen; nicht frostharte Arten frostfrei, kühl und hell überwintern

Saatgutbegriffe

Im Saatguthandel gibt es so viele Begriffe. Was sind Biosaatgut, samenfeste Sorten und F1-Hybriden?

Ein Saatband muss sorgfältig ausgelegt und vor allem sehr gut gewässert werden, damit die Samen keimen.

Biosaatgut wird ökologisch angebaut. Mit dem Kauf dieses Saatguts wird die biodynamisch-ökologische Züchtung und der Anbau gefördert. Samenfeste Sorten können auch von Freizeitgärtnern nachgebaut werden. Das heißt, von den Pflanzen können wieder Samen geerntet werden, ohne dass dabei die Qualität der Pflanzeneigenschaften verloren geht.

F1 Saatgut stammt aus Hybridzüchtungen. Zwei verschiedene Sorten einer Pflanzenart, die aus künstlichen Zuchtlinien hervorgegangen sind, werden miteinander gekreuzt. Diese Pflanzen haben gleichmäßige Eigenschaften im Wachstum bis zur Ernte. Pflanzen, die aus den Samen der F1-Pflanzen gezogen werden, degenerieren in den Eigenschaften und können meist nicht wieder ausgesät werden

Aussaatmethoden

Welche Aussaatmethoden gibt es, welche Vorteile haben sie und zu welchen Pflanzen passen sie?

Je nach Pflanzenart können die Samen breitwürfig, einzeln, als Reihen- oder Horstsaat in die Erde gedrückt oder aufgestreut werden. Breitwürfig gesäte Samen dürfen nicht zu dicht gesät werden. Einzelkornsaat bietet sich bei großen Samen, wie Gurken und Kürbis, an. Bei einer Horstsaat sollen mehrere Pflanzen aus einer Saatstelle wachsen, z. B. bei Bohnen. Entweder zählen Sie die Samen von Hand ab oder Sie verwenden einen kleinen Löffel als Maßeinheit bei kleinen Samen. Bei Saatbändern und Saatscheiben ist das Saatgut in Papierstreifen oder Scheiben eingebettet. So werden die Samen im optimalen Abstand gehalten, wie für Karotten, Radieschen und Asiasalate. Saatbänder trocknen leicht aus und müssen immer gut feucht gehalten werden.

WANN: ErFr – FrHe

Saatgutgewinnung

Ich möchte gerne mein eigenes Saatgut gewinnen und aussäen. Bei welchen Pflanzenarten lohnt sich das denn überhaupt?

So klein sie auch sind, Samen sind wertvoll. Gemüseraritäten, die kaum im Handel zu bekommen sind, rettet man so in die nächste Saison. Früher wurden Gemüsesorten selbst vermehrt und von Generation zu Generation weitervererbt. Durch die jahrzehntelange Tradition entstanden regionale Sorten, die an den Boden und das regionale Klima angepasst sind. Eigenes Saatgut zu ernten, ist also besonders nachhaltig und wertvoll, lohnt aber nicht immer, da es bei vielen Gemüsekulturen, wie Karotten und Kohlarten, kompliziert und aufwendig ist.
Für die eigene Samenernte eignen sich vor allem samenfeste Sorten von Fruchtgemüse. F1-Hybridsorten sollte man hingegen immer neu kaufen, da sich aus den Samen in der nächsten Pflanzengeneration meist völlig degenerierte Pflanzen entwickeln oder die Samen gar nicht erst keimen. Bei der Auswahl der Pflanzen für die Samenernte von samenfesten Sorten können Sie gezielt Eigenschaften fördern. Entnehmen Sie Saatgut aus Früchten wüchsiger, reichtragender und gesunder Pflanzen. Trockenheitsresistenz oder die frühere Fruchtreife können ebenfalls wichtige Auswahlkriterien sein. Die Samenernte von Kürbisgewächsen ist nicht empfehlenswert. Gurken, Zucchini und Kürbisse kreuzen sich gerne. Hier können sich ohne gezielte Bestäubung schlechte Eigenschaften einschleichen. Kreuzen sich versehentlich Zierkürbisse ein, kann das sogar zu ungenießbaren und giftigen Früchten im nächsten Jahr führen.

Sorgfalt und sauberes Arbeiten sind bei der Saatgutgewinnung von Tomaten wichtig. Die Mühe lohnt sich!

Tipp

SAATGUTLAGERUNG

Wie Saatgut gelagert wird, wirkt sich auf die Keimfähigkeit aus. Ideal sind luftdichte Schraubgläser oder Dosen, in die auch einzelne Samentüten zusammengepackt werden. Restfeuchte wird durch die Zugabe von Silikatkissen aufgenommen. Vergessen Sie die Beschriftung nicht, sonst beginnt im nächsten Jahr das Rätselraten.

Nützliche Hilfsmittel

Ich möchte mein Saatgut selbst vorziehen. Welches Equipment brauche ich, damit die Samen beste Startbedingungen haben?

Der Handel bietet perfekte Ausstattungen für die Aussaat, doch vieles hält schon der normale Haushalt bereit. Als Anzuchtgefäße können gebrauchte Töpfe dienen, die allerdings gut gereinigt und gegebenenfalls desinfiziert sein sollten. Leere, gereinigte Lebensmittelverpackungen wie Kunststoffschalen, leere Kunststoffflaschen oder Einmachgläser mit durchsichtigen Deckeln lassen sich zu Minigewächshäusern für die Sämlinge umfunktionieren. Durch die durchsichtigen Gefäße können Sie das Saatgut gut überwachen. Mit etwas Kreativität findet sich noch mehr im Haushalt, wie ausrangierte Joghurtbecher oder leere Milchtüten. Eierkartons, Toilettenpapierrollen oder gefaltete Töpfe aus Zeitungspapier können mit den heranwachsenden Pflanzen in die Erde ausgepflanzt werden. Die Pappe zersetzt sich in kürzester Zeit. Professioneller sind Multiplatten, die aus mehreren zusammenhängenden Töpfchen bestehen. Meist sind diese aus Kunststoff. Idealerweise besitzen Anzuchtgefäße Abzugslöcher, damit zu viel Wasser abfließen kann. Mit etwas Erfahrung und guter Beobachtungsgabe kommt man auch mit geschlossenen Gefäßen zurecht.

Das Saatgut keimt am besten in feinkrümeliger, nährstoffarmer Anzucht-, Vermehrungs- oder Kräutererde. Sie sollte frei von pflanzenschädlichen Krankheiten und Schädlingen sein. Um selbst Erde zu mischen, benötigt man viel Erfahrung.

Weitere Hilfsmittel

Mit einem Sieb mit Maschenweiten von 3–8 mm können Verunreinigungen und Klumpen beseitigt werden. Um das Saatgut und die Erde andrücken zu können, findet sich immer etwas im Haushalt, z. B. alte Stempel, Holzklötze oder diverse Küchenutensilien. Für die Befeuchtung eignet sich ein Pflanzensprüher oder eine Ballbrause. Sie besitzen so feine Düsen, dass das Saatgut nicht abgeschwemmt wird. Pflanzenetiketten können aus Holz oder Kunststoff sein. Zum Beschriften verwendet man am besten wasserfeste, lichtechte Filzstifte oder weiche Bleistifte.

WANN: VoFr – FrSo

Tipp

SAATGUTBESCHAFFUNG

Kaufen Sie Saatgut im Fachhandel oder bei verlässlichen Organisationen, achten Sie auf Abfülldatum und Haltbarkeitsdatum. Das Saatgut sollte frisch sein. Je nach Pflanzenart ist Saatgut nur kurzzeitig oder aber über viele Jahre keimfähig. Bewahren Sie es trocken und vor der Sonne geschützt auf.

Aussaatfehler

Nicht immer geht der Samen gut auf. Welche Fehler kann ich bei der Aussaat vermeiden, damit die Samen gut keimen können?

Anfänger säen die Samen oft zu dicht, das fördert Fäulniserreger. Geben Sie vor dem Säen etwas Saatgut in eine Schale, zählen Sie etwa 50 Samen ab. So bekommen Sie ein Gefühl für die Menge des Saatgutes. Feuchten Sie vor der Aussaat trockene Erde gut an. Füllen Sie die Gefäße nur 1–2 cm unter dem Rand mit Aussaaterde. In Töpfen wird das untere Drittel mit Blumenerde, der Rest mit Aussaaterde bestückt. Die Erdoberfläche leicht andrücken, sodass eine ebene Fläche entsteht.
In der Regel werden Samen abgedeckt. Die Grundregel besagt: »So dick, wie der Samen ist, so hoch sollte die Abdeckung mit Erde sein.« Außer Erde können die Samen mit Sand, feinem Kies (2–5 mm), Vermiculit oder Perlite abgedeckt werden. Diese Materialien halten schädliche Trauermücken ab. Vermiculit ist ein glimmerartiges Mineral, Perlite ist ein vulkanisches Gestein. Beide speichern Wasser, lassen aber auch genügend Luft an die Pflänzchen. Zum Quellen und Keimen brauchen die Samen gleichmäßig Wasser. Um sie nicht abzuschwemmen, sollte die Oberfläche mit einer feinen Brause gegossen oder besprüht werden. Die meisten Pflanzen keimen bei Temperaturen von 18 °C–20 °C. Bei einigen Pflanzenarten, wie Salat, Winterpostelein, Spinat oder Feldsalat, kann bei hohen Temperaturen im Sommer eine Keimhemmung auftreten.

Ungewöhnliche Bedürfnisse

Kaltkeimer sind Pflanzen aus winterkalten Gebieten. Sie besitzen eine eingebaute Keimblockade, die erst nach Wochen mit Temperaturen um den Gefrierpunkt überwunden ist. Die Pflänzchen starten ins Leben, wenn keine sehr tiefen Minusgrade mehr zu erwarten sind. Ab Oktober werden diese Samen in Saatschalen gesät und ins Freie gestellt, sodass sie der Kälte und dem Schnee ausgesetzt sind. Ein Frühbeetkasten oder ein Kleingewächshaus eignen sich gut für die Überwinterung der Saat. Hier sind die Temperaturunterschiede nicht so krass, und Dauernässe wird nicht zum Problem.

1 Bei großen Samen kommt nur ein Samenkorn in jeden Topf. 2 Wird zu dicht gesät, wie diese Partie Kerbelrüben, wird der Ertrag niedrig ausfallen. 3 Sellerie lassen sich gut im Gewächshaus vorziehen.

Vergissmeinnicht ist ein Lichtkeimer. Das heißt, die Samen dürfen nur sehr dünn mit Erde bedeckt werden.

Zu den Kaltkeimern zählen Kerbelrübe, Guter Heinrich, Hopfen, Waldmeister, einige Zierlaucharten, Echte Schlüsselblume.
Bei Dunkelkeimern kann die Keimung durch Licht gehemmt werden. Sie sollten möglichst mit einer dickeren Erdschicht bedeckt werden. Selbstverständlich brauchen die Samen nach der Keimung Licht, um weiterwachsen zu können. Dunkelkeimer sind u. a. Lupinen, Bienenfreund, Christrose, Rittersporn, Kapuzinerkresse, Mais, Zwiebeln, Schnittlauch, Borretsch, Feldsalat, Kürbis, Gurke

Lichtkeimer

Bei Lichtkeimern wird der Keimprozess durch Licht in Gang gesetzt. Die Samen sollten also nicht oder nur sehr dünn mit Erde abgedeckt werden. In Aussaatschalen können Sie das Saatgut mit einer Glasscheibe abdecken, damit die nötige Luftfeuchte erhalten bleibt. Alle 2–3 Tage sollte der Deckel kurzzeitig entfernt und die Saaten gelüftet werden, damit sich keine Schimmelpilze bilden. Im Freiland ist es sinnvoll, dieses Saatgut dünn mit Erde, Sand oder Vlies abzudecken und dann anzugießen. So bleibt es gleichmäßig feucht und bekommt noch ausreichend Licht. Lichtkeimer sind z. B. Sellerie, Stangensellerie, Blattsalat, Erdbeeren, viele Kräuter, Löwenmäulchen, Vergissmeinnicht.

WANN: VoFr – FrSo

GUT ZU WISSEN

Immer wieder passiert es nach der Keimung, dass die Sämlinge plötzlich eingehen oder umfallen. Die Ursache können z. B. Trauermücken sein. Gegen die Tierchen gibt es Bekämpfungsstrategien.

Dahinter können Pilze oder Trauermücken stecken. Halten Sie die Erde feucht, aber nicht zu nass. Trauermücken legen ihre Eier bevorzugt in feuchte Erde. Die Larven ernähren sich von jungen Wurzeln. Mit befallener Erde und Topfpflanzen schleppt man sich den Schädling ein. Mit Gelbtafeln kann man schon frühzeitig Trauermücken erkennen. Eine Bekämpfung gelingt mit nützlichen Nematoden. Sie werden als Pulver geliefert, das in Wasser aufgelöst auf alle Ansaaten, aber auch alle Blumentöpfe mit Erde gegossen wird.

Stecklingsvermehrung

Wie können Stauden oder Halbsträucher zahlreich vermehrt werden, sodass sie alle ihre guten Sorteneigenschaften behalten?

Oberirdische Pflanzenteile können prinzipiell dazu angeregt werden, Wurzeln zu bilden. Junge, nicht allzu weiche, aber keinesfalls bereits verholzte, nicht verzweigte Triebe möglichst ohne Blütenknospen werden dazu abgeschnitten und am unteren Teil von Blättern befreit. Nach unten sollten mindestens zwei Blattknoten erkennbar sein, nach oben etwa zwei Blätter oder Blattpaare. Der entblätterte Teil wird vollständig in ein nährstoffarmes Substrat, z. B. Anzuchterde oder Kokosfasern, gesteckt, die Blätter stehen über dem Substrat. Meist verwendet man als Gefäße kleine Töpfe oder Multiplatten.

Wurzelbildung unterstützen

Für den Steckling ist es ein Wettlauf zwischen der Umstimmung des Gewebes im Boden auf die Wurzelbildung und einem Vertrocknen oder einem Befall durch Fäulnispilze. Darum sind alle Strategien, die eine Wurzelbildung begünstigen, angesagt. Dazu gehört eine »gespannte Luft« – also eine hohe Luftfeuchtigkeit. Die lässt sich leicht durch eine transparente Haube gewährleisten, die über das Gefäß gestülpt wird und damit gleichzeitig ein Austrocknen unterbindet. Stellen Sie die Pflanzschalen auf eine Fensterbank über einem Heizkörper an ein helles Fenster. Bodenwärme und durch die Haube gedämpftes Licht sind genau richtig.

Ausgezeichnete Wurzelbildungs-Beschleuniger sind Bewurzelungspulver mit speziellen Pflanzenhormonen. Dippen Sie die Stecklinge unmittelbar vor dem Stecken dort hinein. Geht alles gut, bildet ein Steckling – je nach Art – innerhalb von 4–6 Wochen Wurzeln. Ob das Vorhaben gelungen ist, zeigen neue Austriebe aus den Blattachseln an, dann kann man auch die Haube entfernen. Ist der Anzuchttopf durchwurzelt, kommt die Jungpflanze zur Weiterkultivierung in einen größeren Topf mit nährstoffhaltigem Substrat.

WANN: ErFr – SpSo

So geht Stecklingsvermehrung: 1 Triebspitzen von Mutterpflanze abschneiden, 2 deren untere Zonen vorsichtig entblättern und ins Substrat stecken. 3 Nach dem Angießen Klarsichthaube drüberstülpen.

Teilen und Trennen

Gibt es außer der Stecklingsvermehrung noch weitere Möglichkeiten, um Stauden sortenecht zu vermehren?

Stauden mit Wurzelstöcken lassen sich, wenn sie nicht gerade in Blüte stehen, durch Teilung vermehren.

Die Stecklingsvermehrung ist ideal für alle Pflanzen, die viele gestreckte Triebe ausbilden. Stauden, die einen niedrigen Blattschopf ausbilden, etwa Gräser oder Taglilien, können allerdings nicht »gesteckt« werden. Man teilt sie im Erstfrühling, im Spätsommer oder im Vollherbst mit einem Spaten, anschließend werden die Teilstücke in neues Substrat, oft auch direkt in neue Beete verpflanzt. Sind die Teilstücke sehr klein, empfiehlt sich als Erstes eine Kultur in Töpfen und ein Auspflanzen dann, wenn die Töpfe durchwurzelt sind. Achten Sie bei der Teilung einer Staude darauf, dass Stücke entstehen, die nicht viel größer sind als etwa eine Männerfaust. Verletzte Wurzeln oder Triebe werden vor dem Verpflanzen der Teilstücke entfernt, damit nichts fault. Sind sie sehr feucht und fest, lässt man sie einen Tag lang kühl und trocken liegen. Eine Staudenteilung kommt nur infrage, während die Pflanze einigermaßen in Ruhe ist. Manche Arten, etwa Bart-Iris, ruhen im Hochsommer nach der Blütezeit, die meisten etwa zwischen Frühherbst und Erstfrühling. Eine Teilung im Winter ist allerdings wenig ratsam, da Feuchte und Frost zu Ausfällen führen. Das ginge nur, wenn die Pflanzen fachgerecht in einem Gewächshaus überwintert werden.

Ableger

Sehr erfreulich ist, dass sich einige Pflanzen mehr oder weniger auffällig von selbst durch Ableger verbreiten. Dabei strecken sich die Triebe an der Basis in der Waagerechten und bilden dabei komplett neue, kleine Pflanzen. Entweder sitzen diese dann sehr eng an der Ursprungspflanze, etwa bei Hauswurz-Arten, oder etwas im Abstand zu ihr, hier sind Erdbeeren ein bekanntes Beispiel. Wenn eine kleine Ablegerpflanze ein paar Blätter hat und die allerersten Strukturen aus denen sich Wurzeln bilden, zeigt, kann sie von der Mutterpflanze abgenommen werden und wird vorsichtshalber erst in einem Topf oder einem sehr gut kontrollierbaren Beet weiter hochgepäppelt.

WANN: ErFr – VollFr, HoSo, VoHe – SpHe

Steckholzvermehrung

Wenn ich ein schönes Gehölz habe – kann ich das auch per Steckling oder Teilung vermehren, oder gibt es da andere Methoden?

Eine verholzende Pflanze kann prinzipiell auch durch krautige Stecklinge vermehrt werden. Allerdings muss man hierbei den optimalen Termin gut abpassen und ein Gefühl dafür bekommen, wie »steckreif« oder »stecküberreif« ein Trieb ist.
Sicherer ist bei vitalen Laubgehölzarten die Steckholzvermehrung. Hierbei werden junge verholzte Triebe während ihrer Ruhezeit geschnitten. Wenn im Herbst das Laub fällt, schneidet man unverzweigte Triebe ab. Lange Triebe können unterteilt werden. Achten Sie darauf, dass jedes einzelne Steckholz 3–4 Austriebsaugen besitzt, die sich an den Blattansätzen befinden. Um eine glatte Schnittstelle zu erhalten, wird mit einem scharfen Messer geschnitten, beim Stecken der Hölzer muss die ursprüngliche Wuchsrichtung eingehalten werden. Etwas Bewurzelungspulver zur Unterstützung ist hilfreich. Winterharte Gehölze werden im Herbst in eine tiefe Rinne im Boden eingegraben; die eingefüllte Erde muss locker und durchlässig sein. Mischen Sie zur Hälfte Sand bei. Verwendet man Töpfe, müssen sie hoch genug sein. Sie werden mit Aussaaterde gefüllt und frostfrei aufgestellt.

Tipps und Tricks

Es dürfen nur ein, höchstens zwei Austriebsaugen aus der Erde ragen, der Großteil des Steckholzes steckt im Boden. Unbedingt gut feucht halten und bei sonnigem Wetter durch Vlies vor dem Austrocknen schützen. Wird im Herbst gesteckt, ist der Boden noch hinreichend warm für eine beginnende Bewurzelung. Sobald es Frost gibt, werden die Steckhölzer z. B. mit Koniferenreisig abgedeckt, denn der Boden darf nicht durchfrieren. Zeigen sich im Frühling neue Austriebe, war die Vermehrung erfolgreich. Warten Sie bis zum Umpflanzen noch ein gutes Jahr und düngen Sie dann im Frühsommer einmal mit einem organisch-mineralischen Düngepulver.

WANN: SpHe, Wi

1 Nach dem Laubfall unverzweigte junge Triebe der Saison teilen. 2 Teilstücke in Wuchsrichtung in eine Erdrinne stecken. 3 Wässern, befestigen und danach vor Frost und Austrocknen schützen.

Absenker und Veredelungen

Falls ein Gehölz nicht gut bewurzelt, wie erreiche ich dann eine 100-prozentige Sortenreinheit?

Einen langen, biegsamen, bodennahen Trieb eines Gehölzes zur Vermehrung per Absenker verwenden.

Stecklinge oder Steckhölzer, die von der Mutterpflanze getrennt wurden, bewurzeln bei einigen Gehölzarten viel zu langsam, um eine Pflanze bilden zu können. Bei einer Kletterpflanze oder einem Gehölz, das bodennah flexible Triebe ausbildet, kann man eine Vermehrung durch Absenker versuchen. Hierzu biegt man einen jungen, noch nicht starr verholzten Trieb meist im Vollfrühling oder Frühsommer so, dass sich eine Stelle etwa ein Spatenblatt tief im Boden verankern lässt und am Ende noch ein etwa handbreites Stück Trieb aus dem Boden ragt. Die Triebpartien im Boden werden durch Anritzen der Rinde etwas verletzt, und es kann zusätzlich Bewurzelungspulver aufgetragen werden, um die Wurzelbildung zu beschleunigen. Diese Absenker dürfen nicht austrocknen. Etwa nach 14 Monaten können bewurzelte Pflanzen von der Mutterpflanze abgetrennt werden. Eine Vermehrung durch Absenker ist ideal etwa bei Kletterpflanzen.

Bei Gehölzen mit mehrteiligem Wurzelstock kann auch aus den Wurzelstöcken vermehrt werden. Eine Teilung der Wurzelstöcke oder ein Abstechen von Randpartien erfolgt während der Ruhezeit zwischen Spätherbst und Erstfrühling. Dabei hat jedes verwendete Wurzelstück mindestens einen intakten oberirdischen Austrieb.

Was ist eine Veredelung?

Dabei wird eine Pflanze aus zwei Pflanzen »zusammenmontiert«. Das Wurzelwerk stammt von einer unkompliziert vermehrbaren, der gewünschen Gartensorte nahe verwandten Gehölzart. Von der Gehölzsorte, die man im Garten anschauen oder beernten möchte, wird ein Pflanzenteil auf die sogenannte Unterlage gesetzt und die Gewebe beider Pflanzen verbinden sich. Dafür gibt es verschiedene Techniken, etwa Okulation bei Rosen oder Pfropfung bei Obstgehölzen. Die Edelsorte soll dabei nach dem Wegschneiden der Wildlingstriebe das komplette grüne und blühende Wachstum übernehmen, die Unterlage Wurzeln mit oder ohne einen tragenden Stamm bilden.

→ WANN: VollFr – HoSo, HoSo, ErFr

Ein Beet vorbereiten

Ich habe Pflanzen für den Garten gekauft. Wie muss ich nun vor dem Setzen das Beet vorbereiten, damit alles gut wächst?

Grundsätzlich muss ein Boden für neue Pflanzen, die ja erst mal viele junge Wurzeln bilden sollen, locker durchwurzelbar sein. Egal, was Sie vorfinden: Graben Sie den Boden mit Spaten oder Grabegabel einmal gründlich durch. Steine, Wurzelreste oder Unkräuter werden sorgfältig entfernt.
Sehr schwere Böden werden für Pflanzen, die einen durchlässigen Grund mit niedrigem Nährstoffbedarf brauchen – etwa mediterrane Kräuter wie Lavendel oder Rosmarin –, durch großzügige Zugaben von Sand »abgemagert«. Die meisten Pflanzen brauchen allerdings mehr Nährstoffe, und für diese Gewächse wird reichlich Kompost in den Boden eingearbeitet. Für Moorbeetpflanzen wie Rhododendren, Azaleen oder Heidekräuter müssen Sie für einen pH-Wert unter 6 sorgen. Da sich aber Torf aus Umweltschutzgründen für eine Ansäuerung von Böden verbietet, mengt man torffreies Rhododendron-Substrat ein und reichert immer wieder mit Kaffeesatz an.
Ansonsten ist ein Einmischen von gekauften Substraten in Gartenböden eine überflüssige Sache. Setzen Sie einen Kompost an, der jährlich ausgebracht wird; das kostet weniger und bringt mehr.

Blockaden ausräumen

Grober Schutt und Bodenverdichtungen können das Leben ihrer Pflanzen im Beet sehr schwer machen. Reste etwa von Bau- oder Abrissarbeiten müssen aus dem Boden abgeräumt werden, sonst lediglich sehr flach wurzelnde Gewächse.
Verdichtungen sollten Sie ebenfalls beseitigen. Wenn Pflanzenwurzeln auf Dauer in Wasser stehen, weil es nach unten nicht abfließen kann, sterben sie ab. Verdichtungen entstehen in der Oberfläche meist nach Belastungen von schweren Baumaschinen und müssen sorgfältig und tief aufgepflügt werden. Befindet sich im Boden eine stauende Lehmschicht, sollte eine fachmännische Dränage installiert werden.

➜ WANN: VoFr – SpHe

1 Vor dem Pflanzen neuer Beete wird der Boden einmal mit dem Spaten umgegraben; ist er stein- und unkrautfrei und mit Kompost oder Ähnlichem angereichert, ebnet man 2 alles ein.

Einpflanzen

Ich habe den Boden vorbereitet und möchte Pflanzen, die noch im Topf stehen, ins Beet setzen. Kann ich etwas falsch machen?

Sieben einfache Grundregeln für das Pflanzen lassen sich leicht beachten:

1. Graben Sie ein Pflanzloch, das doppelt so groß ist wie der Topf der Pflanze.
2. Füllen Sie das Pflanzloch erst unten so auf, dass die Pflanze im Beet fast so hoch steht, wie sie im Topf steht.
3. Nehmen Sie die Pflanze vorsichtig aus dem Topf, setzen sie auf den Erdsockel und füllen dann die Lücken mit Erde auf, ohne einen Hügel zu fabrizieren.
4. Klopfen oder treten Sie die Erde danach einmal fest.
5. Jetzt angießen, das heißt kräftig wässern, sodass man die Prozedur »Einschlämmen« nennen kann.
6. Wenn das Wasser versickert ist, zeigen sich eventuell noch Lücken. Die werden noch mit Erde aufgefüllt.
7. Ist die Erde in den oberen Zonen etwas angetrocknet, wird mit dem Grubber alles noch einmal durchgearbeitet.

Zusatztricks

Zuerst werden die Pflanzen immer gut gewässert oder gar getaucht. Getopfte Gartengewächse werden immer so gesetzt, dass das Bodenniveau das gleiche wie das Substratniveau im Topf ist. Ausnahme: veredelte Rosenpflanzen. Ihre Veredelungsstelle muss im Beet tiefer gesetzt werden, sodass eine Handbreit Boden sie bedeckt. Hat die Pflanze beim Austopfen nur einen unvollständigen Wurzelballen, der auseinanderfällt, bleibt sie noch etwa drei, vier Wochen im Topf, bis die Wurzeln das Substrat selbst halten. Haben sich die Wurzeln kreisförmig um den Topfrand ausgebildet, sollten Sie die Kreise zurückschneiden. Das veranlasst eine Regeneration in die richtige Richtung und der Wurzelzuwachs geht in die Tiefe. Ganz wichtig: Immer muss der vorhandene Wurzelballen mit einer dünnen Schicht Erde bedeckt werden. Steht ein Stück davon über dem Erdniveau, trocknen die Wurzeln von dort vollständig aus und die Pflanze geht ein.

→ WANN: VoFr – SpHe

1 Zuerst wird ein großes Pflanzloch ausgehoben, in das die Pflanze auf der richtigen Höhe gesetzt wird. Danach 2 Erde auffüllen, 3 wässern, Sackungen auffüllen und 4 etwas festtreten.

Ballierte und wurzelnackte Pflanzen

Gelegentlich findet man im Angebot auch Pflanzen, die balliert sind oder wurzelnackt verschickt werden. Sind die empfehlenswert?

Ballierte Pflanzen oder wurzelnackte Gehölze und Stauden aus Baumschulen und Spezialbetrieben sind eine sehr gute Wahl. Heckenpflanzen oder Großgehölze sind als ballierte Ware auch relativ einfach zu handhaben. Wurzelnackte Wildgehölze und einige robuste Heckenpflanzen sind zudem deutlich günstiger als Balliertes oder Getopftes. Bei Rosen und Obstgehölzen in wurzelnackter Form steht außerdem das komplette Sortiment inklusive Raritäten und historischer Sorten zur Verfügung, denn getopft werden in erster Linie die populärsten Sorten angeboten und solche, die am Verkaufsort zum Zeitpunkt des Verkaufes perfekt aussehen. Einige Züchtungen sind im Beet über alle Zweifel erhaben, kommen aber mit dem begrenzten Volumen des Substrates im Pflanzcontainer nicht klar und bleiben selbst als Jungpflanze weit hinter ihren Möglichkeiten.

Wurzelnackt von einer Staudengärtnerei angebotene Stauden sind äußerst empfehlenswert, weil es sich meist um Arten handelt, die einen großen Wurzelstock ausbilden, der im üblichen Verkaufstopf kaum hereinpasst. Besonders Pfingstrosen sind wurzelnackt die erste Wahl. Zudem wird bei dieser wurzelnackten Ware Plastikmüll vermieden.

Ballenware ist leicht gepflanzt

Ballierte Gehölze werden im Prinzip genauso gepflanzt wie getopfte Pflanzen. Hier müssen Sie lediglich darauf achten, dass der Wurzelanlauf an der Oberseite des Ballens zu sehen ist. Erst dann wird das Ballennetz oder -leinen oben aufgeknotet oder -geschnitten, oben auseinandergezogen und komplett ebenfalls zuverlässig mit Erde bedeckt. So hält der Ballen noch das Wurzelwerk zusammen, kann aber den Triebzuwachs an der Pflanzenbasis nicht behindern. Ist das Ballengewebe komplett im Boden, verrottet es zügig und die Pflanzenwurzeln wachsen ohne jede Sperre.

→ WANN: VoFr – SpHe

1 Fachgerecht ballierte Großgehölze sind exquisites Pflanzgut. 2 Bei wurzelnackten Gehölzen erfolgt vor dem Pflanzen ein Wurzelschnitt. 3 Wurzelnackte Pfingstrosen werden nicht geschnitten.

Wurzelnackte Pflanzen

Bei wurzelnackten Pflanzen zeigt weder ein Ballen noch ein Topfrand, wie tief sie gesetzt werden. Wie muss ich vorgehen?

Hier muss man sich etwas bei den gewählten Arten auskennen. Meist entspricht die Pflanztiefe der Stelle, an der die Wurzeln zusammenkommen und erkennbar oberirdische Triebe ansetzen. Wurzelnacktes Pflanzgut darf nie völlig trocken gepflanzt werden. Vor dem Pflanzen werden Gehölze komplett mit Wurzeln und Trieben für mindestens vier Stunden in Wasserwannen zum Vollsaugen gelegt. Gesetzt wird in der Ruhezeit der Pflanzen. In den Wochen danach dürfen sie nie ganz austrocknen, damit feine Wurzeln nachwachsen. Erst wenn sich kräftige Austriebe entwickeln, ist sichtbar, dass sie angewachsen sind.
Wurzelnacktes Pflanzgut muss ein gut ausgebildetes Wurzelsystem haben und auch oberirdisch frisch aussehen. Blattschöpfe von Stauden wie Bart-Iris oder Taglilien sind gekürzt, damit Neutriebe sich bald zeigen können. Stauden, die in bebilderten Folienbeuteln im Frühling wie Blumenzwiebeln angeboten werden, sind oft überlagert.

WURZELNACKTE MIT BESONDERHEITEN

Pflanze	Pflanzzeit	Bitte beachten
Nicht veredelte Laubgehöze	SpHe-ErstFr	An den Ansatz der oberirdischen Triebe schließt das Erdniveau an
Veredelte Gehölze	SpHe-ErstFr	Veredelungsstelle liegt 1-2 Handbreit unter der Erde
Veredelte Gehöze, wie etwa Obstbäume	SpHe-ErstFr	Veredelungsstelle liegt mindestens 10 cm über dem Boden
Bart-Iris (*Iris x barbata*)	HoSo-SpSo	Rhizome werden sehr flach gepflanzt, nur hauchdünn mit Erde bedeckt
Stauden-Pfingstrosen (*Paeonia lactiflora* et al.)	SpHe	Die kleinen Triebanlagen an der Oberseite der Wurzelstöcke nur sehr dünn mit Erde bedecken
Taglilien (*Hemerocallis*)	SpSo und ErstFr	Erdniveau liegt kurz über der Ansatzstelle des Laubschopfes

Geräte für die Gartenarbeit

Es gibt so viele verschiedene Gartengeräte. Welche brauche ich eigentlich und worauf muss ich bei der Auswahl achten?

Egal, was Sie sich anschaffen wollen: Hände weg von No-name-Billigangeboten aus dem Discounter! Nichts ist ärgerlicher als verbogenes, weiches Metall, scharfe Kanten, schartige Schneiden, wackelnde Griffe oder Ähnliches. Ein Werkzeug muss nicht nur ein paar Wochen nach dem Kauf funktionieren, und wer Ramsch kauft, handelt sich nicht nur Ärger und vielleicht Verletzungen ein, sondern kauft auch mindestens zweimal. Ein hochwertiges Gartengerät oder Utensil kann bei richtiger Pflege generationenlang seinen Dienst tun. Akzeptable Qualität findet sich bei großen Garten-Zubehörmarken der mittleren Preisklasse. Einige Stecksysteme sind dabei praktisch und platzsparend.

Achten Sie darauf!

Wichtig ist vor allem, dass Metallteile eines Gartengerätes nicht aus Guss mit Nähten stammen, sondern aus geschmiedetem, rostfreiem Stahl bestehen und aus einem Stück gefertigt sind. Ansatzstellen müssen perfekt angepasst an einen Griff oder Stiel aus Eschenholz gefertigt und gut befestigt sein, doch bei Bedarf sollte man einen schadhaften Stiel abnehmen und austauschen können.

Scheren sollte man auseinandernehmen können, damit sich Verschleißteile ersetzen lassen und die Geräte außerdem gut zu reinigen sind. Klingen sollte man nachschleifen können.

Achten Sie darauf, dass alle Handgeräte gut in Ihrer Hand liegen. Genauso wie eine Stiellänge etwa an die Körpergröße eines Gärtnernden angepasst gehört, finden sich auch Scheren in verschiedenen Größen- und Gewichtsausführungen sowie für Rechts- wie Linkshänder. Es lohnt sich außerdem, Scheren mit gut gepolsterten Scherengriffen zu wählen, bei denen das Polster nicht abrutschen kann. Holzgriffe, etwa von Pflanzkellen, bestehen am besten aus gut poliertem Eschenholz ohne Risse.

Tipp

DIE AUSWAHL

Nicht alle Gartengeräte, die auf den nächsten Seiten vorgestellt werden, brauchen Sie unbedingt. Es kommt immer darauf an, welche Pflanzen im Garten sind, wie viel und wie intensiv Sie gärtnern. Eine Gießkanne sowie Spaten, Grabegabel, Scheren, Bindematerial, Grubber, Harke und Pflanzkelle gehören freilich zur Grundausstattung.

Die wichtigsten Gartengeräte und ein paar interessante Ergänzungen

Für die Bodenbearbeitung:

1 **Spaten** zum Einpflanzen oder Ausgraben großer Pflanzen
2 **Grabegabel** zum schonenden Lockern des Bodens und Einarbeiten etwa von Kompost
3 **Harke** zum Glätten von Bodenoberflächen
4 **Hacke** zum Aufhacken von Böden und zum Unkraut entfernen

Für das Saubermachen:

1 **Laubharke** für Beete und Rasenflächen
2 **Straßenbesen** für Wege und Plätze; außerdem Handfeger und Kehrblech
3 **Eimer** zum Sammeln von Unkraut, Kehricht etc.

2

Für das Bewässern:

1 **Schlauchsystem** mit Schlauchwagen und verstellbarer Düse
2 **Große Kanne** zum »Zwischendurchgießen«
3 **Kleine Kanne** mit langem Ausguss für schwer erreichbare Pflanzen
4 **Kleiner Spritzball** zum Gießen empfindlicher Jungpflanzen

4

1

3

Um Pflanzen zu schneiden:

1 **Zweischneidige Rebschere** für Gehölze und Stauden
2 **Zweischneidige Astschere** für Schnitt in hohen Gehölzzonen und an dicken Ästen
3 **Langklingige Schere** für krautige Pflanzen und Rasenkanten
4 **Messer** für allerlei Kleinkram

1

2

3

4

1

3

2

Für Kanten und Konturen:

1 **Heckenschere**
2 **Richtschnur**
3 **Kleiner Pflanzentrimmer**

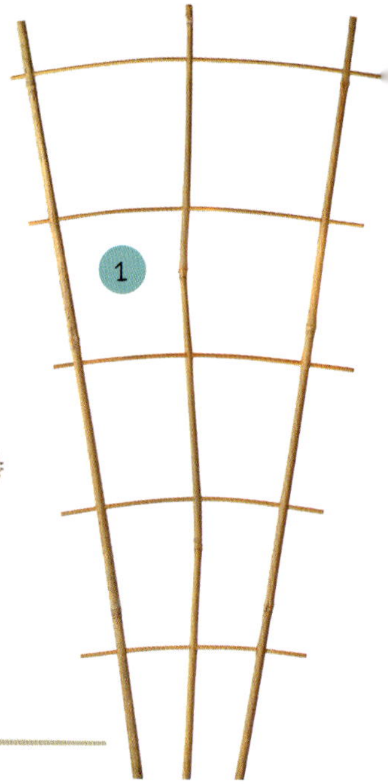

1

Um Pflanzen zu stützen:

1 Auswahl an **Splitt- oder Bambusstäben** oder anderen Stützsystemen
2 **Schnüre** aus Bast oder Sisal
3 Mit Papier ummantelte **Drahtstücke** für Triebe an dünnen Stützen

2

3

1

Um Pflanzen zu vermehren:

1 **Saatschalen** mit transparenter Haube
2 **Multiplatten** und/oder kleine Anzuchttöpfe
3 **Wasserzerstäuber**

2

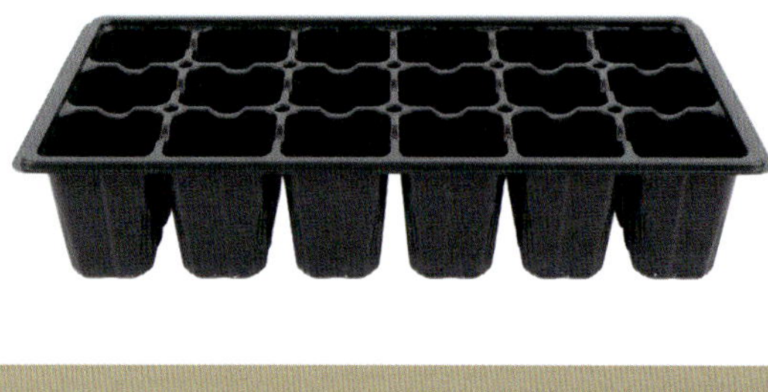

3

3

1

2

Für allerlei Feinarbeiten:

1 **Pflanzkelle**
2 **Gertrude-Jekyll-Gabel**
3 **Fugenkratzer**

3

4

Ein paar Specials:

1 **Rasenmäher** für Rasenflächen
2 **Kescher** für die Teicharbeit
3 **Obstpflücker** für die Ernte aus Bäumen
4 **Feste Handschuhe**
5 **Wetzstein,** um Klingen zu schärfen
6 **Werkzeug-Öl** zur Pflege von Metallteilen

… und eine bewährte pflegende **Handcreme**, die schnell einzieht, sowie Wärmepflaster zur Linderung von Schmerzen

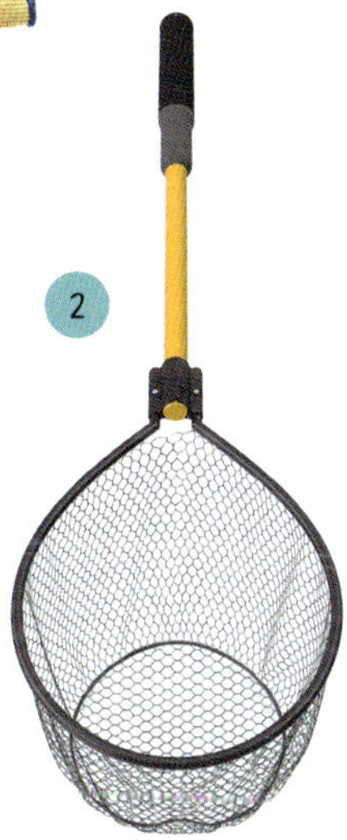

2

1

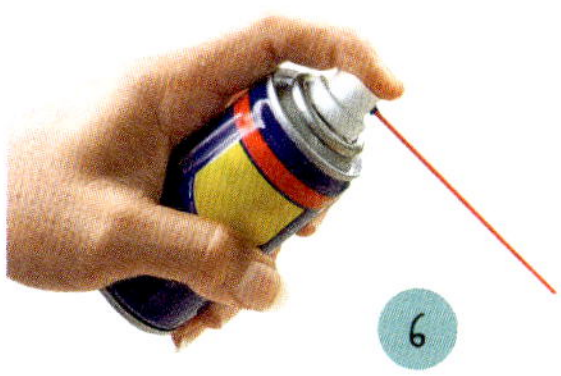

6

5

Das ideale Pflanzgefäß

Ich möchte gerne Pflanzen in Balkonkästen oder Kübeln pflegen. Gibt es spezielle Gefäße, die sich hierfür am besten eignen?

Am einfachsten zu handhaben sind Gefäße aus Kunststoff, die es in verschiedenen Farben gibt. Beliebt sind beispielsweise Terrakottatöne, aber auch Anthrazittöne fügen sich in viele Szenarien bestens ein. Kunststoffgefäße haben den Vorteil, dass sie nicht allzu teuer und leicht sind. So können frostempfindliche Pflanzen relativ problemlos in ein Winterquartier bewegt werden. Kunststoff hält Feuchte innerhalb des Gefäßes und ist wetterfest. Allerdings entweicht mit den Jahren der Weichmacher aus dem Kunststoff diverser Fabrikate und das Material wird spröde. Dann ist Vorsicht beim Rücken und Schieben angesagt.

Pflanzgefäße aus Ton, der nicht bei sehr hohen Temperaturen gebrannt wurde, eignen sich bedingt. Sie können verwendet werden, wenn die Töpfe bei frostigem Wetter nässegeschützt stehen oder die Pflanzen im Winter ins Haus kommen. Ton kann sich mit Feuchte anreichern, und ein Wechsel von Frost- und Tauphasen führt durch die maximale Ausdehnung des Wassers bei 4 °C dazu, dass Wasser in kleinen Poren die Topfwand sprengen kann. Die meisten Tongefäße sind also nicht besonders winterhart. Edle Terrakotta- oder Imprunetagefäße sind dagegen bei Temperaturen über 1000 °C gebrannt, sodass sich Poren im Material schließen. Sind sie unversehrt, besteht keine Gefahr, dass Frostwirkung sie beschädigt. Es reicht ein kleiner Haarriss, den man vielleicht noch nicht einmal sieht, aus, Feuchte tritt ein und Dekor platzt ab, oder kleine Risse vergrößern sich, und das Gefäß wird auf Dauer zerstört. Gleiches gilt für glasierte Tongefäße.

Material: Metall

Bei Metallgefäßen ist die Gefahr, dass Wasser-Frost-Wirkung sie beschädigt, gering. Allerdings heizen sich etwa Zink oder Aluminium bei Sonneneinwirkung stark auf oder kühlen ebenso schnell aus. Die Temperaturamplitude schwankt also sehr stark, und das bedeutet Stress für die meisten Pflanzen.

Fester Kunststoff ist das ideale Material für Pflanzgefäße im Freien. Daneben gibt es welche aus 1 glasierter Keramik, 2 nicht glasiertem Ton und Terrakotta oder 3 Metall mit seinen Vor- und Nachteilen.

Richtig Gärtnern in Töpfen

Worauf muss ich achten, wenn ich meine Pflanzen in Töpfen kultiviere? Ist das vergleichbar mit dem Gärtnern auf Beeten?

Extrem wichtig ist, dass sich niemals Wasser in den Gefäßen anstauen kann. Dazu sind ausreichend große Löcher im Boden von Kästen und Kübeln eine wichtige Voraussetzung. Die Löcher sollten nicht von wachsenden Wurzeln verstopft werden können. Um dem vorzubeugen, füllt man in jedes noch leere Gefäß ungefähr 5 cm hoch eine Schicht aus Tongranulat oder Kies ein. Auch ein umgedrehtes Tonstück, von einem zerbrochenen Tontopf, kann über das Loch gelegt werden. Ideal ist es, wenn das zusätzlich durch Gärtnervlies abgedeckt wird. Danach füllt man ein qualitativ hochwertiges Substrat – möglichst torffrei – so ein, dass die Gefäßkante noch etwa 3–4 cm freisteht. Dieser Gießrand verhindert, dass beim Wässern etwas überläuft.

Heute wird glücklicherweise immer mehr torffreies Substrat angeboten. Viele dieser Erden können aber Wasser nicht so gut speichern. Beim Gießen heißt es deshalb: Besser häufiger gießen, dafür aber nicht so intensiv.

Untersetzer verhindern ein unkontrolliertes Auslaufen von Wasser nach Gießgängen oder Regenfällen. Doch sollte Wasser nicht länger als etwa eine halbe Stunde dort stehen bleiben, sonst kommt es zur schädlichen Staunässe. Ist ein Edballen im Topf sehr stark durchwurzelt, sollten Sie ans Umtopfen in ein größeres Gefäß denken. Wählen Sie aber höchstens zwei Nummern größer. Wird in einen sehr viel größeren Topf oder Kübel gewechselt, vertragen das nicht alle Pflanzen gut; manche werden blühfaul.

Winterliche Pflanzenpflege

Bei Gewächsen, die Frost vertragen, müssen Sie auch im Winter darauf achten, dass sie nicht völlig austrocknen, und daher bei Bedarf bei frostfreiem Wetter gießen. Damit das Substrat an den Wurzeln nicht durchfriert, was die Pflanzen stark schädigen kann, werden Pflanzgefäße mit Noppenfolie oder Matten eingehüllt, um die Kälteeinwirkung abzupuffern. Wenn die Töpfe auf Füßchen gestellt werden, kann zeitweise gefrorenes Wasser beim Tauen ideal abfließen und der Topf friert nicht an.

Zuerst kommt eine Stein- oder Granulatschicht in den Topf, dann das Substrat für die Pflanze.

Pflanzenschutz

Natürliche Pflanzenschutzmittel

Was kann ich bei kranken Pflanzen im Garten tun, wie gehe ich gegen eine Überzahl an Schädlingen vor? Gibt es vorbeugende Maßnahmen?

Kranke Pflanzen sind entweder generell anfällig oder der Standort passt ihnen gar nicht. Aber auch ungünstige Witterungsverhältnisse oder ein Übermaß an Schädlingen, die nicht von Fressfeinden dezimiert werden, können zu einem echten Problem für die Gartenlieblinge werden. Gerne kommt man leidenden Pflanzen mit einer Garten-Hausapotheke zu Hilfe. Neben schädlingsabwehrenden Pflanzen, wie Ackerschachtelhalm, sind Produkte aus dem Haushalt bei einer rechtzeitigen Anwendung durchaus wirkungsvoll. Zu dieser Grundausstattung gehören: Backpulver, Kaliseife, Rapsöl, Spiritus, Gesteinsmehl, Milch oder Molke, Ackerschachtelhalm (gemahlen) und fertiger feiner Kompost.

Lästige Pilzkrankheiten

Vor allem gegen Pilzerkrankungen an Pflanzen können Sie mit einfachen Mitteln die Pflanzen schützen. Beim Echten Mehltau, der an vielen Gewächsen vorkommt, ist Vorbeugung das Mittel der Wahl. Mit wöchentlichen Spritzungen mit verdünnter Milch oder Molke kann der Pilz im Zaum gehalten werden. In hartnäckigen Fällen, wie beispielsweise beim Stachelbeermehltau, ist ein Gemisch aus drei Packungen Backpulver, 50 ml Rapsöl, 5 l Wasser und etwas Spülmittel, das auf die betroffenen Stellen gesprüht wird, empfehlenswert.
Rapsöl ist einer der wichtigsten Wirkstoffe von Pflanzenschutzmitteln. Das Öl bildet

1 Stachelbeermehltau lässt sich mit einem Gemisch aus Backpulver, Rapsöl und Spülmittel bekämpfen.
2 Eine Brühe aus Ackerschachtelhalm. 3 Komposttee ist ein gutes Pflanzenstärkungsmittel.

einen Film auf der Pflanze und erstickt Insekten und Pilze. Pur aufgetragen, verursacht Rapsöl aber Blattschäden. Zudem bildet das pure Öl nur Tropfen. Ein Emulgator, z. B. Spülmittel, muss beigemischt werden.
Kaliseife ist eine medizinische Seife ohne Duft und Zusatzstoffe. Sie ist als biologisches Bekämpfungsmittel geeignet und setzt vielen Schädlingen zu. Setzen Sie aber besser auf im Handel erhältliche Produkte auf Kaliseifenbasis, die im Gegensatz zu selbst gemischten »Seifenlösungen« pflanzenverträglicher sind. Selbst gemischte Lösungen können z. B. bei starker Sonneneinstrahlung Blattschäden verursachen. Bei Produkten auf Kaliseifenbasis trocknen Kalisalze und Fettsäuren die Schädlinge aus, ein Zusatz von Spiritus schädigt die Schutzschilde von Schädlingen. Hartnäckige Schild-, Woll- und Schmierläuse wird man mit einer Mischung aus 15–30 g Kaliseife, 1 l Wasser und 5 ml Spiritus los.

Pflanzen stärken

Bei Pflanzenstärkungsmitteln steht nicht die Bekämpfung im Vordergrund, sondern die Stärkung der Abwehrkräfte. Pflanzenstärkend wirkt z. B. Komposttee. Dazu wird Kompost, besser noch Wurmhumus, mit Regenwasser 1:1 gemischt, bei 20–25 °C eingeweicht und täglich umgerührt. Nach fünf Tagen können Sie das Ganze abseihen. Der Komposttee wird 1:5 verdünnt ausgebracht und stärkt z. B. Gurken und Tomaten.
Ackerschachtelhalm wächst in vielen Gärten als unerwünschtes Kraut. Doch er enthält in den grünen Pflanzenteilen einen hohen Prozentsatz an Kieselsäure. Sie stärkt gegossen oder gespritzt die Zellwände der Pflanzen und Früchte. Fertige Präparate gibt es im Handel. Doch wer selbst experimentieren möchte, sammelt die Pflanzen im August und trocknet sie.

GUT ZU WISSEN

Die Natur kann sehr giftige Substanzen hervorbringen, deshalb ist der Einsatz dieser Stoffe gegen Schadorganismen nicht ungefährlich. Orientierung gibt die Liste der Grundstoffe.

Stoffe, die nicht in erster Linie für den Pflanzenschutz verwendet werden, wie Essig, Backpulver und Molke, aber erfahrungsgemäß gegen Schadorganismen wirken, sind als sogenannte Grundstoffe gelistet. Nachzulesen sind diese beim Bundesamt für Verbraucherschutz und Lebensmittelsicherheit BVL. Dort findet man Rezepte für die Anwendung, aber auch abgelehnte Grundstoffe, wie Rainfarn, Wermut und gewöhnliches Seifenkraut, da ein Risiko für Anwender und andere Organismen besteht.

Schnecken abwehren

Was kann ich gegen Schnecken tun? Die fressen nicht nur mein Gemüse, sondern auch die Blumen. Das macht keine Freude.

Den meisten Schaden richten wohl die Spanischen Wegschnecken an. Sie werden etwa 7–14 cm lang und kommen in Braun, Rotbraun, Rot, Orange bis Schwärzlich vor. Gegen die gefräßigen Tiere helfen meist keine Duftpflanzen oder Barrieren aus Asche, Sand oder Fichtennadeln. Eine Option ist Absammeln, das funktioniert aber nur bei einem geringen Befall. Ist der Befall sehr groß, gelingt die sichere Abwehr meist nur mit einem Schneckenzaun. Sein speziell geformtes Profil können Schnecken nicht überwinden. Damit können Sie das Einwandern in ein Beet sicher verhindern.
Wenn Schnecken in Massen auftreten, kommt auch der entspannteste Biogärtner in den meisten Fällen nicht um Schneckenkorn herum. Es gibt mittlerweile ein Präparat, das für den Privatgarten und sogar für den Bio-Anbau zugelassen ist und die Umwelt und Nützlinge weitgehend schont. Sein Wirkstoff ist Eisen-III-Phosphat. Dabei handelt es sich um ein natürliches Mineral, das sich zu Eisen und Phosphor abbauen kann. Allerdings muss reichlich davon aufgebracht werden, um zu wirken; die Aufwandmenge ist mit 5g/m^2 recht hoch.
In Bierfallen ertrinken zwar die Schnecken, es ist aber erwiesen, dass der Bierduft die Tiere von weither anlockt.

Ackerschnecken

Die kleinen grauen Schnecken im Beet sind Ackerschnecken. Gegen diese kommen Sie eigentlich nur an, wenn Sie Schneckenkorn vor dem Pflanzen streuen. Eine Option für große Gärten sind Laufenten, wobei meist nur die jungen Tiere die Schnecken fressen.

→ WANN: VoFr – SpHe

1 Eine Spanische Wegschnecke kommt beinahe überall an Verwertbares. 2 Landschnecken wie die Helle Ackerschnecke haben eine gelblich-weiße Farbe. 3 Laufenten sind hilfreiche Schneckenvertilger.

Biomittel gegen Blattläuse

Ich kriege die Blattlausplage im Garten nicht in Griff. Sie sind an Bohnen, Rosen und anderen Pflanzen. Was kann ich tun?

Blattläuse schädigen die Pflanzen durch ihre Saugtätigkeit und durch die Übertragung von Viren und Bakterien, die Pflanzen krank machen. In einem warmen Frühjahr an geschützten Standorten vermehren sich Blattläuse rasant. In der Regel stellen sich schnell die natürlichen Feinde ein und dezimieren die Blattsauger, dann erledigt sich das Problem von alleine. Bei besonders starkem Befall ist Abbrausen mit einem starken Wasserstrahl oder Abbürsten bei Woll-und Schildläusen die Erste Hilfe. Bei Apfelbäumen kann das Abschneiden der jungen stark befallenen Triebe sinnvoll sein.

Pflanzenauszüge aus Brennnesseln, gemischt mit Natron und Kaliseife, sind sanfte Mittel gegen Schädlinge. Die Brennhaare der Brennnesseln enthalten ein Nesselgift. Werden die frischen Blätter (ca. 75 g) ca. 24 Stunden in 1 l Trinkwasser gegeben, wirkt dieser Kaltwasserauszug als Spritzmittel gegen Blattläuse. Eine Mischung aus 20 g Natron, 1 l Wasser und je ein paar Tropfen Neutralseife und Spülmittel wirkt ebenfalls. Wird etwas Spiritus dazugegeben, setzt dies den Läusen mit Schutzschilden zu. Achtung: Damit empfindliche Pflanzen nicht zu Schaden kommen, sollte man die Spritzungen zunächst an einem Blatt testen.

→ WANN: VoFr – SpHe

NATÜRLICHE WIRKSTOFFE:

Läuseart	Bekämpfung
Blattläuse	Abbrausen, Brennnesselauszug, Neutralseife, Natron
Woll- und Schmierläuse	Abkratzen, Neutralseife, Rapsöl, Spiritus
Schildläuse	Abkratzen, Neutralseife, Rapsöl, Spiritus
Wurzelläuse	Viel gießen, Ameisen vertreiben, Boden aufhacken, Anbaupausen
Blutläuse	Sanft abbürsten, rapsölhaltiges Mittel vor dem Austrieb
Maulbeerschildlaus	Abbürsten, schwer zu bekämpfen, evtl. rapsölhaltiges Mittel

Nützlingsstreifen

Ich habe gehört, dass es sich lohnt, Blühstreifen im Garten anzulegen. Stimmt das, und wenn ja, was muss ich dabei bedenken?

Wildblumen und Gräser aus regionaler Herkunft bereichern jeden Garten.

Blühstreifen aus heimischen Wildpflanzen schaffen Netzwerke der Natur und bieten Nahrung und Heimstätten für die heimische Fauna. Gut eignet sich ein sonniger bis halbschattiger Randbereich des Rasens. Bei einer Neuanlage entfernt man den Bewuchs, reißt den Boden auf und magert sehr nährstoffreichen Boden mit Sand ab. Mit einer Mähgutübertragung einer artenreichen Wiese aus der Umgebung, bringt man heimische Pflanzen auf die Fläche. Achten Sie beim Saatgutkauf auf zertifiziertes gebietseigenes Saatgut. Tauschen Sie den Oberboden mit unkrautfreier Erde aus und bringen Sie das Saatgut auf dem eingeebneten Boden oberflächlich und breitwürfig aus. Wildpflanzen brauchen drei Wochen lang gleichmäßige Feuchtigkeit, um zu keimen. Die beste Aussaatzeit ist von September bis Oktober.

GUT ZU WISSEN

Auch Balkone können durch Wildpflanzen mit einem attraktiven Insektenangebot zur Vernetzung der Lebensräume und zum Überleben der Insekten beitragen. Was muss ich dabei beachten?

Alle Gefäße ab einem Durchmesser von 15 cm und einer Höhe von 12 cm eignen sich für die Wildpflanzen. Sie wachsen in Kräutererde oder Pflanzerde, die mit 30 % Lava, Bims oder Ziegelsplitt gemischt wird. Knäuel-Glockenblume, Färberkamille, Rundblättrige Glockenblume, Wiesensalbei, Aufrechter Ziest und Taubenskabiose blühen monatelang, wenn die verblühten Stiele ausgeschnitten werden. Die Wildpflanzen sind sehr frostfest und können im Winter draußen bleiben. Wasser sollte gut aus den frostfesten Töpfen abfließen können.

Dickmaulrüssler

Mein Rhododendron hat u-förmig angefressene Blattränder, wird insgesamt braun und scheint beinahe abzusterben. Was ist los?

An den tiefen Buchten auf den Blättern ist die Anwesenheit des Gefurchten Dickmaulrüsslers zu erkennen. Der Käfer schädigt auf zwei unterschiedliche Weisen. Erwachsene Tiere sind ausschließlich in der Nacht aktiv und fressen an Blättern von Rhododendron, Spindelsträuchern, Erdbeeren, Cotoneaster, Eiben und vielen anderen. Die Larven leben im Boden und fressen ab Ende August bis Ende April an den Wurzeln der Gewächse. Der Larvenfraß schädigt allerdings die Pflanzen mehr als der Fraß der Käfer an den Blättern.

Die Käfer können in der Dunkelheit aufgespürt und vernichtet werden. Fangbretter, die mit nützlichen Nematoden geimpft sind, werden ausgelegt, um die Käfer zu töten; sie kommen von Mai bis September zum Einsatz. Diese nützlichen Nematoden können auch Käferlarven im Boden abtöten. Dazu müssen sie bei Anbietern von Nützlingen bestellt werden. Sie kommen als »Pulver« direkt ins Haus. Dann müssen sie so schnell wie möglich in Wasser aufgelöst und bei Dämmerung auf den Boden gegossen werden. Für den Bekämpfungserfolg sind 12 °C Außentemperatur und ein feuchter Boden wichtig.

→ WANN: VollFr – SpHe

GUT ZU WISSEN

Wurzelfressende Larven machen auch vor Kübelpflanzen im Freien keinen Halt. Die feuchte humose Erde in den Töpfen ist ein perfekter Lebensraum für den Käfernachwuchs. Was ist zu tun?

Dickmaulrüsslerlarven und Rosenkäferengerlinge fressen an Wurzeln von Kübelpflanzen. Erden, die aus Holzprodukten bestehen, locken Rosenkäfer an. Die Engerlinge ernähren sich vom zersetzenden Holz. Wenn das verdaut ist, fressen sie auch Wurzeln. Feinkrümelige Erde im Untersetzer ist ein erstes Warnsignal. Vom Topfballen werden die Larven und jegliche Erde entfernt. Ein wasserdurchlässiges Vlies auf der Erdoberfläche verhindert die Eiablage. Achtung! Die Larven der Rosenkäfer sind geschützt und werden in die Natur entlassen.

Wühlmäuse bekämpfen

Wühlmäuse richten in meinem Garten großen Schaden an. Was kann ich dagegen tun?

Wühlmäuse sind ganzjährig aktiv. Frühmorgens oder in der Abenddämmerung sieht man sie mitunter.

Wühlmäuse fressen Wurzeln und frische Rinde. Im Ziergarten verspeisen sie die Wurzeln von Dahlien, Tulpen, Rosen und Klematis. Im Gemüsegarten sind Wurzelgemüse, wie Möhren, Rote Bete, Pastinaken, Wurzelpetersilie und Sellerie, hoch gefährdet. Auch die Wurzeln junger Obstbäume sind vor allem im Winter eine gute Nahrungsquelle.

Um Wühlmäuse loszuwerden, sollten Sie in jedem Fall gemeinsam mit den Nachbarn dagegen vorgehen. Der Einsatz von Schlagfallen ist zwar drastisch, aber auch sehr effektiv. In Kastenmäusefallen locken Apfel, Sellerie oder Getreide die Mäuse an. Erfolgversprechend sind Schlagfallen, wie Topcat oder Supercat. Dazu werden die Fallen senkrecht von oben in den Gang eingesetzt. Sie sind ungefährlich für Haustiere und Kinder. Tragen Sie dabei Handschuhe.

Wolfsmilch, Knoblauch und Kaiserkronen oder Zweige und Blätter von Thuja, Wacholder und Walnuss, die in die Gänge gelegt werden, zeigen dagegen selten eine Wirkung. Allerdings gibt es Erfolgsmeldungen bei dem Einsatz intensiver Duftstoffe zur Vergrämung, wie Kampferöl und Teebaumöl. Dazu tränkt man kleine Lappen mit dem ätherischen Öl, stopft sie in hohle Bambusstücke und legt sie in die Gänge.

Zur Vorbeugung

Um Wühlmausschaden vorzubeugen, sollten Sie gefährdete Wurzeln und Zwiebeln in Drahtkörbe setzen. Dazu eignet sich einfacher Hasendraht, den man in größere Stücke schneiden kann. Drahtkörbe sollten auch von oben geschlossen sein. Bei einer Neupflanzung von Obstbäumen setzt man sie am besten in handelsübliche Obstdrahtkörbe. Um zu verhindern, dass Wühlmäuse am Wurzelhals nagen, sollte der Draht die ersten Jahre 10 cm aus dem Boden ragen. Damit auch die natürlichen Gegenspieler wie Greifvögel zum Zuge kommen, sollten Sie auf eine dicke Mulchschicht des Bodens im Winter verzichten. Schneiden Sie Wiesen im Herbst kurz und entfernen Sie das Gras rund um die Obstbäume.

→ WANN: FrHe – VollFr

Umgang mit Beikräutern

Müssen alle Unkräuter entfernt werden, weil sie sonst mit Gartenpflanzen in Konkurrenz stehen?

1 Die beste Maßnahme gegen Unkraut ist Hacken. 2 Lange Wurzeln entfernt man mit dem Wurzelstecher.

Unkräuter haben erfolgreiche Strategien und können sich ungehemmt ausbreiten. Sie konkurrieren vor allem mit Gemüse um Nährstoffe und Wasser. Man unterscheidet zwischen Samen- und Wurzelunkräutern.

Samenunkräuter, wie Vogelmiere, Disteln und Greiskraut, verbreiten sich durch Samen. Rechtzeitig vor der Blüte zurückgeschnitten (Schröpfschnitte), kann man sie eindämmen. Nach dem Keimen hilft konsequentes Hacken und Jäten. Hat man den Zeitpunkt verpasst, dann werden blühende Unkräuter aus den Beeten entfernt und im Müll entsorgt. Besonders lästig ist Fadenhirse. Sie versteckt sich oft zwischen Stauden oder im Rasen. Da sie flach wächst, hilft hier nur ein konsequentes Jäten vor der Blüte.

Wurzelunkräuter, z. B. Quecke, Klee, Ackerschachtelhalm, Zaun- und Ackerwinde, Giersch, Brombeere und Kriechender Hahnenfuß, breiten sich über ein Netz von Wurzeln und Ausläufern aus. Auf keinen Fall fräsen oder hacken, denn jedes zerhackte Wurzelteil im Boden bildet wieder eine neue Pflanze. Stechen Sie mit einem Unkrautstecher, Pflanzmesser oder einer Grabegabel in den Boden senkrecht ein und lockern den Boden anschließend. Die Unkräuter mit möglichst vielen Wurzeln beseitigen Sie oder lassen sie ein paar Tage in der Sonne trocknen, bevor sie auf den Kompost kommen.

Das richtige Werkzeug

Alle Werkzeuge zur Unkrautbekämpfung sollten sehr stabil und hochwertig sein. Beim Arbeiten in der Erde wirken starke Kräfte auf das Werkzeug ein, das Material sollte sich nicht verbiegen lassen.

Nützlinge

Gibt es Tiere, die im Garten besonders nützlich gegen Blattläuse und andere Schädlinge sind, und wie kann ich sie anlocken?

Schwebfliegenlarven lieben Blattläuse und können unzählige davon an einem Tag vertilgen.

Naturbelassene Gärten sind voll mit unauffälligen Gegenspielern, die von großer Bedeutung für die Regulierung von Schädlingen sind. Einige Insektenarten treten allerdings besonders häufig auf, und sie sind von großer Bedeutung für die Regulierung von Schädlingen. Die ausgewachsenen Tiere werden meist erkannt, aber die Entwicklungsweise und Entwicklungsstadien der Tierarten sind dem Hobbygärtner meist ein »Buch mit sieben Siegeln«. Zur Beurteilung eines Schädlingsbefalles müssen die Stadien aber bekannt sein.

Marienkäfer

Sehr häufig ist der einheimische Siebenpunkt-Marienkäfer, inzwischen zahlenmäßig überholt vom etwas größeren Asiatischen Marienkäfer, der farblich sehr variabel ist. Marienkäfer legen ihre gelb glänzenden Eier in Gruppen zu 5–20 in Blattlauskolonien. Eine Woche später schlüpfen die schwärzlichen Larven. In ihrer 20-tägigen Entwicklungsdauer fressen sie bis zu 400 Läuse. Nun verpuppen sie sich. Das orangefarbene Stadium ist sehr auffällig und wird oft mit den Larven des Kartoffelkäfers verwechselt. Aus der Puppe schlüpft der erwachsene Käfer, der ebenfalls Blattläuse frisst.

Florfliegen

Florfliegen besitzen große, filigrane Flügel. Die bekannteste Art befestigt ihre Eier auf ca. 1 cm langen Stielen, damit sie vor Fressfeinden geschützt sind. Die Larven haben die Größe und ein ähnliches Aussehen wie Marienkäferlarven. Nach 8–18 Tagen ist ihre Entwicklung beendet; bis dahin haben sie etwa 500 Läuse verzehrt. Sie verpuppen sich in einem weißen Kokon.

Schwebfliegen

In Deutschland kommen rund 70 Schwebfliegenarten vor. Eine Schwebfliege kann in ihrem Leben bis zu 1000 Eier legen. Je nach Art haben sie verschiedene Farben und werden bis zu 1 cm groß. Sie haben keinen erkennbaren Kopf und ähneln kleinen Schnecken. Schwebfliegen sind Zuginsekten und überwintern im Süden. Insgesamt zählen sie zu den effektivsten Blattlausvertilgern. Die erwachsenen Tiere benötigen aber Pollen und Nektar.

Die großen Laufkäfer sind sehr gute Gegenspieler von Blattläusen, Frostspannern & Co.

NÜTZLICHE TIERE IM GARTEN

Art	Nützlich gegen	In den Garten locken durch
Laufkäfer	Blattläuse, Blattwespen, Apfelwickler, Frostspanner	Verstecke wie Steinhaufen und Laubhaufen schaffen
Blumenwanzen	Apfelwickler, Blattläuse	Viele verschiedene einfach blühende Pflanzen
Grabwespen	Blattläuse, Blattwespen, Frostspanner, Thripse	Trockenmauern, offene Sandflächen, Sandarium
Raupenfliegen	Raupen, wie Schwammspinner und Frostspanner	Dolden- und Korbblütler, wie Astern
Schlupfwespen	Raupen, Blattläuse, Käferlarven	Totholz, Doldenblüher, wie Wilde Möhre, Pastinake

Wildbienen im Garten fördern

Wildbienen sind äußerst nützlich und wichtige Bestäuber in der Natur. Gärtner können einiges für diese Insekten tun und im Garten Lebensraum, Unterschlupf und Nahrung bieten. Dabei gilt es aber auch, mögliche Fehler zu vermeiden.

Borretsch kann wild im Garten wachsen. Seine blauen Blüten locken zahlreiche Wildbienen an.

Nisthilfen für Hohlraumnister

Wildbienenhotels helfen brütenden Mauerbienen, den Hohlraumnistern, den ersten Bestäubern der Obstgehölze. Unter einem am besten lichtdurchlässigen Dach sind sie vor Nässe und im Sommer vor Hitze geschützt. Blöcke aus Hartholz (Buche, Apfel, Eiche) mit verschiedenen und tiefen Bohrungen von 3–8 mm sollten glatt sein. Zwischen den Bohrlöchern hat sich als Abstand der zweifache Bohrdurchmesser bewährt. Nadelhölzer eignen sich nicht. Bohren Sie nicht ins Stirnholz. Auch hohle Stängel von z. B. Dill, Baldrian, Wegwarte oder Brennnessel eignen sehr gut als Nistmöglichkeit. Sie werden 10–20 cm lang und so geschnitten, dass der Stängelknoten hinten liegt und nicht den Weg versperrt. Als Halterung für die Halme eignen sich Blechdosen oder Milchtüten. Die Stängel werden dann dicht an dicht mit der verschlossenen Seite hineingedrückt. Wildbienen nutzen auch markige Stängel, z. B. von Sonnenblumen, Rosen, Disteln. Sie werden möglichst einzeln und senkrecht stehend an einen Zaun oder Schuppen gebunden.

Erdbewohnende Wildbienen

Die meisten Wildbienen entwickeln sich im Boden. Bieten Sie bewuchsfreie Bereiche in sonniger, trockener Lage an. Dazu eignen sich Dachvorsprünge oder aufgeschüttete Böschungen mit humosem bis lehmigem Sand oder sandigem Lehm. Lassen Sie Schneckenhäuser auf dem Boden liegen. Sie sind die Kinderstube der Schneckenhausmauerbiene.

Pflanzen für Wildbienen

Bienen und ihre Brut ernähren sich von Pollen und Nektar. Für die Frühstarter sind Frühblüher, wie Weide, Winterling und Krokusse, wichtig. Lassen Sie Wildkräuter wie Gänseblümchen im Rasen, Taubnesseln und Löwenzahn einfach blühen. Im Hochsommer werden Natternkopf, alle Glockenblumen und Salbeiarten gerne von Wildbienen besucht. Auch der Kräutergarten mit blühendem Schnittlauch, Thymian, Dill, Lavendel hat viel zu bieten.

Die größten Fehler

Verzichten Sie auf »chemische Keulen« und biologische Mittel auf Pyrethrumbasis. Unkrautvliese versiegeln den Boden, schwere Baumaschinen verdichten die Erde. Schotterflächen werden für Wildbienen im Sommer zu heiß. Auch starke Bodenbearbeitung zerstört den Lebensraum der im Boden lebenden Wildbienen. Ytong- und Gasbetonsteine, Porotonsteine, Weichholzblöcke (Fichte, Kiefer), Stroh, Hackschnitzel, Zapfen aller Art, Rindenstücke sind als Nisthilfe für Hohlraumnister ungeeignet.

Tipp

MAUERBIENEN

lassen zur Täuschung oftmals die erste Brutzelle leer, sind unter Umständen dennoch sehr gefährdet. Vögel zerren ganze Niströhren aus dem Bienenhotel. Schützen Sie in jedem Fall die Brut mit einem Drahtgeflecht mit einer Maschenweite von etwa 2 cm. Befestigen Sie das Schutzgitter im Abstand von ca. 2 cm.

Schritte zum Naturgarten

Naturnahe Gärten schonen die Umwelt und schaffen gesunde Lebensräume für Mensch, Tier und Pflanze. Hier gärtnert man mit der Natur und nicht gegen sie. Ein ökologisch angelegter und gepflegter Garten spart sogar Zeit und Geld.

Wie wertvoll Totholz im Garten ist, wird sehr oft unterschätzt.

Grundsätze eines Naturgartens

Der erste Schritt zu einem Naturgarten ist der Verzicht auf synthetische Pflanzenschutzmittel, chemisch-synthetische Dünger und Torf. Nutzen Sie die Stoffkreisläufe im Garten und kompostieren Sie alle Gartenabfälle. Verwenden Sie regionale oder recycelte Baumaterialien am besten aus natürlichen Ausgangsstoffen, wie Holz, Ton und Stein. Versiegeln Sie im Garten keine unnötigen Flächen und nutzen Sie Regenwasser. Setzen Sie ökologisch wertvolle und an den Standort angepasste Pflanzen ein. Ihre Rolle als Mensch: Nur regulativ ins System Garten eingreifen und den Lebensraum Garten mit anderen Naturgärten vernetzen.

Strukturelemente schaffen

Im Naturgarten findet man mitunter Zäune, Pergolen oder andere Holzverbauungen, die mit chemischem Holzschutz behandelt

Tipp

KEINE ANGST …

… vor Stechmücken! Wasser in Bottichen, Tonnen und anderen Behältern sollten Sie einmal wöchentlich komplett entleeren, damit sich keine Mückenplagen entwickeln. Setzen Sie in Teichen keine Stechmückenmittel wie Bacillus thuringiensis ein. Stechmückenlarven sind Leckerbissen für Libellenlarven und andere Räuber.

sind. Nutzen Sie besser haltbare Hölzer wie Lärchenholz und verwenden Sie konstruktiven Holzschutz. Weniger genutzte Wege und Sitzplätze können mit Kies, wassergebundener Decke oder mit Holzhäcksel angelegt werden. Mauern und Abgrenzungen, die keine große Traglast besitzen, bieten als Trockenmauern Lebensräume für viele Tiere. Aber auch einzelne Steinhaufen, Trittsteine durch Pflanzflächen und Totholz aus alten Ästen, Stämmen oder Wurzeln können einen Garten gliedern und Lebensräume schaffen.

Plastik vermeiden

Kunststoffe haben viele Vorteile, zerfallen aber in Makro- und Mikroplastik, der sich im Boden anreichern kann. Töpfe, Eimer und Gießkannen aus Kunststoffen sind praktisch, auf sie verzichtet man nicht gerne. Doch Etiketten, Bänder, Vliese und Abdeckfolien findet man nach einigen Jahren in kleinsten Teilen im Kompost oder in der Erde wieder. Heute wissen wir noch nicht, wie sich dieser Müll im Boden auswirkt, vermeiden Sie deshalb Plastik, wo es nur geht.

Lebenselixier Wasser

Besonders in heißen Sommermonaten, aber auch im Winter werden Wasserstellen gebraucht. Selbst ein kleiner Tümpel kann in kurzer Zeit eine große Artenvielfalt in den Garten locken. Verwenden Sie zum Teichbau keine PVC-Folien. Weichmacher werden mit der Zeit freigesetzt, die auch die Teichorganismen schädigen können. Kautschukfolien sind zwar teurer, aber umweltfreundlich und sehr langlebig. Legen Sie die Randbereiche von Teichen flach auslaufend an, damit Tiere ungehindert aus dem Wasser steigen oder Vögel baden können.

Gefahren im Naturgarten vermeiden

Im Naturgarten siedeln sich viele Tiere an, die den Garten bereichern. Vögel, Igel, Spitzmaus, nützliche Fliegen und Käfer gilt es zu fördern und zu schützen. Tödliche Fallen sollten vermieden werden, Unterschlupf angeboten werden.

Mögliche Gefahren

Achten Sie im Garten darauf, dass Tiere nicht in eine tödliche Falle geraten. Kulturschutznetze aus grünen feinen Maschen können für viele Tiere zur Todesfalle werden. Verwenden Sie zum Schutz von Obst und Gemüse ein engmaschiges Gemüseschutznetz oder blaue Netze. Die Farbe Blau können Vögel erkennen.

Grüne Netze über Johannisbeeren und anderen Beerensträuchern sind Todesfallen für Vögel.

Schutz für Vögel

Damit Nistkästen nicht ausgeraubt werden, sollten Sie um jeden Baumstamm einen Schutzkragen anbringen. Wickeln Sie Schwarzdornäste mit Draht an die Stämme. Sie sind für Katzen, Marder & Co. ein echtes Hindernis. Sogenannte Katzenabwehrgürtel werden von Katzen leicht überwunden. Viele Vögel kommen an großen Fensterflächen zu Tode, besonders dort, wo für die Vögel durch Spiegelungen oder Durchsicht das Hindernis nicht erkennbar ist. Greifvogelsilhouetten zum Aufkleben haben nur eine geringe Wirkung. Mit sichtbaren horizontalen oder waagerechten Linien, die mindestens 5 mm breit sind und nur eine Handbreit auseinanderliegen, werden die Glasflächen sichtbar.

Lieblingstier: Igel

Kein Tier steht so für den Naturgarten wie der Igel. Er vertilgt Käfer, Raupen, Würmer und Maden. Unter Reisighaufen, großen Wurzelstöcken und unter Holzstapeln finden Igel Nahrung, Schlafplätze, Winter- und Wurfnester. Igel sind sehr aktiv. Entschärfen Sie unüberwindliche Barrieren wie hohe Treppen, indem Sie halbhohe Steine auf die Stufen legen. Schaffen Sie auch Durchlässe im Zaun. Sie sollten mindestens 13 x 13 cm groß sein. Tiefere Wasserstellen brauchen Ausstiege, damit Igel nicht ertrinken. Decken Sie Lichtschächte absturzsicher ab. Nicht nur Igel, sondern auch Kröten, Spitzmäuse und viele andere Tiere können hineinfallen und nicht mehr herauskommen.

Nützlinge im Garten

Viele nützliche Insekten, wie Marienkäfer, Erz- und Zehrwespen und Schlupfwespen, halten Schädlinge im Garten in Schach. Sie reagieren sehr empfindlich auf den Einsatz von Pflanzenschutzmitteln. Behalten Sie gerade im Frühjahr Geduld und lassen Sie die ersten Blattläuse und Raupen, dort wo der Schaden unerheblich ist, gewähren. Sie sind die ersten Kinderstuben der Nützlinge. Wenn sich die Gegenspieler im Erstfrühling bis Vollfrühling gut entwickeln können und zahlreich vertreten sind, wird es in der ganzen Vegetationsperiode keine Massenausbrüche von Schädlingen geben.

GUT ZU WISSEN

In Naturgärten dürfen Pflanzen auch mal unkontrolliert wachsen, können dadurch aber zur Verbreitung problematischer Arten beitragen. Pflanzenkenntnis ist wichtig.

Was muss ich wissen? Invasive Neophyten sind eingeschleppte Pflanzenarten, die sich stark ausbreiten, heimische Arten unterdrücken oder Auswirkung auf die Gesundheit haben. Von etwa 1000 Neophyten etablieren sich zehn dauerhaft; eine davon zeigt Auswirkung auf die heimische Natur. Götterbaum, Robinie, Japanknöterich, Kanadische Wasserpest, Drüsiges Springkraut, Herkulesstaude, Ambrosia und Goldrute werden bereits von offizieller Seite bekämpft. Haben Sie ein Auge auf die Pflanzen, schneiden Sie Verblühtes zurück, ehe sich Samen bilden, entsorgen Sie Abfälle nicht in der Natur.

Ziergarten

Wer entspannt nicht gerne inmitten von Pflanzen, die toll aussehen und gleichzeitig private Schutzräume bilden? Solche Plätze zu schaffen, ist nicht allzu schwer!

Gehölze

Saftdruck steuert Wachstum

Wenn ich im Frühjahr schneide, wachsen die Gehölze stark. Wenn ich das nicht möchte, muss ich dann mehr oder weniger schneiden?

Gehölze bestehen aus oberirdischer Krone und unterirdischem Wurzelstock. Die Wurzel nimmt Wasser und Nährstoffe aus dem Boden auf und speichert Zucker und Reservestoffe, die sich im Sommer in den Blättern bilden. Mit beginnendem Frühjahr drückt die Wurzel diese Stoffe in die Triebe. Schneiden Sie zu dieser Zeit, tropft oft Saft aus den Schnittstellen, die Pflanze »blutet«. Mit den ersten Blättern versiegt der Saftdruck. Die Blätter verdunsten Wasser, es entsteht ein Sog, der den Wasser- und Nährstoffstrom nach oben »zieht«. Deshalb bleiben Wunden beim Sommerschnitt trocken. Der Frühjahrsschnitt reduziert Knospen, an der Schnittstelle bildet sich ein Saftstau. Die Reservestoffe aus der Wurzel gelangen zu weniger Knospen, die deshalb stärker austreiben. Je stärker der Schnitt, umso stärker der Austrieb. Zu starker Schnitt produziert jedoch ein Ungleichgewicht zwischen Wurzel und Krone.

Im Gehölz wie auch im einzelnen Trieb ist der Saftdruck oben am größten. Die obersten Triebe treiben deshalb am stärksten aus. Ähnlich verhält es sich im einzelnen Trieb. An steil wachsenden Trieben treiben die obersten Knospen am kräftigsten aus, bei eher waagerecht stehenden alle obenauf stehenden. Bei überhängenden, älteren Trieben sind es die, die an der höchsten Stelle stehen.

→ WANN: VoFr – ErFr

Die obersten Triebknospen treiben immer am stärksten aus. Bei steilen Trieben an der Spitze 1, bei schräg stehenden entlang der Oberseite 2 und bei überhängenden am Scheitelpunkt 3.

Wuchs- und Triebformen

Ich schneide meine Ziersträucher alle gleich. Stimmt das, oder schneidet man z. B. eine Spiräe anders als eine Felsenbirne?

Neben der Blütenbildung ist auch die Wuchsform der Gehölze beim Schnitt wichtig. Während bei Bäumen der Mitteltrieb über Jahre das Wachstum dominiert, liegt bei Sträuchern der Wuchsschwerpunkt nahe am Boden. Sie treiben immer wieder neue Triebe aus dem Wurzelstock nach, die dafür schneller altern und absterben. Am schnellsten geschieht dies bei den sogenannten »Schösslingssträuchern«, wie Ranunkelstrauch, Bauernhortensie oder Himbeere. Sie bilden jedes Jahr zahlreiche neue Bodentriebe, bauen jedoch kaum ein Gerüst auf und vergreisen teils schon nach zwei Jahren wieder. Bei dieser Gruppe müssen Sie jährlich alle Triebe, die älter als zwei Jahre alt sind, bodeneben entfernen. Spiräen hingegen treiben zwar ebenfalls beständig Neutriebe aus dem Boden, bilden jedoch ein schwaches Gerüst aus. Der einzelne Bodentrieb wird hier bis zu drei Jahre im Strauch belassen, bei Blutjohannisbeeren bis zu vier Jahren. Bei Felsenbirne, Zierapfel oder Holunder entstehen nur wenige neue Bodentriebe.

Triebformen

Bei Gehölzen unterscheidet man zwischen Lang- und Kurztrieben. Langtriebe sind oft 30 cm und länger. Bei Schösslingssträuchern oder Gehölzen mit kurzlebigem Gerüst sind sie durchaus erwünscht. Kurztriebe unter 10 cm Länge weisen bei Sträuchern mit schwachem Gerüst, wie Spiräe und Co., bereits auf einen Zustand der Vergreisung hin. Sie blühen kaum noch und sterben teilweise schon ab. Beginnend bei der Felsenbirne bis hin zu baumartig wachsenden Gehölzen sind jedoch Kurztriebe immer mehr erwünscht. Denn sie bilden dort das Blütenholz. Natürlich können auch Kurztriebe nach einigen Jahren vergreisen. Es wird sichtbar an vielfältigen Verzweigungen und der Entstehung von sogenannten »Besen« oder »Köpfen«. Diese werden zugunsten junger Triebe ausgelichtet.

→ WANN: VoFr – VollFr

Der Ranunkelstrauch 1 treibt jährlich viele Bodentriebe, die schnell vergreisen. Bei der Spiräe 2 sind diese länger vital, während die der Felsenbirne 3 langlebige Stämmchen bilden.

Gehölze für den Garten

Gehölze sind ausdauernde Pflanzen, deren oberirdische Pflanzenteile verholzen. Sie geben dem Garten eine Struktur und ein dauerhaftes Gerüst, gliedern eine Pflanzung und können sogar kleinklimatische Verhältnisse ändern. Blüten, Blattfärbungen, Fruchtschmuck und Winterstruktur sorgen außerdem ganzjährig für Abwechslung.

Die insektenfreundlichen Blaurauten sind Halbsträucher, sie verholzen an der Basis.

Wachstum von Gehölzen

Verantwortlich dafür, dass Gehölze wachsen und Stamm und Äste dicker werden, ist der Wachstumsring, das Kambium. Es bildet immer neue Leitungsbahnen im Laufe der Vegetationsperiode, deren zeitliche Abfolge als Jahresringe sichtbar werden. Die Wuchskraft des Kambiums kann Wunden am Holz verschließen und lässt Pflanzenteile miteinander verwachsen (Veredeln).
Grundsätzlich werden Laub- und Nadelgehölze (Koniferen) sowie sommer- und wintergrüne Gehölze unterschieden. Heimische Gehölzarten haben ohne menschliches Zutun ihr Verbreitungsgebiet in der umgebenden Natur.

Standortfaktoren

Da die Gehölze im Garten ganzjährig und dauerhaft im Freien stehen, sollten sie mit dem Boden und dem Klima gut zurechtkommen, damit sie sich gesund und mit wenig Pflege gut entwickeln können. Eine Einteilung der Gehölze in Winterhärtezonen (WHZ) gibt eine Orientierung darüber, wie robust sie gegenüber Minusgraden sind. In Europa liegen die WHZ zwischen 5b (-26 °C) und 8b (-9,4 °C). Gehölze der Kategorie 7 und 8 brauchen also in der Regel einen Winterschutz. Dennoch können selbst in rauen Mittelgebirgslagen kälteempfindliche Gehölze wachsen, wenn sie beispielsweise in einem geschützten Innenhof stehen. Entscheidend ist oftmals auch der Einfluss des Windes, der die Pflanzen austrocknet. Im Sommer sind Hitze und Strahlungseinflüsse das Problem. Im urbanen Raum ist es ratsam, wann immer möglich auf hitzeverträgliche Baum- und Gehölzarten zu setzen. Bei ihnen ist ein Stammschutz mit Bastmatten oder ein heller Anstrich einfach unerlässlich, wenn der Stamm der Sonneneinstrahlung ausgesetzt ist.

Wuchseigenschaften

Bei der Planung eines Gartens werden Gehölze als Erstes gesetzt. Neben Standortbedingungen und Standortansprüchen sind Platzbedarf und Zuwachs der Pflanzen innerhalb der nächsten 20–30 Jahre wichtige Auswahlkriterien. Schnell wachsende Pflanzen sind oft bruchempfindlich oder benötigen viel Wasser. Langsam wachsende Gehölze brauchen hingegen viele Jahre, bis sie die gewünschte Größe erreicht haben. Als Mittelweg empfiehlt es sich, bei der Gartenplanung Pflanzen mit verschiedenen Wuchsstärken einzusetzen.

ERSCHEINUNGSFORMEN BEI GEHÖLZEN

Gehölze	Merkmale
Bäume	Bilden einen deutlichen Stamm und eine Krone
Sträucher	Sind verholzte Pflanzen mit mehreren gleichwertigen Trieben aus dem Erdboden
Halbsträucher	Sind im unteren Teil verholzt und in den Sprossteilen eher krautig (Lavendel, Blauraute)
Heister	Besitzen einen gerade gewachsenen Mitteltrieb ohne Krone, der bis unten hin mit Seitenholz verzweigt ist
Stammbüsche	Sind mindestens 2,50 m hoch, aus weitem Stand und mit einer vollen Zweiggarnierung
Hochstämme	Besitzen einen 1,80 m hohen geraden Stamm mit einer Krone
Solitär(gehölze)	Sind aus sehr weitem Stand und mindestens dreimal verpflanzt

Hausbäume und Klimagehölze

Es ist eine schöne Tradition, einen Hausbaum zu pflanzen. Wie finde ich den perfekten Baum auch im Hinblick auf den Klimawandel?

Bäume am Haus zu pflanzen, hat neben der Symbolkraft auch praktische Gründe. Sie kühlen in heißen Sommern die Lufttemperatur und spenden Mensch und Pflanzen Schatten und Tieren einen Lebensraum. Ein Baum ist eine Anschaffung für das Leben und sollte wohlüberlegt sein.

Vorüberlegungen

Messen Sie den Platz aus, der für den Baum vorgesehen ist. Er sollte der Krone auch noch in 30 Jahren ausreichend Platz bieten. Manche Baumarten vertragen zwar Kronenschnitte gut, dennoch können Sie sich diese Arbeit mit der richtigen Auswahl ersparen. Bäume nah am Gebäude sind die beste Klimaanlage. Halten Sie bei lichtbedürftigen Baumarten, wie dem Apfeldorn, aber ausreichend Abstand zum Gebäude, ansonsten fühlt er sich »bedrängt« und wächst schief.

Viele heimische Baumarten sind in ihren Ausmaßen von über 20 m Höhe in der Regel für Hausgärten zu groß. Ein Baum mit 15 m spendet viel Schatten. Für kleine Gartenräume gibt es viele Sonderformen bzw. Sorten, deren Krone kompakt bleibt. Kugelförmige Kronen werden im Alter durchaus sehr breit. Säulenförmige, wie die Hainbuche 'Frans Fontaine', sind in jungen Jahren nur 4 m breit, werden aber später eher eiförmig. Wählen Sie immer einen Baum, der auch den Luftraum ausfüllt und zu ihrem Haus passt. Am besten lassen Sie sich in einer Baumschule beraten.

Bäume für den Hausgarten

Im ländlichen Raum sind Obstbäume, wie Apfel, Birnen- oder Kirschbäume, die traditionellen Hausbäume. Sie sind nicht nur Nutzpflanzen, sondern herrliche Blütenbäume für Bienen. Dem stehen Zierapfelbäume *(Malus)*, Baumfelsenbirne *(Amelanchier* x *grandiflora* 'Robin Hill'), Baum-Magnolie *(Magnolia kobus)* und Wildbirnen *(Pyrus calleryana* 'Chanticleer') in nichts nach. Im Herbst geben Amberbaum *(Liquid-*

1 Die lilafarbenen Blüten des Judasbaums sind äußerst ungewöhnlich. 2 Frisch gepflanzte Bäume brauchen die ersten Jahre einen sicheren Halt. 3 Die Blumenesche verträgt sehr heiße Standorte.

amber styraciflua), Wollapfel *(Malus tschonoskii),* Kupferfelsenbirne *(Amelancier lamarkii)* und Elsbeere *(Sorbus torminalis)* ein farbenfrohes Bild.

Mehrstämmige hohe Sträucher können im Garten die Funktion von Bäumen übernehmen. Sie bleiben in einer überschaubaren Größe von 3–7 m Höhe und stehen im Garten oftmals mit der Eleganz eines Sonnenschirms. Dazu gehören Judasbaum *(Cercis siliquastrum),* Sieben-Söhne-des-Himmels-Strauch *(Heptacodium miconoides),* Eisenholzbaum *(Parrotia persica),* Zierapfel- Arten, Magnolien und Blasenesche.

Gerade im urbanen Bereich haben Bäume Außerordentliches zu leisten. Bei kleinem Standraum sind sie vor allem im Sommer starker Wärmeabstrahlung durch Straßen und Gebäuden ausgesetzt. Besonders resilient bei Hitze und Trockenheit sind die weidenblättrige Birne *(Pyrus salicifolia),* Blumenesche *(Fraxinus ornus)* und Blasenesche *(Koelreuteria paniculata),* Gewöhnliche Mispel *(Mespius germanica),* Schnurbaum *(Styphnolobium japonicum)* und Mehlbeere *(Sorbus aria).* Sie bieten zudem Insekten Nahrung. In Regionen mit rauen Mittelgebirgslagen halten die Schwedische Mehlbeere *(Sorbus intermedia),* Ulmen *(Ulmus glabra),* Hainbuche *(Carpinus betulus)* und Faulbaum *(Rhamnus frangula)* der Witterung stand. Achten Sie bei der Auswahl auf Bäume, die sich nicht durch Samenbildung stark vermehren, beispielsweise Robinie und einige Ahornarten.

→ **WANN:** VoHe – Wi

GUT ZU WISSEN

Man hört immer wieder den Begriff Klimagehölze. Was hat es damit auf sich? Sind die Bäume gut für das Klima, oder wodurch zeichnen sie sich aus und welche Unterschiede gibt es?

Klimabäume oder -gehölze sind die Schwerstarbeiter unter den Pflanzen. Sie vertragen Hitze, Trockenheit, starke Sonneneinstrahlung, aber auch tiefe Temperaturen sowie kurzzeitige Starkregenereignisse und sind bestenfalls windfest und sturmerprobt. Namhafte Institute testen Bäume unter extremen Bedingungen und beobachten, wie sie sich unter Klimaextremen entwickeln. Im Handel werden allerdings schnell wachsende Bäume wie der Blauglockenbaum als Klimabaum bezeichnet, weil sie innerhalb kurzer Zeit viel CO_2 binden.

Hecken Schritt für Schritt

Ich möchte im Garten eine Hecke pflanzen. Was gibt es für Unterschiede, was muss ich beachten und wie pflanze ich richtig?

Bei der Planung einer Hecke sind Lage und Größe des Grundstücks, gesetzlich vorgeschriebene Grenzabstände, Bebauungsplan, Standortansprüche und Wuchsform der Pflanzen zu beachten. Grundsätzlich wird zwischen freiwachsenden Hecken aus Wild- oder Blütengehölzen und geschnittenen Hecken unterschieden. Hecken übernehmen im Garten wichtige Funktionen. Ab einer Höhe von mindestens 1,50 m bietet eine Hecke Sichtschutz. Räumliche Trennungen im Garten erreichen Sie mit einer 1 m hohen Hecke. Einfassungshecken haben eine Höhe von 30–40 cm.

Planen und pflanzen

Machen Sie sich vor der Pflanzung einen Pflanzplan und berücksichtigen Sie die endgültigen Ausmaße der Pflanzen, ihre Wuchseigenschaften und die daraus resultierenden Pflanzabstände. Zeichnen Sie maßstabsgetreu die Gehölze als Kreise als Draufsicht in den Pflanzplan. Skizieren Sie zuerst die größten Gehölze, setzen Sie die mittelgroßen dazwischen und füllen Sie die Lücken mit Zwergsträuchern.

Das Pflanzloch sollte 1,5- bis 2-mal so groß sein wie das Wurzelwerk. Bei einer großen Hecke heben Sie am besten einen Graben aus. Besonders bei schweren Böden sollte der Grund der Pflanzgrube spatentief gelockert werden. Eine Drainageschicht aus Kies hilft, Staunässe zu verhindern. Stellen Sie dann die Pflanzen gleichmäßig in dem Graben aus und füllen mit einem verbesserten Oberboden wieder auf.

Die Anzahl der Pflanzen pro laufendem Meter hängt von der Pflanzenart, der Größe und Verzweigung der Pflanzware sowie von der Endhöhe der Hecke ab. Bei einer Höhe von 0,8–1 m werden 2–3 Pflanzen, bei einer Höhe von 60 cm werden 4 Pflanzen und bei einer Höhe von 30–40 cm werden 4–5 Pflanzen benötigt. Koniferen sollten sich beim Pflanzen leicht berühren, damit sie schnell eine geschlossene Hecke bilden. 5 Pflanzen auf 2 m sind hier ein anzustrebendes Maß.

1 In jeden Garten gehören fruchttragende Gehölze. 2 Wild wachsende Hecken brauchen Platz und sind ein wertvoller Lebensraum. 3 Formhecken begrenzen den Garten und schützen vor Blicken.

Hecken als Sichtschutz

Ich möchte eine immergrüne Hecke pflanzen, um auch im Winter Sichtschutz zu haben. Welche Pflanzen sind zu empfehlen?

Die bekannteste immergrüne Heckenpflanze ist der Lebensbaum *(Thuja)*. Nur wenige Regionen bieten aber die Voraussetzungen für ihren hohen Wasserbedarf. Die Portugiesische Lorbeerkirsche hat kleine Blätter und verträgt auch Hitzewellen. Die Glanzmispel *(Photinia* x *fraseri* 'Red Robin') mit dem feuerroten Austrieb im Frühjahr gedeiht besonders gut an geschützten Lagen und blüht im Frühsommer. Für raue Lagen ist sie aber nicht geeignet. Eiben *(Taxus)* gedeihen an schattigen und sonnigen Standorten und können bei Befarf auch radikal zurückgeschnitten werden. Die Hemlocktanne *(Tsuga canadensis)* gilt als unkompliziert. Sie ist gut schnittverträglich und nach dem Anwachsen trockenheitsverträglich.

→ WANN: VollFr – FrHe

Thujahecken wachsen leider nur noch in niederschlagsreichen Gebieten wirklich gut.

Robuste Hecken

Ich wohne in einer rauen Gegend mit kalten Winden und Frosteinbrüchen in der Übergangszeit. Welche Pflanzen kommen hier gut klar?

In Gegenden mit strengen Wintern sind Feld-Ahorn *(Acer campestre)* und Hainbuchen empfehlenswerte Heckenpflanzen. Die heimische, robuste Kornelkirsche *(Cornus mas)* ist Bienenweide im Frühjahr und Vogelnährgehölz im Herbst. Bewährt haben sich auch Eibe, Gewöhnlicher Liguster *(Ligustrum vulgare)*, und Blaue Heckenkirsche *(Lonicera caerulea)*, die aber giftig sind. Als besonders salzverträglich erweist sich eine kleinblättrige Ulme *(Ulmus* x *hollandica* 'Jacqueline Hillier'). Sie neigt allerdings zu Wurzelausschlägen. Schwedische Vogelbeeren *(Sorbus intermedia)* kommen sogar mit der salzigen Luft der Küste klar.

→ WANN: SpHe – VollFr

Wildgehölzhecke

Ich möchte Lebensräume für Wildtiere schaffen. Welche Pflanzenarten eignen sich für eine wilde Hecke? Was kann ich noch tun?

Eine Benjeshecke lässt sich mit verschiedenen Kletterpflanzen, wie Klematis, eingrünen.

Heimische Gehölze und Wildobst geben der Tierwelt Nahrung, Brutplätze und Überwinterungsplätze. Zu den Pflanzenarten, die sich für eine Hecke eignen, gehören Kornelkirsche, Wildpflaumenarten, Holunder, Weißdorn, Hundsrose, Felsenbirne, Faulbaum, Berberitzen, Salweide, Mehlbeeren, Heckenkirsche, Traubenkirsche, Wildapfel, Schneeball, Alpenjohannisbeere.
Steinhaufen und Totholz, an der Südseite der Hecke abgelegt, bieten z. B. Lebensräume für Eidechsen. Alle 5–10 Jahre bekommt die Wildgehölzhecke einen radikalen Verjüngungsschnitt bis kurz über den Boden. Abstand zur Grundstücksgrenze sollte mindestens 2 m betragen. In der Reihe brauchen die Sträucher 1,5–2 m Abstand. Insgesamt wird diese Hecke etwa 5 m breit.

→ WANN: SpHe - VollFr

Totholzhecke

Eine Benjeshecke lässt sich kostengünstig und einfach selbst bauen. Welche Materialien kann ich verwenden, wie pflege ich sie?

Diese Heckenart wurde zur Strukturierung ausgeräumter Landschaften entwickelt. Sie dient als Lebensraum für Kleintiere und Insekten und als Brutstätte für Vögel. Zwischen parallel eingeschlagenen Pfählen wird Grünschnitt eingeschichtet. Bei einer Breite von 50–100 cm hat eine Benjeshecke auch in einem Hausgarten Platz. Pfähle mit einer Länge von 150–200 cm werden parallel zueinander im Abstand von mindestens 50 cm in den Boden geschlagen. Der Abstand zwischen den Pfahlpaaren ist 1–2 m. Dazwischen wird holziger Abfall aus dem Garten aufgefüllt und Jahr für Jahr ergänzt.

→ WANN: SpHe, Wi, VoFr

Bunte, blühende Hecken

Die rein grünen Wände im Garten sind irgendwie langweilig. Welche Heckenpflanzen bringen weitere Farben in den Garten?

Hecken aus Blütensträuchern entwickeln sich zu undurchdringlichen Blumenwällen.

Beliebt sind frei wachsende Blütensträucher, wie Weigelien, Deutzien, Spieren, Blasenstrauch und Aroniabeeren. Sie werden meist nicht höher als 3 m und nur 2–3 m breit. Die unterschiedlichen Wuchsformen und Wuchshöhen schaffen dabei eine lebendige Struktur und bilden eine dichte Wand. Die Farbenpracht der Blühsträucher kommt in der Regel vor allem im Frühjahr zum Tragen. Farbe bringen aber auch rotlaubige Sträucher, die in Kombination mit den grünen Arten Tiefe schaffen und die Pflanzung gliedern. Holunder 'Black Beauty' oder 'Black Lace', Blasenspiere 'Diabolo', *Weigelia* 'Purpurea', Haselstrauch 'Rotblättrige Zellernuss' und die kleinwüchsigen Berberitzen sind nur einige Vertreter dieser Pflanzengruppe.

Weißbunte Gehölze wie *Weigelia* 'Nana Verieagata' oder gelbbunte Gehölze wie *Cornus alba* 'Spaetii' kombinieren Sie am besten mit grünlaubigen Pflanzen. Setzen Sie im Garten und in der Hecke aber nicht zu viele davon ein, ansonsten entsteht ein völlig unruhiges Bild. Am Ende der Vegetationsperiode sorgen Herbstfärbung und Fruchtschmuck für spektakuläre Akzente. Aronia und Roter Hartriegel *(Cornus sanguinea)* zünden im Herbst ein rot-oranges Feuer an. Der Feld-Ahorn leuchtet noch weit in den Oktober hinein in einem leuchtend hellen Gelb. Schöner Fruchtschmuck zeigt sich an Feuerdorn *(Pyracantha coccinea)*, Grauer Strauchmispel, an Zieräpfeln sowie den schönen Berberitzen.

Tipp

NICHT NUR GEHÖLZE,

sondern auch spezielle Gräserarten wie Reitgras *(Calamagrostis)*, Pfeifengras *(Molinia)* oder das Pfahlrohr *(Arundo)* können als Hecken gepflanzt werden. Nur im Frühling machen sie als Sichtschutz eine Pause. Bambusarten, wie Fargesia, schirmen unerwünschte Blicke ganzjährig ab.

Frühblühende Gehölze

Ich möchte mit Blüten im Garten aus dem »Spätwinter-Grau« herauskommen. Welche Gehölze sind im Frühling besonders schön?

Zaubernuss

Wenn die meisten Laubgehölze noch im Winterschlaf ruhen, nimmt es die Zaubernuss *(Hamamelis)* mit Frost und Schnee auf. Von Gelb über Orange zu Bronzefarben leuchten die Blüten im tristen Wintergrau. Hamamelis liebt sonnige bis halbschattige Plätze sowie tiefgründige, humose und nicht zu trockene Böden. Geben Sie der Pflanze viel Standraum. Sie wächst zwar langsam, wird aber 4 m hoch und breit und ist frei wachsend am dekorativsten.

Magnolien

Die Gattung der Magnolien umfasst 80 Arten. Am bekanntesten ist die Tulpen-Magnolie *(M. x soulangeana)*, die mit einer Fülle an tulpenförmigen Einzelblüten noch vor dem Blattaustrieb im April aufwartet. Sie wird 4–8 m breit und hoch. Die Stern-Magnolie *(M. stellata)* ist ein 2–3 m hoher Strauch. Im April ist er in eine weiße Blütenwolke gehüllt. Die Purpur-Magnolie *(M. liliiflora)* blüht rubinrot von April bis Mai und im Juni noch einmal. Magnolien können in der Sonne wie im Halbschatten stehen. Ein humoser, saurer bis neutraler Boden mit viel Feuchtigkeit ohne Staunässe ist die Grundlage für eine gute Entwicklung.

Japanische Blütenkirschen

Die rosa-weißen Blütenwolken der Zierkirschen verzaubern den Garten im April. Es gibt sie in einer großen Vielfalt als Sträucher und Bäume. Sortenabhängig können sie von 3–10 m hoch werden. Sie benötigen einen sonnigen Platz, sind aber anspruchslos beim Boden. Die pflegeleichten Blütenkirschen haben keine Früchte und brauchen keinen Pflegeschnitt. Einfach blühende Arten bieten Insekten Nahrung. *Prunus subhirtella* blüht oft schon im Herbst oder Winter. Die Scharlach-Kirsche *(P. sargentii)* hat eine schöne Herbstfärbung.

→ WANN: VoFr – VollFr

1 Hamamelis trotzt auch dem Frost und blüht schon im Februar. 2 Die Blüten der Stermagnolie duften bezaubernd. 3 Zierkirschen locken viele Bestäuberinsekten in den Garten.

Blühende Sträucher für kleine Gärten

Ein Strauch ist wie ein Blumenstrauß für den Garten! Welche Sträucher blühen besonders üppig und passen auch in kleine Hausgärten?

Rhododendren und Azaleen

Rhododendren und Azaleen blühen von April bis Mai. Sie brauchen humusreiche und lockere Erde mit einem pH-Wert von 4,5–5,5, der in den meisten Gartenböden nicht gegeben ist. Das Pflanzloch sollte drei- bis viermal größer und doppelt so tief sein, wie der Wurzelballen misst. Zum Einpflanzen besorgen Sie sich Rhododendronerde. Besonders robust sind INKARHO-Rhododendren, die auch bei pH-Werten bis 6,2 noch gut wachsen. Die nährstoffbedürftigen Rhododendren benötigen Anfang April und kurz nach der Blüte einen langsam wirkenden Rhododendrondünger. Die Menge richtet sich nach der Größe der Pflanze.

Strauchpfingstrosen

Strauchpfingstrosen sind die großen Schwestern der Staudenpfingstrosen. Die Schönheiten aus Asien können je nach Art bis zu 2 m hoch und sehr alt werden. Die edlen Gehölze entwickeln sich langsam. Sie gedeihen im Halbschatten und in der Sonne. Bei den veredelten Arten sollte die Veredelungsstelle bei der Pflanzung mindestens eine Handbreit unter der Erde liegen.

Hibiskus, Roseneibisch

Nur wenige Sträucher blühen im Spätsommer. Der Roseneibisch ist mit seinen bis 10 cm großen Blüten wohl der attraktivste Strauch in dieser Zeit. Die einfachen Blüten sind Insektenmagneten. Der Strauch wird etwa 1,80–2,50 cm hoch, es gibt auch Hochstämmchen. Roseneibisch braucht einen sonnigen Standort mit humosem und nährstoffreichem Boden. Bei nicht ausreichender Nährstoffversorgung und Trockenheit reagiert er mit einem schwachen Austrieb, geringer Blütenbildung oder Knospenabwurf. Ein regelmäßiger Rückschnitt schützt vor Vergreisung der Sträucher.

→ WANN: ErFr – FrHe

1 Rhododendren brauchen sauren, gleichmäßg feuchten Boden. 2 Strauchpfingstrosen können einen ganzen Garten mit ihrem Duft einhüllen. 3 Im Hochsommer ist der Hibiskus besonders auffällig.

Klein bleibende attraktive Gehölze

Gartengrundstücke werden kleiner, Platz wird Mangelware. Welche attraktiven Gehölze gibt es, die nicht höher als 1,50 m werden?

Kleine Sträucher geben Staudenbeeten auch im Winter Struktur und als Dauerbepflanzungen in Kübeln eine gute Figur ab. Werden sie in Reihe gepflanzt, entstehen raumbildende niedrige Hecken, die optisch Ordnung schaffen.

Der Zwerg-Flieder *(Syringa meyeri 'Palibin')* ist unverwüstlich. Er verträgt trockene, heiße Plätze und eignet sich auch als Dauergast im Kübel. Mediterrane Stimmung verbreiten Lavendel, Blauraute *(Perovskia)* und Bartblume *(Caryopteris)*. Ihnen kann es nicht heiß und sonnig genug sein.

Der Fünffingerstrauch *(Potentilla)* und der Japanische Spierstrauch *(Spirea japonica)* haben das Image des Straßenbegleitgrüns. Doch neue Sorten mit schönen Blüten, langer Blütezeit und Robustheit qualifizieren sie in jedem Fall für den Ziergarten. Wenig bekannt ist die gelbblühende Amerikanische Weigelie *(Diervilla sessilifolia)*. Sie ist äußerst anpassungsfähig und gedeiht fast unter allen Bodenverhältnissen in Sonne und Halbschatten.

Die großblütige Abelie *(Abelia grandiflora)* blüht von Juli bis in den Herbst. Das Laub färbt sich im Herbst kupfer und grün und behält es den ganzen Winter. Auf sauren Böden wächst der Geißklee *(Cytisus* x *praecox)*. Die bienenfreundliche Pflanze verträgt sogar lehmigen und trockenen Boden.

KLEINE GEHÖLZE FÜR DEN SCHATTEN

Pflanze	Botanischer Name	Besonderheit
Mannsblut	*Hypericum androseanum*	Gelbe Blüte mit rotem Fruchtstand
Spindelstrauch	*Euonymus fortunei*	Immergrün
Stechpalmen	*Ilex ssp.*	Immergrün, Früchte nur an weibl. Pflanzen
Fiederspiere	*Sorbaria sorbifolia*	Schöner Austrieb, weiße Blüte
Alpen-Johannisbeere	*Ribes alpinum*	Gelbe kleine Blüte

Früchte für Mensch und Tier

Welche Sträucher bieten nicht nur Nahrung für Insekten und Vögel, sondern bilden auch Früchte für die Küche und als Vorrat?

Wildobstgehölze sind fruchttragende Gehölze, die weder gezüchtet noch selektiert wurden. Sie sind robust, weil sie noch viele Eigenschaften der wilden Vorfahren besitzen, und voller gesunde Inhaltsstoffe.

Wildobstbäume und -sträucher

Die Kornelkirsche *(Cornus mas)* und Haselnusssträucher *(Corylus avellana)* sind echte heimische Sträucher, die bis 7 m hoch werden können. Für beide gilt die Empfehlung: Bitte Fruchtsorten wie die Kornelkirsche 'Jolico' oder Edelhaselnüsse wie 'Webbs Preisnuss' und 'Hallesche Riesen' wählen. Maulbeeren *(Morus nigra)* werden ohne Schnitt stattliche Bäume von bis zu 15 m. Für Kleingärten besser geeignet ist die Weiße Maulbeere *(Morus alba* 'Pendula'). Die Hängeform bildet eine schützende Kuppel für einen lauschigen Sitzplatz. Echte Mispeln *(Mespilus germanica)* können bis zu 5 m hoch werden, sind im Frühling ein schönes Blütengehölz, im Spätherbst zeigen sie eine schöne Herbstfärbung. Nach dem ersten Frost sind die braunen Früchte genussreif, schmecken köstlich und können in der Küche vielseitig verwendet werden.
Zu großen Sträuchern wächst die Kupferfelsenbirne *(Amelanchier lamarkii)* heran. Fruchtsorten wie 'Ballerina' bilden heidelbeergroße Früchte, die auch so ähnlich schmecken. Früchte reifen im Juli und sind bei Vögeln heiß begehrt. Die kleine Variante *Amelanchier alnifolia* wird nur 2–3 m hoch und trägt im Juli viele Früchte.

Kleine Wildobststräucher

Besonders im Herbst ist die Schwarze Apfelbeere *(Aronia melanocarpa)* mit der roten Herbstfärbung der Blätter im Kontrast zu den dunklen Früchten eine Augenweide. Die Früchte enthalten viele wertvolle Inhaltsstoffe, die zu Saft verarbeitet werden können. Einen besonderen Duft verbreiten die Früchte der Zierquitten *(Chaenomeles)*. Die Fruchtsorte 'Cido' entwickelt Früchte mit einem hohen Vitamin-C Gehalt.

1 Haselnusssträucher sind Klassiker im Naturgarten. 2 Kornelkirschen tragen bis in den Spätherbst die säuerlichen Früchte. 3 Die Kupfer-Felsenbirne hat eine tolle herbstliche Laubfärbung.

Hitzeverträgliche Sträucher

Mein Garten liegt in einer Südlage. Im Sommer wird es hier sehr heiß und auch trocken. Welche Gehölze sind hier geeignet?

Alle paar Jahre benötigt der Blasenstrauch nach der Blüte einen Verjüngungsschnitt.

Ein untrügliches Merkmal für trockenheitsverträgliche Pflanzen ist silbergraues Laub. Feine Härchen und eine dünne Wachsschicht lassen die Blätter von Gehölzen, aber auch von Stauden silbern erscheinen. Zu den trockenheitsverträglichen Pflanzen gehören Lavendel *(Lavandula)*, Blauraute *(Perovskia)*, Bartblume *(Caryopteris)*, Heiligenkraut *(Santolina)*, Zwerg-Berberitze *(Berberis thunbergii)* und Gewürz-Salbei *(Salvia officinalis)*. Sie werden nicht höher als 1 m. Wenig Durst haben auch die Sträucher Roter Hartriegel *(Cornus sanguineum)*, Kornelkirsche *(Cornus mas)*, Perlmuttstrauch *(Kolkwitzia)*, Blasenstrauch *(Physiocarpus)* und Feuerdorn *(Pyracantha)* mit einer Höhe von 2 m und mehr. Felsenmispelarten sind zudem Bienenweiden, Vogelnährgehölz und je nach Art als Bodendecker, Großstrauch oder Heckenpflanze einsetzbar. Sommerflieder *(Buddleja)* und Edelflieder *(Syringa)* sind zwar sehr robust, aber aufgrund ihres Vermehrungsdrangs in Verruf geraten. Die kleineren Zwergfliederarten sind hingegen nicht invasiv, trotzen Hitzetagen auch als Kübelpflanze.

Bei Nadelgehölzen vertragen Tannen *(Abies)* trockene Witterungsphasen recht gut. Ihre mit Wachs ummantelten Nadeln schützen sie vor Austrocknung. Besonders robust sind kurznadelige Arten, wie die Spanische Tanne oder die Kolorado-Tanne. Die schnittverträglichen Hemlocktannen *(Tsuga)* sind noch wenig bekannt. Es gibt große und kleine Wuchsformen. Der heimische Wacholder *(Juniperus)* wächst von Natur aus an wasserarmen Standorten.

Tipp

HEIMISCHE GEHÖLZE,

z. B. die Essig-Rose (*Rosa gallica*), die an trockene heiße Standorte angepasst sind, sind ebenfalls eine gute Wahl. Die Essig-Rose wird ca. 50–100 cm hoch und 90 cm breit, bildet allerdings gerne Ausläufer. Sie passt besonders gut in naturnahe, bäuerliche Gärten und trotzt auch tiefen Temperaturen.

Hangbepflanzung

Einen sehr abschüssigen Hang möchte ich gerne mit attraktiven Pflanzen stabilisieren. Welche Gehölze eignen sich und wie gehe ich vor?

Für abschüssige Böschungen sind Wind und Starkregen ein Desaster, wenn der Boden nicht geschützt ist. Ausgewählte Pflanzenarten können aber mit ihrem Wurzelwerk die Erde stabilisieren. Generell eignen sich Pflanzen, die mit wenig Feuchtigkeit auskommen, nach der Pflanzung schnell ein dichtes Wurzelwerk bilden und zudem noch pflegeleicht sind. Gehölzpflanzungen werden zuerst geplant und gesetzt, dann können sie mit Stauden kombiniert werden. Bodendeckende Stauden eignen sich dafür besonders gut.

Wird so ein Hang neu angelegt, können Böschungsmatten aus Schafwolle, Sisal und Jute oder Lagen aus Pappkarton lose Erde sichern, bis die Pflanzen eingewachsen sind. Synthetische Mulchvliese teilversiegeln dagegen den Boden und können später Probleme bereiten. Die Pflanzstellen sollten mit einem kleinen Wall Erde umschlossen werden. So kommt das Wasser beim Angießen den Pflanzen zugute und rinnt nicht ungenutzt den Hang hinab. Mulchen ist ebenfalls sinnvoll, um die Erde am Hang zu halten. Rindenmulch ist ungeeignet. Besser ist Gartenfaser, aus Holzfasern hergestellt. Das Material bleibt liegen und wird auch nicht von Singvögeln durchwühlt.

→ WANN: FrHe – VoHe, Wi, VoFr

STRÄUCHER FÜR DIE HANGBEFESTIGUNG

Name	Höhe	Eigenschaften
Felsenbirne	2–5 m	Früchte essbar, Blüte, Herbstfärbung
Kornelkirsche	2–5 m	Früchte essbar, schnittverträglich, Bienenweide
Haselnuss	2–5 m	Nussfrucht, schnittverträglich
Hartriegel	2–3 m	Rote Triebe im Winter
Blasenstrauch	2 m	Blütengehölz
Kleinstrauchrosen	0,5–1 m	Sommerlanger Blütenflor
Zierquitte	0,5 m	Früchte essbar, bedornt, schöne Blüte
Kiefer	Ab 0,3 m	Zwerg-Kiefern wachsen langsam

Buchsersatzpflanzen

Mein Buchs sieht schlecht aus. Pilzerkrankungen und der Buchsbaumzünsler machen ihm zu schaffen. Gibt es Alternativen zum Buchs?

Buchs ist immergrün und sehr schnittverträglich, wächst langsam und gedeiht auch an schwierigen Standorten. Ihn zu pflanzen, ist dennoch nicht empfehlenswert. Einen adäquaten Ersatz zu finden, ist gar nicht so einfach, aber es gibt einige interessante Alternativen.

Gehölze für niedrige Hecken und Solitärgehölze

Die Japanische Stechpalme *(Ilex crenata)* gilt als Buchsbaumalternative, gedeiht aber nicht überall. Sie braucht einen nährstoffreichen, humosen und leicht sauren Boden. Trockenheit und Hitze verträgt sie nicht. Robuster ist die Myrtenblättrige Stechpalme *(Ilex aquifolium* 'Myrtifolia'). Sie verträgt Halbschatten und sogar Schatten. Sie wächst sehr kompakt und muss in der Regel nicht geschnitten werden. Im Alter kann sie 2–3 m hoch und 2 m breit werden.

Spindelsträucher (*Euonymus fortunei*) sind sehr vielseitig und wachsen im Schatten und in der Sonne. Die weißgrüne Sorte 'Emerald'n Gaiety' und die Sorte 'Emerald'n Gold' mit goldrandigen Blättern erreichen eine Höhe von 50 cm. Ältere Pflanzen blühen unscheinbar und bilden vereinzelt, allerdings giftige, Früchte.

Eine gute Alternative sind außerdem kleine Berberitzearten *(Berberis buxifolia)*, die etwa 40 cm hoch werden. Sorten mit roten und orangeroten Blattfarben lassen den Garten leuchten, sind aber nicht wintergrün. Die grüne Variante *B. buxifolia* 'Nana' ist wintergrün. Als Hecke gepflanzt, umrahmt sie Staudenbeete. Ihre Dornen halten Katzen und Co. von den Beeten fern.

Eiben *(Taxus baccata)* sind robust und sehr schnittverträglich. Sie kommen mit fast jedem Standort, Sonne und Schatten zurecht. Verschiedene Wuchsformen bieten auch unterschiedliche Einsatzmöglichkeiten. Eiben können sehr groß werden. Die Eibensorte 'Repandens' wächst überhängend und wird ungeschnitten 80 cm hoch.

→ **WANN:** FrHe – VoHe, Wi, VoFr

1 *Ilex crenata* benötigt einen leicht sauren Boden. 2 Beim Standort sind Spindelsträucher nicht sehr wählerisch. 3 *Berberis buxifolia* bleiben durch Rückschnitt schön. 4 Eiben sind schnittverträglich.

Empfehlenswerte Koniferen

Eigentlich stehe ich Koniferen kritisch gegenüber, im Winter geben sie dem Garten aber Struktur. Gibt es empfehlenswerte Arten?

Koniferen, also Nadelgehölze, sind in den letzten Jahren aus der Mode gekommen. Klein bleibende Varianten werden im Garten, als Grabbepflanzung oder in einer winterharten Kübelbepflanzung allerdings immer noch gerne gepflanzt. Die beste Pflanzzeit ist ab August, wenn Nadelgehölze ihre neuen Wurzeln bilden.

Unter den Scheinzypressen *(Chamaecyparis)* gibt es viele Farbvarianten und viele kleinwüchsige Sorten, die allesamt einen durchlässigen, gleichmäßig feuchten und mäßig nährstoffreichen Boden benötigen. Die Zwerg-Mooszypresse *C. pisifera* 'Filifera Nana' ist sehr winterhart, wächst von Natur aus kugelig und nur langsam, kann aber ausgepflanzt bis zu 150 cm hoch werden.

Die Thujasorten 'Tiny Tim' und 'Danica' bilden schöne, gleichmäßige, sattgrüne Kugeln. Sie werden nur 50–100 cm groß. Der Boden sollte immer ausreichend Nährstoffe und Feuchtigkeit bieten.

Zwerg-Bergkiefern *(Pinus mugo)* werden je nach Sorte 0,5–1 m hoch. Der Standort sollte unbedingt sonnig sein, ansonsten wachsen sie schief. Eine Kombination aus Hitze und Trockenheit vertragen diese Koniferen nicht. Beschattete Triebe sterben ab. Kiefern können in Form gehalten werden, wenn die Neutriebe kurz nach dem Austrieb zurückgeschnitten werden.

Heimischer Wacholder

Niedrige Wuchsformen findet man auch beim heimischen Wacholder *(Juniperus communis)*. Die Sorten 'Repanda' und 'Hornibrookii' besitzen einen hübschen bodendeckerartigen Wuchs und werden höchstens 0,5 m hoch. An sonnig warmen Stellen im Garten, die wenig gepflegt werden können, unterdrücken sie Wildwuchs. Sie wachsen sogar auf sehr armen Böden und sind äußerst winterhart, auch in Kübeln, die im Winter draußen bleiben. Dieser Wacholder ist kein Überträger des Birnengitterrostes.

→ WANN: FrHe - VoHe, Wi, VoFr

1 Kleinwüchsige Scheinzypressen sind pflegeleicht. 2 Thuja 'Tiny Tim' wächst kugelförmig. 3 Kiefern gibt es auch schwachwachsend. 4 Chinesischer Wacholder fördert Birnengitterrost.

Hortensien

Für die üppigen Blüten der Hortensien schlägt mein Herz. Können die schönen Blütensträucher auch in meinem Garten wachsen?

Alle Hortensien brauchen einen humosen, durchlässigen und gleichmäßig feuchten Boden in halbschattiger Lage.

Bauern-Hortensien

Bauern-Hortensien *(Hydrangea macrophylla)* werden je nach Sorte 1–1,50 m hoch. Die Blüten bestehen aus Scheinblüten, die in Weiß, Rosa, Rot oder Blau sehr lange blühen. Alte Sorten tragen die Blüten am vorjährigen Holz. Erfrieren die Triebe, bleibt die Blüte im Sommer aus. In rauen Lagen brauchen sie etwas Winterschutz. Die Blüte der Sorten 'Endless Summer' und 'The Bride' ist sicherer, da sie am Neutrieb blühen.

Strauch-Hortensien

Schneeball-Hortensien *(Hydrangea arborescens)* und Rispen-Hortensien *(Hydrangea paniculata)* blühen im Hoch- bis Spätsommer in Weiß oder Hellrosa. Die ca. 2 m hohen Sträucher sind auch mit einem weniger feuchten Standort zufrieden und vertragen sogar Sonne. Mulchen Sie den Boden dicht, damit wenig Wasser verdunstet. Ein schönes Laub und eine rötliche Herbstfärbung besitzt auch die Eichenblättrige Hortensie *(Hydrangea quercifolia). Hydrangea serrata* 'Preziosa' ist sehr robust und sehr gut winterhart.

Farbwechsel

Eine blau blühende Sorte wird rosa? Das Rätsel ist schnell gelöst, denn die blaue Farbe der Blüten entsteht nur im sauren Boden. Im normalen Gartenboden färben sich die Blüten rosa. Mittlerweile stehen dem Freizeitgärtner spezielle Hortensiendünger zur Blaufärbung zur Verfügung. Sie sind jedoch nur dann optimal wirksam, wenn der pH-Wert des Bodens niedrig ist. Blaue Hortensien in Töpfen bitte mit Regenwasser gießen.

→ **WANN:** FrHe – VoHe, Wi, VoFr (Pflanztermin)

1 Bauern-Hortensien brauchen gleichmäßige Bodenfeuchte. 2 Rispen-Hortensien ertragen auch trockenere Sommermonate. 3 Strauch-Hortensien bleiben durch Rückschnitt im Frühjahr stabil.

Buchsbaumzünsler

Die Blätter vom Buchsbaum sind grau und zerfressen, kleinere Astpartien abgestorben und Gespinste sichtbar. Was kann ich tun?

Wenn Sie genau zwischen den Buchsbaumästen und -blättern suchen, werden Sie grüngelb gefärbte Raupen mit einer schwarzen Kopfkapsel finden. Das sind die Raupen des Buchsbaumzünslers, einem Schmetterling, der aus Südostasien eingeschleppt wurde und bei uns kaum natürliche Feinde hat. Der Falter hat graue Flügel, ist etwa 4,5 cm breit und nachtaktiv und für die Schäden am Buchs verantwortlich.

Die Eiablage der Schmetterlinge erfolgt normalerweise unbemerkt. Die Raupen wandern dann sofort in den Innenbereich der Pflanze, wo sie gut geschützt ihren Fraß beginnen. Nachdem sie sich mehrere Male gehäutet haben, verändern sie ihre Farbe, werden dunkler und entwickeln die typische schwarz-weiße Zeichnung. Allmählich verlassen sie das Innere der Pflanze und fressen im Außenbereich weiter. Nun wird der Schaden beinahe über Nacht deutlich. Nach sechs Larvenstadien verpuppen sie sich in versteckten Gespinsten und schlüpfen als Falter einige Wochen später, um erneut Eier abzulegen. Die zweite Generation beginnt mit ihrem Fraß.

Die richtige Strategie

Obwohl der Buchsbaum sehr regenerationsfreudig ist, schwächt ihn ein anhaltender Raupenfraß so stark, dass er letztendlich abstirbt. Wenn die Raupen alle Blätter gefressen haben, benagen sie die Rinde. Das beschleunigt die Absterbeerscheinungen. Eine Zeit lang hegten Fachleute die Hoffnung, dass sich Vögel an den neuen Schädling gewöhnen und die Raupen fressen. Allerdings beinhalten die Buchsblätter Giftstoffe, die die Raupen aufnehmen. Mittlerweile stört das einige Vogelarten nicht mehr, Spatzen stürzen sich gerne auf die verpuppten Raupen. Es gibt ein biologisches Pflanzenschutzmittel, das allerdings nur auf kleine Raupen wirkt, die anfangs aber gar nicht bemerkt werden. Die Entfernung der Pflanze ist meist unumgänglich.

→ WANN: VollFr – HoSo

1 Diese Buchshecke ist nicht mehr zu retten. 2 Buchsbaumzünslerraupen treten in Massen auf. 3 Aus der Raupe entwickelt sich der schöne nachtaktive Falter, der seine Eier unbemerkt ablegt.

Gespinstmotten

Mein Pfaffenhütchen trägt ein weißes Gespinst mit vielen kleinen hellen Räupchen. Ist das bedenklich?

1 Solche Gespinste können abgeschnitten und entsorgt werden.
2 Ausgewachsene Gespinstmotte.

Bei den Räupchen handelt es sich um die Raupen der Gespinstmotte, die zu den Kleinschmetterlingen zählt. Die typische Färbung der Flügel ist weiß mit schwarzen Punkten. Die Raupen leben sehr gesellig. Sie spinnen ein dichtes Geflecht an Spinnfäden, um sich vor Vögeln zu schützen. Befallen werden vorzugsweise Pfaffenhütchen, Traubenkirsche und Weißdorn. Nicht selten fressen sie die Gehölze völlig kahl. Eiablage und Schlupf erfolgen bereits im Herbst. Nach der Puppenruhe im Juli schlüpfen dann die neuen Falter, die im Herbst wiederum ihre Eier ablegen.

Bekämpfen – ja oder nein?

Im Normalfall ist eine Bekämpfung nicht nötig, denn selbst bei einem Kahlfraß treiben die Pflanzen im gleichen Jahr wieder willig aus. Wenn die Raupen Sie aber sehr stören, können sie mit einem Hochdruckreiniger abgespritzt werden. Als Pflanzenschutzmittel stehen Präparate mit dem Wirkstoff Bacillus thuringiensis zur Verfügung. Dabei handelt es sich um biologische Mittel, die nur auf die Raupen wirken. Der Einsatz muss allerdings erfolgen, wenn die Raupen noch klein sind und das Gespinst noch nicht sehr dicht. Die Apfelgespinstmotte erzeugt Gespinste an den Spitzen von Apfelbäumen, die einfach abgeschnitten werden können.
Gespinstmotten treten nicht jährlich auf, oft vergehen Jahre, bis es wieder zu einem starken Befall kommt. Voraussetzung dafür sind milde Winter und ein möglichst trockenes Frühjahr. Die Raupen sind bei Berührung für den Menschen übrigens völlig ungefährlich.

Absterbende Koniferenhecke

Bei meiner Scheinzypressenhecke verlieren einzelne Pflanzen ihre grüne Farbe, werden fahl und sterben ab. Was ist passiert?

Legen Sie den Wurzelhals einer Pflanze frei und entfernen Sie mit einem Messer ein Stück Rinde am Übergang zwischen Boden und Luft. Das Kambium darunter ist normalerweise gelblich weiß gefärbt. Eine schokoladenbraune Färbung zeigt, dass der Pilz *Phytophthora* am Werk ist. Die Diagnose ist eindeutig, aber nur möglich, wenn die Pflanze bereits am Absterben ist. Ist sie schon eine Zeit lang tot, wird das gesamte Kambium braun und Sie sehen den Unterschied nicht mehr. Problematisch ist, dass dieser Pilz bei wassergesättigtem Boden weiterwandert und weitere Pflanzen befallen kann. Außerdem sind die Dauersporen sehr widerstandsfähig und können jahrelang im Boden überleben.

Sie müssen befallene Pflanzen schnellstmöglich mit Wurzel und so viel Erde wie möglich um die kranke Pflanze herum entfernen, ohne dabei aber die Wurzeln der Nachbarpflanzen zu beschädigen. Erde, Wurzeln und Wurzelhals müssen Sie im Hausmüll entsorgen; sie dürfen nicht auf dem Kompost landen. Die anhaftenden Sporen sind für andere Pflanzen höchst ansteckend und werden über den Kompost übertragen. Verwenden Sie bei der Neupflanzung am besten Containerpflanzen, deren Wurzeln unverletzt sind, und gießen Sie die Scheinzypresse äußerst maßvoll.

Wenn Sie sich unsicher sind, holen Sie sich Rat bei Ihrem zuständigen Pflanzenschutzdienst oder einer entsprechenden Beratungsstelle.

GUT ZU WISSEN

Wie sieht das bei anderen Pflanzen, beispielsweise Eiben oder Hainbuchen als Hecke oder Einzelpflanzen aus, die extreme Absterbeerscheinungen zeigen? Ist die Vorgehensweise ähnlich?

Bei Eiben, Hainbuchen und anderen betroffenen Gehölzen ist die Situation noch gravierender. Die Ursache für die Absterbeerscheinungen sind möglicherweise andere, höchst agressive *Phytophthora*-Pilzarten. Betrachten Sie zunächst die Wurzeln genau. Wenn keine weißen Wurzelspitzen mehr vorhanden sind, ist das der Fall. Wenn Sie nicht sicher sind, vergleichen Sie die Wurzeln mit einer gesunden Pflanze. Sind keine Feinwurzeln mehr vorhanden, ist die Pflanze verloren. An dieser Stelle sollten Sie kein Gehölz mehr pflanzen.

Schnittformen

Wie schneide ich meine Gehölze richtig? Stimmt es, dass man durch die Art, wie man schneidet, das Wachstum beeinflussen kann?

Es gibt vier Grundformen von Schnitten, die eine jeweils andere Reaktion hervorrufen: Einkürzen, Umlenken, Verschlanken und Auslichten.

Einkürzen

Beim Einkürzen werden einjährige Triebe zurückgeschnitten. Die Schnittstelle liegt im Außenbereich des Gehölzes, wo der Saftdruck am stärksten ist. Je weiter eingekürzt wird, umso mehr verringert sich die Anzahl der verbleibenden Knospen. Das bewirkt einen stärkeren Austrieb, bis dahin, dass aus den nur noch wenigen Knospen überlange, instabile Triebe austreiben. Eingekürzt werden Triebe von Gehölzen, die am diesjährigen Trieb blühen (Hibiskus, Lavendel, Blutjohannisbeere), und Gerüsttriebe beim Erziehungsschnitt von Obstgehölzen.

→ WANN: VoFr – VollFr

Umlenken

Beim Umlenken wird der Haupttrieb auf einen weiter innen liegenden Seitentrieb zurückgeschnitten. An alten Trieben mit vergreisten, überhängenden Triebspitzen weist die neue Fortsetzung nach oben und außen. Bei steilen Jungtrieben auf einen Trieb, der schräg nach außen steht, lenken.

→ WANN: VoFr – VollFr, SpSo

Verschlanken, Auslichten

Beim Verschlanken vereinzelt man mit dem Mitteltrieb konkurrierende Triebe im Außenbereich des Gehölzes. Der Strauch oder Baum behält eine lockere Gestalt, das Blüten- oder Fruchtholz bleibt vital. Es ist die Schnittform mit der geringsten Wachstumsanregung. Bei Sträuchern mit kurzlebigen Bodentrieben (Spiräe, Johannisbeere) entfernt man ältere Triebe direkt am Boden (Auslichten). Der Schnitt regt die Bildung von Neutrieben aus der Wurzel an.

→ WANN: VoFr – VollFr, SpSo

Einkürzen einjähriger Triebe 1 regt das Wachstum am stärksten an. Beim Umlenken 2 und Verschlanken 3 verbleiben Jungtriebe als neue Fortsetzung. Dadurch bleibt der Austrieb schwächer.

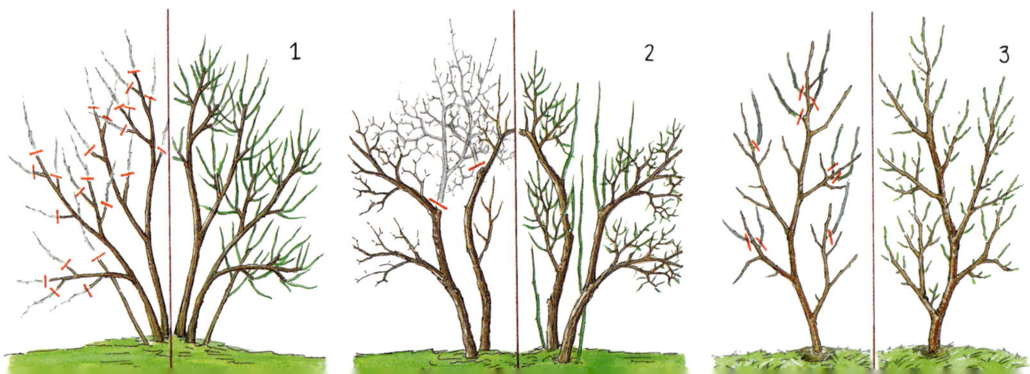

Sommerschnitt

Ein Gärtner hat in der Nachbarschaft Obstbäume im Sommer geschnitten. Er sagte, das sei besser für die Pflanzen. Stimmt das?

Als Sommerschnitt werden Schnittmaßnahmen nach der Laubentfaltung von Juni bis etwa Mitte September bezeichnet. Dieser Schnitt beruhigt nicht nur das Wachstum, er ist auch sehr pflanzenverträglich. Nach der Blattentfaltung lässt der Saftdruck nach. Durch die Verdunstung der Blätter entsteht ein Sog, der den Saft nach oben zieht. Ab Juni durchgeführte Schnitte bluten deshalb nicht, die Wunden bleiben trocken. Bei warmen Temperaturen, die meist bis etwa Mitte September anhalten, arbeiten die »inneren Organe« der Gehölze auf Hochtouren. Bis dahin verursachte Wunden werden mit Gerbstoffen schnell abgeschottet; ein guter Schutz vor Krankheitserregern. Bei einem frühen Sommerschnitt entsteht bis zum Herbst an den Wundrändern bereits Wundgewebe. Die Wundränder können dann im Winter nicht mehr zurücktrocknen. Gleichzeitig entfernen Sie Blätter, die im Herbst keine Reservestoffe mehr an die Wurzel liefern. Ein übermäßiges Wachstum lässt sich auf diese Weise beruhigen. Für den Sommerschnitt eignen sich bedeckte Tage am besten. Blätter und Früchte, die bis dahin schattiert waren, müssen sich erst an das intensivere Licht gewöhnen.

Positive Wirkung

Bei Obstbäumen entfernen Sie ab Ende Juli steile oder nach innen wachsende Triebe, die verbleibende Energie kommt den übrigen Trieben zugute. Ein Neuaustrieb ist hier nicht erwünscht, denn junge Blätter im Sommer sind Nahrung für Schädlinge und Pilzkrankheiten.

Vor allem schnittempfindliche Gehölze sollten nur im Sommer geschnitten werden. Dazu gehören Ahornarten, Aprikose, Blutpflaume, Goldregen, Pfirsich, Walnuss und Zierkirsche. Bei Blauregen, Kiwi und Tafeltraube sorgt der zusätzliche Sommerschnitt dafür, dass die Pflanzen übersichtlich bleiben.

→ WANN: FrSo – SpSo

Ein moderater Sommerschnitt ist für die Zierkirsche verträglich 1. Bei Obstbäumen vergreistes Fruchtholz auf vitalere Jungtriebe umlenken 2 und überzählige Früchte entfernen.

Hortensien schneiden

Ich schneide meine Bauern-Hortensien jedes Jahr zurück. Sie sind sehr wüchsig, blühen aber nur wenig. Was mache ich falsch?

Ball- oder Bauern-Hortensien *(Hydrangea macrophylla)* tragen ihre Blütenknospen vor allem an einjährigen Langtrieben, außerdem an kürzeren Seitentrieben älterer Triebe. Lichten Sie kurz vor dem Austrieb das älteste Viertel der Gerüsttriebe am Boden aus und lassen kräftige Jungtriebe stehen – diese nicht einkürzen! Schwache Bodentriebe ganz entfernen. An den verbleibenen Trieben werden mehrjährige Verzweigungen auf tiefer stehende einjährige Triebe umgelenkt, abschließend die trockenen Blüten bis zu den ersten dicken, grünen Knospen entfernen.

Rispen-Hortensie

Rispen-Hortensien *(H. paniculata)* blühen an diesjährigen Trieben. Schneiden Sie die ersten drei Jahre alle Bodentriebe im Frühjahr um mindestens ein Drittel zurück. Das Gerüst sollte auch nach Jahren nicht höher als 60 cm werden. Bei älteren Pflanzen entfernt man vergreiste Triebe im Strauchinnern und kürzt dann die einjährigen Triebe auf 2–4 Knospen ein. Aus diesen Zapfen entwickeln sich später die Blütentriebe. Entwickeln sich stufenweise Gabelungen, lenken Sie diese immer wieder auf tiefer stehende, einzelne Jungtriebe um.

Wald-Hortensie 'Annabelle'

'Annabelle' *(H. arborescens)* bildet von Ende Juni bis Anfang September große, cremeweiße Blütenbälle. Der Standort sollte vor Wind geschützt und halbschattig sein, damit die Blüten in praller Sonne nicht schnell verblühen. Da Wald-Hortensien an diesjährigen Trieben blühen, schneidet man sie im Frühjahr vor dem Austrieb. Lichten Sie zweijährige und ältere Triebe bodeneben aus, einjährige unverzweigte kürzt man auf 30 cm ein. Entwickeln sich zu große und schwere Blüten, werden die einjährigen Triebe im folgenden Jahr auf 40 cm eingekürzt.

→ WANN: VoFr – ErFr

Ältere Triebe bei Ball-Hortensien bodeneben auslichten, trockene Blüten entfernen 1. Rispen-Hortensien ins einjährige Holz einkürzen 2, 'Annabelle' stark zurückschneiden 3.

Mönchspfeffer und Hibiskus schneiden

Ich habe Mönchspfeffer und Hibiskus im Garten. Sie besitzen eine schöne Blüte, blühen aber kaum nach. Woran liegt das?

Mönchspfeffer *(Vitex agnus-castus)* wird im späten Frühjahr, kurz vor dem Austrieb, geschnitten. Er blüht im Sommer an diesjährigen Trieben. Je kräftiger der Trieb dabei wächst, umso länger bildet er Seitentriebe mit neuen Blüten. Verblühtes schneiden Sie bis Anfang August aus, um die Nachblüte zu fördern. Er wird mit 4–6 kurzen Gerüsttrieben erzogen, die auch nach Jahren nicht höher als 50–70 cm werden sollten. Ältere Gerüsttriebe ersetzen Sie nach 3–5 Jahren durch junge Bodentriebe. Lassen Sie einen 5–10 cm langen Zapfen stehen, der den Neuaustrieb aus dem Boden fördert und im folgenden Sommer entfernt wird. Stark verzweigte Gerüsttriebe lenkt man auf tiefer stehende, junge Seitentriebe um. Lassen Sie für eine harmonische Form die Mitte höher als die Seitentriebe stehen. Bodenbürtige Jungtriebe kürzt man auf 30 cm ein, einjährige Seitentriebe auf 2–4 Knospen.

Hibiskus

Hibiskus *(Hibiscus syriacus)* bildet fortlaufend Blüten in den Blattachseln des diesjährigen Triebes. Der Strauch blüht nur so lange, wie er wächst. Schneiden Sie Hibiskus deswegen jährlich kräftig zurück. Ungeschnitten stellt er zwar eine reizvolle Erscheinung dar, entwickelt jedoch nur kurze Neutriebe und eine flüchtige Blüte. Wählen Sie 4–7 gut verteilte Bodentriebe und eine höhere Mitte für das Gerüst aus. Überzählige Bodentriebe und bodennahe Triebe werden sorgfältig entfernt.
Jahr für Jahr eingekürzte Gerüsttriebe erlauben Höhen von bis zu 2 m. An der Spitze des Gerüsttriebes schneiden Sie dessen vorjährige Verlängerungen auf 10 cm kurze Zapfen zurück. Wachsen die Gerüsttriebe sehr steil, lenkt man diese auf tiefere und nach außen wachsende Seitentriebe um. Zu dicht oder nach innen wachsende Triebe lichtet man aus. Verbleibende Seitentriebe des Gerüstes kürzen Sie auf maximal 10 cm Länge ein.

→ WANN: VoFr – ErFr

Kürzen Sie für eine lange Blüte Mönchspfeffer jedes Frühjahr stark ein 1. Bei Hibiskus kürzt man alle Seitentriebe nahe am Gerüst ein 2, vergreiste Pflanzen blühen nur kurz 3.

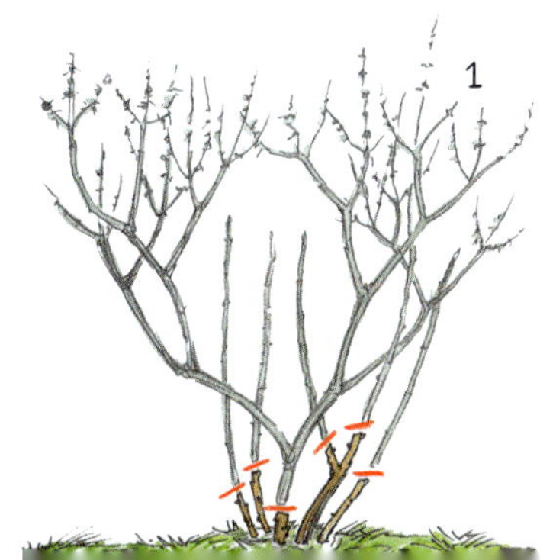

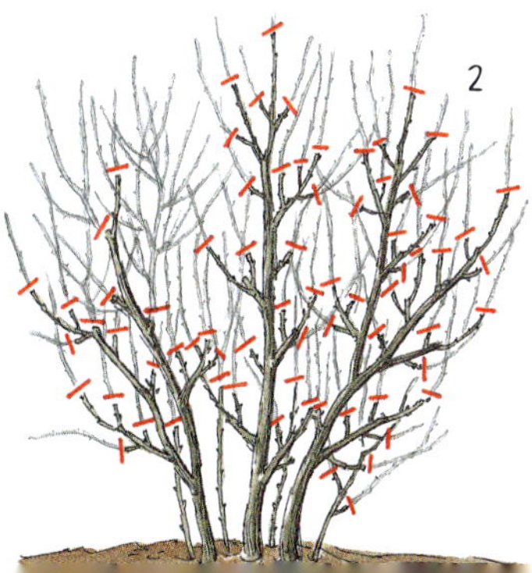

Lavendel und Thymian schneiden

Ende September habe ich Lavendel und Thymian zurückgeschnitten. Im Frühjahr treiben die meisten nicht mehr aus. Was war falsch?

Bei Lavendel ist besonders älteres Holz frostempfindlich. Deshalb muss er von Jugend an jährlich kräftig eingekürzt werden. Schneiden Sie bis spätestens Ende Juli abgeblühte Stängel aus, die Triebspitzen werden bis zu 5 cm eingekürzt. Gleichzeitig gibt man der Pflanze eine halbkugelige Form, mit der sie über Winter attraktiv bleibt. Bei spätblühenden Sorten werden ab August nur noch die Blüten entfernt.
Der zweite Schnitt erfolgt im späten Frühjahr, wenn die Knospen austreiben. Die Gefahr des Zurücktrocknens wird minimiert. Lavendel wird jährlich – aber nur im beblätterten Bereich – auf 10–15 cm zurückgeschnitten. Durch diesen Schnitt erhalten Sie die Vitalität der Knospen und Triebe nahe am Boden.
Ohne Schnitt vergreist Lavendel schnell. Ältere Triebe verkahlen, an ihren Enden entstehen Besen und sie kippen dann zur Seite um. Solche Pflanzen treiben nach einem strengen Winter häufig gar nicht mehr aus. Kürzen Sie während des Austriebs Besen oder Köpfe im beblätterten Bereich bis zur Hälfte ein.

Weitere Kräuter

Thymian schneiden Sie im Sommer direkt nach der Blüte, denn selbst auf einen späten Frühjahrsschnitt reagiert das Küchenkraut mit Eintrocknen. Schneiden Sie auch hier nie im verholzten Bereich. Thymian liegt oft mit seinen Trieben auf dem Boden auf, die in leichten Böden Wurzeln ziehen. Dadurch können Polster entstehen. In dem Fall lässt sich der Thymianschnitt leichter und besser mit einer Buchsheckenschere durchführen. Mit Gewürz-Salbei verfahren Sie wie bei Lavendel, formieren Sie im Sommer und schneiden kräftig im Frühjahr.
Rosmarin *(Salvia rosmarinus)* – ob im Kübel oder Freiland – wird nur einmal nach der Blüte geschnitten. Er blüht, im Gegensatz zu den anderen hier beschriebenen Pflanzen, allerdings am einjährigen Trieb.

→ **WANN:** VoFr, FrSo – HoSo

Lavendel kürzt man beim Austrieb im beblätterten Bereich ein 1, im Sommer werden die Blüten entfernt 2. Thymian wird jährlich nach der Blüte eingekürzt 3.

Spiräe und Blutjohannisbeere schneiden

Meine Blutjohannisbeere und Spiräen blühen kaum noch. Von unten her verkahlen sie zusehends. Kann ein Schnitt Abhilfe schaffen?

Frühjahrsblühende Spiräen *(Spirea*-Arten) blühen an einjährigen Langtrieben, Blutjohannisbeeren *(Ribes sanguineum)* hingegen entwickeln ihre schönsten Blüten an zweijährigen Langtrieben mit einjähriger Seitenverzweigung. Frühjahrsblüher schneidet man nach der Blüte. Beide Sträucher bilden ständig junge Bodentriebe, während die älteren nach 3–5 Jahren vergreisen. Oft bilden sich starke Verzweigungen, die unter ihrem Gewicht zur Seite überhängen.

Bei Spiräen fördern Sie bis zum dritten Jahr junge Bodentriebe, kräftige werden verschlankt und schwache entfernt. Ab da wird jährlich nach der Blüte ein Viertel der ältesten Triebe bodeneben ausgelichtet, Jungtriebe bleiben stehen. Bei den verbliebenen Bodentrieben lenken Sie verzweigte Spitzen auf einen weiter innen stehenden Jungtrieb um. Ohne regelmäßigen Schnitt entwickeln Spiräen ein verzweigtes Dickicht. Um vergreiste Pflanzen zu vitalisieren, entfernen Sie bis zu drei Viertel der Triebe bodeneben. An verbleibenden Trieben verschlankt man wie beschrieben. Im nächsten Jahr verjüngen Sie weiter und lassen junge Bodentriebe als Ersatz stehen.

Blutjohannisbeeren

Blutjohannisbeeren blühen teilweise im Weinbauklima an einjährigen Langtrieben, ansonsten an zweijährigen. Beim Schnitt unverzweigte Langtriebe nicht einkürzen, sie produzieren wieder Langtriebe und kein Blütenholz. Zu lange Triebe kürzt man als diesjährige bis Mitte Juli im Strauchinnern um die Hälfte ein. Sie treiben noch einmal schwächer aus. Nach der Blüte etwa die Hälfte der dreijährigen und alle älteren Triebe bodeneben auslichten, kräftige Jungtriebe belassen. An verbliebenen zwei- und dreijährigen verzweigte Besen auslichten. Große Wunden verträgt die Blutjohannisbeere nicht, schneiden Sie regelmäßig.

→ WANN: VollFr (regulär), FrSo (einkürzen)

Bei Spiräen ältere Triebe bodeneben gegen Jungtriebe ersetzen 1. Die Blutjohannisbeere blüht schön an zweijährigen Trieben 2. Nach der Blüte Verzweigtes auf einjährige Seitentriebe umlenken 3.

Markante Frühjahrsblüher

An der Gartengrenze stehen eine Felsenbirne und ein Zierapfel. Sie verkahlen von unten her und werden licht. Kann ich das ändern?

Felsenbirne *(Amelanchier)* und Zierapfel *(Malus)* werten den Garten mit ihrer harmonischen Gestalt auf. Ihre Gerüsttriebe sind sehr vital. Die schönsten Blüten tragen dabei 2–4 Jahre alte Seitentriebe. Lichten Sie maßvoll aus, so gelangt Licht in das Innere, Austriebe im unteren Bereich werden angeregt. Scheiden Sie beide nach der Blüte.
Triebe der Felsenbirne bleiben mindestens zehn Jahre vital, wenn Sie die Spitzen regelmäßig auslichten und verschlanken. Um den Strauch klein zu halten, entfernen Sie jährlich ein Fünftel der Bodentriebe und lassen ungekürzte Jungtriebe als Ersatz stehen. An den verbleibenden werden verzweigte Triebspitzen ausgelichtet, überzählige Bodentriebe vollständig entfernt.

Zierapfel

Das Blütenholz vom Zierapfel bleibt über Jahre vital. Da Zieräpfel veredelt sind, erfolgt der Schnitt oberhalb der Veredelungsstelle. Wildtriebe unterhalb reißen Sie aus.
Die Erziehung des Zierapfels erfolgt mit 3–5 bodennahen Gerüsttrieben. Später lichten Sie regelmäßig nach innen oder steil wachsende Triebe aus. Vergreisen einzelne Seitentriebe, entfernen Sie diese im Sommer nahe am Gerüst. Stark verzweigte Triebspitzen lenkt man auf tiefer stehende einzelne Jungtriebe um. Werden Konkurrenztriebe entfernt, verschlanken Sie dadurch die Triebspitzen.
Stark vergreiste Zieräpfel verjüngen Sie vor der Blüte. Das Wachstum wird so stärker angeregt als bei einem Schnitt nach der Blüte. Vergreiste Gerüsttriebe werden auf tiefer stehende Seitentriebe umgelenkt. Dadurch entstehende Wunden am Gerüst dürfen aber nicht größer als 10 cm sein. Zum Schluss werden die neuen Triebspitzen verschlankt.
Im folgenden Jahr lichten Sie Jungtriebe an den Schnittstellen des Vorjahres aus. Nach innen wachsende oder steile Triebe entfernen Sie vollständig, flache und nach außen wachsende hingegen belassen Sie.

→ **WANN:** VollFr (regulär)

Bei der Felsenbirne Triebspitzen auslichten, überzählige Bodentriebe entfernen 1. Zierapfel mit 3–5 Gerüsttrieben erziehen 2. Vergreiste Besen auf Jungtriebe umlenken 3.

Formschnitte

Bei im Herbst geschnittenen Buchskugeln sind im Frühjahr die Spitzen der Neuaustriebe vertrocknet. Was kann ich dagegen tun?

Formschnitte sollten Sie bis Ende Juli durchführen, so können Neuaustriebe bis Herbst noch ausreifen. Schwachwüchsige Buchsbäume sind allerdings anfällig für Pilzkrankheiten und daher nicht mehr empfehlenswert. Alternativ gibt es Zwergsorten von Eiben, die sich mit 1–2 Schnitten pro Jahr gut in Form halten lassen.

Formschnitte baut man in Stufen auf, so entstehen dichte Verzweigung und die Form bleibt auch bei Schneelast stabil. In den ersten Jahren wird mehrmals pro Jahr geschnitten. Starke Seitentriebe, die sich mit der Heckenschere nur schwer schneiden lassen, entfernen Sie weiter innen im Gehölz mit der Handschere. Durch den Schnitt gelangen innen wachsende Blättchen oder Nadeln nach außen. Empfehlenswert ist der Schnitt nur bei bei bedecktem Himmel. Um eine Kugel zu formieren, schneiden Sie zuerst oben eine waagerechte Fläche. Von der Oberseite arbeiten Sie sich dann rund herum nach unten. Wenn Sie von oben auf die Kugel schauen, dann werden die Rundungen am gleichmäßigsten. Achten Sie darauf, dass die Kugel am Boden etwas versunken scheint, es wirkt harmonischer, als wenn sie nur aufliegt.

Mit Schablone schneiden

Um eine Figur erstmalig herauszubilden und dann in Form zu halten, ist eine Schablone nützlich. Haben Sie mehrere Formgehölze der gleichen Gestalt im Garten, sind solche Hilfen sehr wertvoll. Für eine Pyramide baut man ein Gerüst aus vier Bambusstäben, mit Querverbindungen aus Bambus oder Draht an der Basis. So stellen Sie sicher, dass alle vier Seiten im selben Winkel zur Spitze hinauslaufen. Für eine Kugel schneidet man ein halbkreisförmiges Negativ aus Pappe aus, legt es außen an die Form an und führt es Stück für Stück um die Kugel herum.

→ WANN: FrSo – HoSo

Durch den mehrstufigen Aufbau entstehen dichte und stabile Verzweigungen 1, mithilfe einer Schablone lässt sich eine Pyramide gleichmäßig und sicher formieren 2.

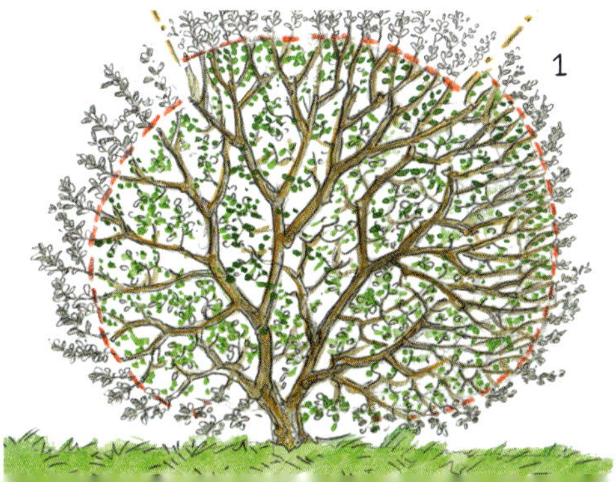

Hecken in Form halten

Die Eibenhecke schneide ich jährlich in eine rechteckige Form. Nun verkahlt sie im unteren Drittel. Kann ich das korrigieren?

Empfehlenswert ist eine Trapezform, dadurch sind die unteren Triebe länger, erhalten mehr Licht und bleiben vital. Verkahlen Laubgehölz- oder Eibenhecken, lassen sie sich gut verjüngen.

Schneiden Sie beispielsweise Hainbuchen im Frühjahr auf ein Viertel der vorgesehenen Endhöhe zurück und bauen Sie diese in jährlichen Schritten wieder auf. Bei Eiben oder Laubgehölzen mit dicken Stämmen wird die Verjüngung über drei Jahre praktiziert. Im ersten Jahr kürzen Sie dabei im späten Frühjahr eine Seite bis fast zu den senkrechten Gerüsttrieben ein. Im zweiten Jahr wird die Oberseite auf 50 cm unter der gewünschten Endhöhe zurückgeschnitten, im dritten Jahr die zweite Seitenfläche eingekürzt und die Hecke in Stufen wiederaufgebaut.

Die beste Zeit für den Erhaltungsschnitt liegt zwischen Ende März und Juli. Vermeiden Sie dabei intensiv sonnige Tage.

Hecken erziehen

Langlebige Gehölze, die regelmäßigen Schnitt gut vertragen, sind für Formhecken geeignet. Beachten Sie die geltenden Grenzabstände. Laubgehölzhecken schneiden Sie im Frühjahr nach der Pflanzung stark zurück. Der Saftstau erhält die Wuchskraft der unterhalb stehenden Triebe dauerhaft. Achten Sie beim Kauf größerer Pflanzen darauf, ob sie bereits »Saft-Staustufen« besitzen. Nadelgehölzhecken kürzen Sie zurückhaltender ein. Seitentriebe kürzen Sie leicht in Trapezform ein, Mitteltriebe um 5–10 cm auf eine Höhe.

In den ersten Jahren wird die gewünschte Form in kleinem Maßstab vorgeschnitten und jährlich vergrößert. Das Geheimnis einer dichten Hecke liegt in einer dichten Verzweigung sowie dem gezielten Saftstau im unteren Gehölzbereich. Fördern Sie die Verzweigung jährlich durch mehrmaliges Einkürzen in den ersten 2–3 Jahren. Ist die Endgröße erreicht, genügt meist ein jährlicher Sommerschnitt.

→ WANN: ErFr – HoSo

Saftstaustufen und die Trapezform sorgen viele Jahre für eine Hecke, die unten dicht bleibt 1. Eine Eibenhecke treibt nach der ersten Verjüngungsstufe zuverlässig wieder aus 2.

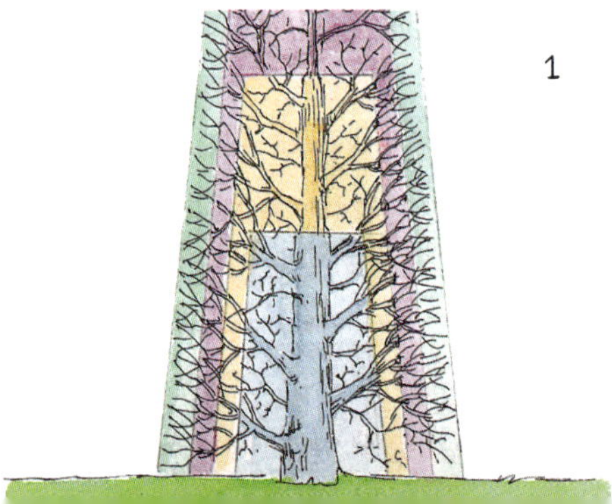

1

2

Kletterpflanzen

Vorteile von Kletterpflanzen

Ich liebe Kletterpflanzen und möchte sie gerne im Garten haben. Wo kann ich sie einsetzen und was muss ich beachten?

Es ist nicht nur die Freude an der dritten Dimension, die mit Kletterpflanzen gestalterisch sehr reizvoll erschlossen werden kann, und es ist nicht alleine der schöne Effekt, dass man etwa Rosen- und Geißblattduft auf Nasenhöhe hat oder entspannt zuschauen kann, wie sich Hummeln in Glockenrebenblüten tummeln. Ähnlich wie freistehende Gehölze bieten Kletterpflanzen Lebensräume für zahlreiche Tiere, die uns schlussendlich auch nützen können. Blühende Pflanzen liefern Pollen und Nektar für Bienen und Schmetterlinge dazu.

Blattmasse und Höhe der Kletterpflanzen beeinflussen das Kleinklima. Zäune, luftige Pergolen, Pavillons und Lauben, mit Gerüsten überspannte Gänge oder Hauseingänge werden blickdicht und werfen mit Kletterpflanzen begrünt Schatten, in dem man sich gerne aufhält. Bewachsene Fassaden heizen sich in der Sommerglut nicht mehr auf, sondern senken sogar die Umgebungstemperatur, und immergrüne Pflanzen tragen selbst im Winter zu einer gewissen Wärmedämmung bei.

Einjährige Kletterpflanzen können atemberaubend schnell im Sommer Zäune blickdicht machen, mehrjährige Kletterpflanzen dauerhaft zu tragenden Elementen einer Gartengestaltung werden. Sie entfalten an allerlei Aufbauten eine ebenso immense Wirkung wie an Hauswänden. Es kommt auf die Auswahl an.

Was gilt es zu beachten

Die meisten Kletterpflanzen brauchen ein Spalier oder einen vergleichbaren Aufbau, um Höhe zu gewinnen. Passen Sie die Strebendicke an die Bedürfnisse der Pflanzen an, denn Klematisranken brauchen beispielsweise eher dünne Halterungen, Kletterrosentriebe werden dagegen an dickeren Streben befestigt. Unbedingt muss alles, woran sich eine Pflanze emporranken soll, extrem solide im Boden oder in einer Wand verankert sein und aus belastungsfähigem Material bestehen. Ausgewachsene Klettergehölze sind sehr schwer, und Auflast durch Niederschläge oder Zugkräfte durch starke Winde sollten nicht in der Lage sein, die Stützen zu lockern.

Selbsthaftende Kletterpflanzen

Welche Pflanzen brauchen keine Spaliere an einer Fassade und haften mit ihren Wurzeln an der Wand? Gibt es etwas zu bedenken?

Allgemein bekannt ist, dass Efeu *(Hedera helix)* Haftwurzeln ausbildet und sich mit ihnen solide an Mauern, Steinen und auch Bäumen festhalten kann, sofern die Untergründe nicht spiegelglatt sind. Solche Haftwurzeln sind im Pflanzenreich nicht die Regel, kommen aber bei einer Handvoll weiterer Arten, die als Ziergehölze eingesetzt werden, vor. Die bekanntesten sind etwa Jungfernreben der botanischen Gattung *Parthenocissus.* Aber Vorsicht, Jungfernreben können sich ausbreiten. Bei den einzelnen Arten sind die Haftwurzeln unterschiedlich ausgeprägt. Auf jeden Fall ohne zusätzliche Halterung kommt *Parthenocissus quinquefolia* aus, die eine spektakuläre rote Blattfärbung im Herbst ausprägt. Die dritte Art, die sich als selbstständiger Fassadenkletterer empfieht, ist die Kletter-Hortensie *(Hydrangea petiolaris)* mit großen tellerartigen Bütenständen im Frühsommer.

Wissenswertes

Diesen selbsthaftenden Pflanzen wird allgemein nachgesagt, dass ihre Wurzeln in Mauern eindringen können und sie diese auf Dauer auch schädigen. Das trifft aber selbst bei der starkwüchsigsten Art, dem Efeu, nicht zu. Nur wenn sich Risse im Mauerwerk auftun und es sowieso etwas bröselig ist, können Efeuwurzeln eindringen und durch fortschreitendes Dickenwachstum weiteren Schaden anrichten. Bei Jungfernreben und Kletterhortensien besteht selbst da kaum eine Gefahr.
Vor der Auswahl des Mauerwerks sollten Sie allerdings unbedingt prüfen, ob die Mauer oder ein Putz so solide ist, dass sie das Gewicht einer vollbelaubten, vieltriebigen, fassadenhohen Pflanze bei Wind und Wetter halten kann. Heikler ist es, wenn eine selbsthaftende Kletterpflanze entfernt werden soll. Die Haftwurzeln lassen sich kaum lösen und verursachen einiges an Arbeit. Die erste Überlegung vor der Pflanzung sollte deshalb sein: Soll die Wand dauerhaft begrünt werden oder nur ein paar Jahre lang?

Zu den bekanntesten und schönsten Kletterpflanzen, die ohne Spalier auskommen, zählen 1 der immergrüne Efeu, 2 die Kletter-Hortensie und 3 der Wilde Wein.

Stützhilfen

Für welche dauerhaft wachsenden Pflanzen müssen stützende Spaliere oder Aufbauten installiert werden? Wie ist die Verwendung?

Die allermeisten Kletterpflanzen im Garten wickeln sich mit Triebspitzen oder speziell als Ranken ausgebildeten Blättern oder Seitentrieben um hinreichend freistehende feste, stützende Halterungen. Einige Arten, wie Brombeeren oder Kletterrosen, haben gar keine Ranken und verhaken sich mit Trieben und Bewehrung in Stützen aller Art. In der Natur hangeln sich solche als Spreizklimmer bezeichnete Pflanzen an größeren Sträuchern und Bäumen empor. Sie sind vollständig an halbschattige oder gar schattige Standorte angepasst: Sie streben zum Sonnenlicht und blühen dort gewöhnlich am reichsten. Die Ranken allein, und erst recht nicht die Triebe der Spreizklimmer, vermögen kaum, die Pflanze sicher an den Stützen zu fixieren. Zumindest die Haupttriebe müssen stets rechtzeitig gewissenhaft angebunden werden. Dabei lassen sie sich genau in die Richtungen leiten, wohin man sie haben möchte. Als Befestigungen dienen z. B. spezielle Pflanzenclips.

→ **WANN:** vor der Pflanzung

MEHRJÄHRIGE KLETTERPFLANZEN

Name	Steckbrief	Ideale Verwendung
Kletterrose (*Rosa*)	In vielen Varianten, oft duftend, Spreizklimmer	Westmauern, Gerüste, Bögen
Weinrebe (*Vitis*)	Großes Laub, reich fruchtend im Vollherbst	Lauben und Pergolen, starkwüchsig
Blauregen (*Wisteria*)	Duftende Blütetrauben im Vollfrühling & Frühsommer	Fassaden, große Bögen, Bogengänge, Pergolen
Schlingknöterich (*Fallopia*)	Cremeweiße Blütentrauben ab Frühsommer	Auch für »Problemstandorte«
Geißblatt (*Lonicera*)	Quirlartige Blütenstände ab Vollfrühling, oft duftend	Alle Einsatzmöglichkeiten im Halbschatten
Winterjasmin (*Jasminum*)	Gelbe Duftblüten im späten Winter	Etwa 2 m hoch, dicht wachsend

Einjährige Kletterpflanzen

Gibt es eigentlich auch Kletterpflanzen, die nur einen Sommer lang Spaliere oder andere Gerüste dekorativ und blickdicht beranken?

Ob als Notbehelf oder jährlich neues Spektakel: Es gibt einjährige Pflanzen, die übermannshoch an Zäunen und Spalieren wachsen. Einige von ihnen werden ab Februar im Haus vorkultiviert und im Vollfrühling ins Freie gepflanzt, andere können direkt ins vorgesehene Pflanzgefäß oder in den Boden an Ort und Stelle an die bereiten Rankhilfen ab Vollfrühling gesät werden. Viele Arten und Sorten werden auch als fertige Pflanze in Gartencentern zur sommerlichen Saisonbepflanzung angeboten. Die meisten von ihnen wachsen auch bestens in geräumigen Kübeln, aber alle brauchen mindestens einen halbschattigen Platz, besser ist volle Sonne, eine geschützte Lage und eine gute Versorgung mit Wasser und Dünger. Die Blüte dauert meist vom Hochsommer bis zum Spätherbst an.
Prunkwinden *(Ipomoea)* öffnen sich erst gegen Abend, Glockenreben *(Cobea scandens)* laden Hummeln in ihre Kelchblüten ein, langtriebige Kapuzinerkressen *(Tropaeolum majus)* steuern pikante Blüten zum Sommersalat bei, Feuerbohnen *(Phaseolus coccineus)* liefern nach spektakulärer Blüte Massen an Bohnen für Eintöpfe, Duftwicken *(Lathyrus odoratus)* füllen Vasen und die Schwarzäugige Susanne *(Thunbergia alata)* bringt eine Prise tropischer Lebensfreude ins gestalterische Geschehen.

Dacapo im Folgejahr möglich

So ziemlich alle genannten Arten setzen willig Samen an, die geerntet und kühl und trocken bis zum nächsten Aussaatzeitpunkt aufbewahrt werden können.
Wenn die Ausgangssorten nicht allzu hochgezüchtet sind, sind die Nachkommen daraus genauso schön wie die Mutterpflanzen, weichen aber gelegentlich in Details wie der Farbe etwas von ihnen ab. Manchmal findet man in Folgejahren sogar spontane Sämlinge in Pflanzkübeln oder Beeten, die vorsichtig an einen gewünschten Platz versetzt werden können.

➔ **WANN:** VoFr – FrSo

Rasantes, üppiges Wachstum zeichnet diese einjährigen Kletterpflanzen aus: 1 Glockenrebe, 2 Prunkwinde, 3 Schwarzäugige Susanne und 4 Feuerbohne, die im Herbst leckeres Gemüse liefert.

Klematisarten

Die besten Kletterpflanzen für alle Fälle: Klematis!

Klematis brauchen einen halbschattigen bis sonnigen Platz und fruchtbaren Boden. Die Wurzelzone sollte stets durch eine niedrige Vorpflanzung, die keine Wurzelkonkurrenz ausübt, beschattet sein. In der Tabelle finden Sie Ausgangsarten, von denen viele Gartensorten entwickelt wurden.

DIE SCHÖNSTEN KLEMATISARTEN

Name	Blütezeit	Wuchsform, Blüte	Schnitt-gruppe
Clematis alpina	Vollfrühling	Geneigte Glockenblüten aus schmalen Blütenblättern, Blüten in Blau, Weiß, Violett, helles, fein zerteiltes Laub, bis 5 m hoch	1
Clematis diversifolia	Frühsommer bis Vollherbst	Je nach Sorte eine enorme Fülle kleiner, flacher Schalen- bis Glockenblüten in Rosa, Purpur, Lila und mehrfarbig, 2–3 m hoch	3
Clematis, großblumige Hybriden	Vollfrühling bis Vollherbst	Viele meist große Schalen- bis Tellerblüten, gelegentlich gefüllt, in Weiß, Rosa, Rot, Purpur, Lila und mehrfarbig, 2–5 m hoch	2
Clematis viticella	Frühsommer bis Vollherbst	Je nach Sorte eine Fülle kleiner, bis mittelgroßer, flacher Schalenblüten bis hängender Glockenblüten in Weiß, Rosa, Rot, Purpur, Lila und mehrfarbig, 2–5 m hoch	3
Clematis montana	Vollfrühling bis Frühsommer	Überreiche Fülle kleiner aufrecht gehaltener, anemonenartiger Schalenblüten in Weiß und Rosa, 4–8 m hoch	1
Clematis tangutica	Hochsommer bis Spätherbst	Hängende, duftende Glockenblüten, cremefarben, meist gelb, 4–8 m hoch	3
Clematis texensis	Frühsommer bis Vollherbst	Eher hängende Glockenblüten in Weiß, Rosa, Korallenfarben, Rot, 2–3 m hoch	3

Klematis schneiden

Meine sommerblühende Klematis ist an der Südwand letzten Sommer halb verbrannt und verkahlt von unten her. Was ist zu tun?

Klematis *(Clematis)* sind Rankgehölze für kühle Standorte mit sommerfeuchtem, humosem Boden. Die Basis sollte durch andere Pflanzen oder Steine schattiert werden, damit der Wurzelbereich vor Hitze geschützt bleibt. Klematis sollten Sie aus diesem Grund auf keinen Fall an eine reine Südwand am Haus setzen.

Die dekorativen Kletterpflanzen bilden stets ein dichtes Triebgeflecht und werden deshalb in der Regel gebündelt auf einer Höhe eingekürzt. Verholzte Triebe brechen leicht, formieren Sie daher die grünen Triebe im Sommer.

Setzen Sie beim Pflanzen das unterste Knospenpaar mit in den Boden. Bricht später ein Trieb ab oder erfriert, treiben diese als Reserve zuverlässig aus. Kürzen Sie nach der Pflanzung alle Triebe bis auf ein Knospenpaar über dem Boden ein. Damit fördern Sie die Verzweigung und die Pflanze verkahlt nicht.

Unterschiede

Frühsommerblüher blühen ab Juni an einjährigen Trieben und noch einmal im Hochsommer am diesjährigen Zuwachs. Ein Schnitt nach der Blüte ist nicht sinnvoll, da sich mit den ersten Blüten bereits neue Triebe gebildet haben. Schneiden Sie deshalb im Frühjahr vor dem Austrieb. Entfernen Sie dabei abgestorbene Triebe ganz und kürzen starke Pflanzen um ein Viertel, schwache um ein Drittel ein. Stufen Sie die Triebe in der Höhe etwas ab, so erreichen Sie eine natürliche Blütenverteilung. Zu dieser Gruppe gehören *C. tangutica* und viele großblumige Hybriden.

Sommerblüher unter den Klematisarten blühen ausschließlich an diesjährigen Trieben. Schneiden Sie deshalb jährlich im Frühjahr vor dem Austrieb die ganze Pflanze auf 30 cm zurück. Nur ein starker Schnitt liefert Blüten bis in den Herbst. Zu dieser Gruppe gehören *C. orientalis, C. texensis, C. viticella* und *C. jackmannii* mit ihren vielen Sorten.

→ WANN: VoFr

Großblumige Klematis-Hybriden schneiden Sie im Frühjahr um mindestens ein Viertel zurück 1, im Sommer blühende Arten und Sorten kürzen Sie hingegen jährlich auf 30 cm ein 2.

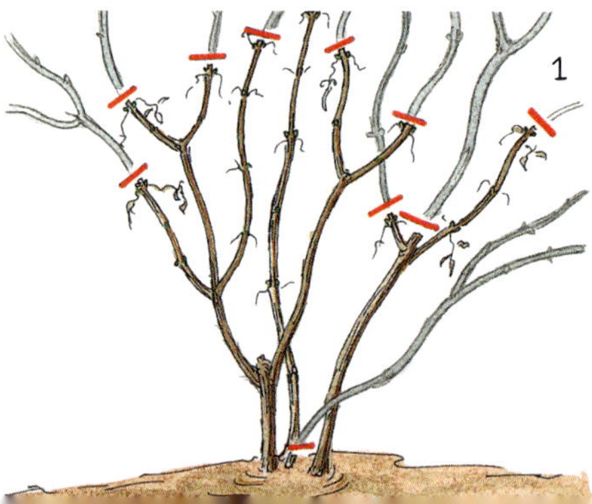

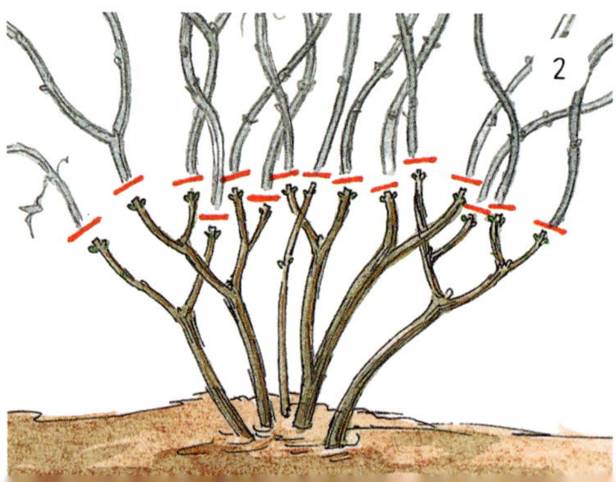

Berg-Waldrebe schneiden

Meine Berg-Waldrebe ist fast 5 m hoch, die ersten 3 m sind aber völlig kahl. Kann ich sie schneiden? Wann ist der beste Zeitpunkt?

Die Berg-Waldrebe *(Clematis montana)* blüht im Frühjahr an einjährigen Trieben. Einige Sorten verströmen einen wundervollen Duft nach Vanille oder auch Schokolade. Weil im oberen Bereich der Saftdruck stärker ist als im unteren, verkahlt sie dort mit zunehmendem Alter, während sie am Kopfende ein dichtes Triebgewirr bildet.

Wird die Berg-Waldrebe zu groß oder vergreist sie, schneiden Sie sie direkt (!) nach der Blüte auf die Hälfte oder sogar noch weiter zurück. Aus schlafenden Knospen unter der Rinde oder im Boden entstehen dann neue Triebe. Alte Triebe trocknen jedoch oft bis zum Boden zurück, ohne Neuaustriebe gebildet zu haben. Meist entwickeln sich aber im folgenden Jahr bodenbürtige Jungtriebe.

Denken Sie immer auch an eine gute Wasser- und Nährstoffversorgung im Sommer nach dem Rückschnitt. Sie fördert die Revitalisierung.

Vorbeugend handeln

Wenn Sie vorbeugend alle drei Jahre einen maßvollen Rückschnitt bis zu einem Drittel durchführen, bleibt die Berg-Waldrebe nicht nur kompakter, sondern verkahlt auch weniger. Schnittwunden bleiben zudem klein. Nicht verholzte Triebe können Sie sehr gut an der Rankhilfe entlangleiten, ohne dass sie brechen. Wichtig ist, dass Clematis eine dünne Rankhilfe erhalten. Ihre Blattranken können dicke Stäbe oder Drähte nicht umschlingen und die ganze Pflanze hängt über.

Zu dieser Gruppe gehören auch *C. alpina* und *C. macropetala*, die ebenfalls direkt nach der Blüte geschnitten werden. Für alle gelten dieselben Standortbedingungen wie für andere Waldrebenarten, sie wünschen einen kühlen, sommerfeuchten und humosen Boden. Durch ihr starkes Wachstum besitzt die Berg-Waldrebe ein größeres und tieferes Wurzelwerk als die großblumigen Sorten und kann so vorübergehende Trockenheit eher tolerieren.

→ WANN: VollFr – FrSo

Bei frühlingsblühenden Klematis bilden sich die Blütenknospen bereits im Vorjahr 1.
Mit einem regelmäßigen Schnitt nach der Blüte verkahlt sie weniger 2.

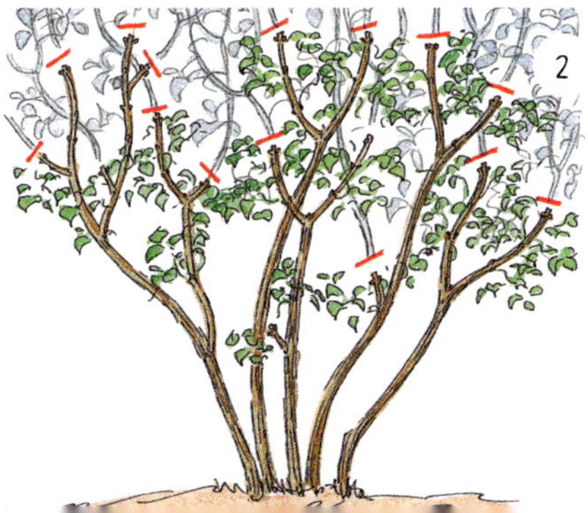

Efeu und Wilden Wein bändigen

Efeu und Wilder Wein begrünen eine Wand, wachsen aber nun unter das Dach. Ich möchte nicht alles entfernen. Was kann ich tun?

Efeu *(Hedera)* hält sich mit Haftwürzelchen, Wilder Wein *(Parthenocissus)* mit Haftscheiben an fast jeder Unterlage fest. Barrieren bilden lediglich glatte Flächen aus Glas oder Metallflächen, die sich im Sommer stark erhitzen.

Im Gegensatz zu den meisten Pflanzen wächst Efeu an warmen Standorten gerne ins Dunkle. Achten Sie deshalb darauf, dass er sich nicht unter Dachverkleidungen drängt und dort Schäden verursacht. Wilder Wein strebt mit seinen Trieben immer dem Licht zu, auch Ritzen in Dachziegeln entgegen. Entfernen Sie solche Triebe frühzeitig.

Mit einem Blech unter der Dachtraufe, das wie ein Schneckenzaun mindestens 15 cm schräg nach außen und unten absteht, können Sie beide bremsen. Es sollte mindestens 30 cm Abstand zum Dach haben und sehr dicht an der Wand anliegen. Zur Sicherheit dichten Sie Fugen am Putz ab. Kürzen Sie schon im Sommer bei Bedarf lange Jungtriebe ein und schneiden Sie vorhandene Fensterrahmen frei. An älterem Efeu entwickeln sich Blütentriebe, die zum Teil sehr lang werden. Lenken Sie überlange auf wandnahe Seitentriebe um. So erhalten Sie die Form und verringern das Gewicht. Kontrollieren Sie beim Schneiden, ob Vögel in der Pflanze brüten.

Robuste Gewächse

Werden Efeu oder Wilder Wein zu groß oder sind Reparaturarbeiten an einer Wand nötig, können Sie beide radikal bodennah einkürzen. Am verträglichsten ist dies für die Pflanze im Frühjahr. Allerdings bleiben die Reste der Haftwürzelchen oder -scheiben am Putz kleben. Bei schlecht haftendem Putz kann es durchaus sein, dass einzelne Stücke mit abgehen.

Bedenken Sie bei einer nachträglichen Außenisolierung Ihres Hauses, ob die neue Statik das Gewicht einer Kletterpflanze trägt.

→ WANN: VollFr – FrHe

Entfernen Sie Efeu an Öffnungen frühzeitig und regelmäßig 1. Haftwurzeln oder -scheiben bleiben am Putz hängen. Wächst Wilder Wein durch das Dach, sofort handeln 2.

Blauregen in Form halten

Im Sommer entwickelt der Blauregen ein Gewirr aus Trieben und ist dann beim jährlichen Frühjahrsschnitt schlecht zu schneiden.

Blauregen (*Wisteria*-Arten) blüht im Frühjahr an ein- bis mehrjährigen Kurztrieben. Wichtig ist hierbei der regelmäßige Sommerschnitt, der Struktur in das unübersichtliche Knäuel aus Jungtrieben bringt. Der Frühjahrsschnitt dient vor allem der Erziehung des Gerüstes und der kompakten Seitentriebe, die das Blütenholz tragen.

Vergegenwärtigen Sie sich jedes Jahr vor dem Schnitt den Gerüstaufbau mit seinen Seitenarmen. Deren diesjährige Verlängerungen schneiden Sie Ende Juli auf 2 m zurück. Dann kürzen Sie die meist schon ineinander verschlungenen Seitentriebe auf 30 cm ein. Treiben sie während des restlichen Sommers erneut aus, werden die Neutriebe in noch grünem Zustand ausgebrochen oder mit Schnitt entfernt. Obwohl Sie mit diesem Schnitt in erster Linie Ordnung schaffen, dient er auch der Blütenknospenbildung. Der Sommerschnitt ist also fast wichtiger als der Frühjahrsschnitt!

Frühjahrsschnitt

Der jährliche Schnitt im Frühjahr – direkt vor dem Austrieb – baut auf dem letztjährigen Sommerschnitt auf. Erziehen Sie Blauregen mit einem langlebigen Gerüst, bei Bedarf mit Verzweigungen. Deren im Sommer auf 2 m belassenen Zuwachs kürzen Sie jedes Jahr im Frühjahr auf höchstens 1 m ein. So bilden sich auf der ganzen Verlängerung gleichmäßig Seitentriebe. Die Triebverlängerungen werden nach dem Schnitt vom Draht abgewickelt und angebunden, damit der Draht nicht einwächst und die Pflanze sich von der Rankhilfe nehmen lässt.

Hat der Gerüsttrieb die vorgesehene Endlänge erreicht, behandeln Sie dessen Spitze wie die Seitentriebe, die die Blüten tragen sollen. Verkürzen Sie an diesen den einjährigen, 30 cm langen Zuwachs auf 5–10 cm. Im Laufe der Jahre entwickeln sich Köpfe, an deren Kurztrieben das meiste Blütenholz sitzt. Vergreisen die Köpfe nach 10–15 Jahren, schneidet man die ältesten Verzweigungen heraus.

→ WANN: VoFr – VollFr, FrSo – HoSo

Die Blütenknospen sitzen an einjährigen Kurztrieben 1; Im Sommer kürzen Sie diesjährige Seitentriebe auf 30 cm ein 2, im folgenden Frühjahr noch einmal auf höchstens 10 cm 3.

Klematiswelke

Meine Großblumige Klematis macht mir Sorgen. Sie bekommt welke Blätter und stirbt anschließend ab. Was kann ich dagegen tun?

Die Sorten von *Clematis viticella*, beispielweise ‘Mazurek‘, werden kaum von Klematiswelke befallen.

Die beschriebenen Symptome könnten durch die Phoma-Clematiswelke hervorgerufen werden. Der Pilz verursacht im Frühjahr kleine braun-gelbe Flecken auf den Blättern. Diese breiten sich schnell aus und zerstören zuerst das Blattwerk, anschließend die Triebe, dann die gesamte Pflanze. Der Befall beginnt im unteren Bereich der Pflanze. Bei den ersten Anzeichen müssen Sie schnell handeln und die Blätter entfernen. Bei einem fortgeschrittenen Befall müssen Sie die Pflanze komplett zurückschneiden.

Auch die Fusarium-Welke kann für den Verfall der Klematis verantwortlich sein. Dabei dringt der Pilz über kleine Verletzungen in die Leitungsbahnen ein und verstopft diese. Damit ist die Wasserzufuhr unterbrochen, und einzelne Triebe oder die gesamte Pflanze welken und sterben dann ab. Diese Krankheit tritt vor allem im Sommer auf.

Versuchen Sie keinesfalls, die Pflanze durch größere Wassergaben zu retten, das gelingt niemals. Wenn Sie die ersten Anzeichen bemerken, schneiden Sie die Pflanze dicht am Boden ab. Die Klematis treibt dann aus bodennahen Augen wieder aus, das kann aber ein Jahr dauern. Bei beiden Krankheiten entsorgen Sie die abgeschnittenen Teile im Hausmüll.

Um der Klematiswelke vorzubeugen, sollte das Laub trocken gehalten und die Triebe nicht geschädigt werden. Eine Infektion geschieht immer über die unteren Blätter, bodennahe Blätter sollten deshalb bei einer Erstinfektion entfernt werden.

Tipp

ROBUSTE ARTEN

Anfällig für Krankheiten sind vor allem großblättrige und großblütige Arten. Weitaus widerstandsfähiger sind die Arten *Clematis viticella*, *C. tangutica*, *C. alpina*, *C. montana* 'Rubens‘ und *C. jackmanii*. Beachten Sie aber, dass einige dieser Klematisarten stark wachsen und beachtliche Größen erreichen können.

Rosen

Rosen pflanzen

Ich möchte unbedingt Rosen im Garten pflanzen. Wo, wie und wann lege ich damit los? Gibt es etwas Besonderes zu beachten?

Eine Rosenpflanze braucht mindestens sechs Stunden volle Sonne an einem Sommertag, besser mehr. Je sonniger Rosen stehen, desto reicher blühen sie und desto gesünder wachsen sie. Konkurrenz durch Laubdächer oder Wurzeln großer Bäume vertragen sie aber grundsätzlich nicht.

Der Boden muss tiefgründig sein, denn eine Rose wurzelt mehr als metertief. Die meisten Gartenböden eignen sich gut. Wichtig ist lediglich, dass vor dem Pflanzen einer neuen Rose weder eine Rose noch ein Rosengewächs (dazu zählen zahlreiche Arten wie Feuerdorn, fast alle Obstgehölze oder viele Beerenobstarten) gewachsen ist. Diese Gewächse haben mit ihren Wurzelausscheidungen den Boden »rosenmüde« gemacht. In einem solchen Fall muss der Boden tiefgründig ausgetauscht werden. Sandigen oder lehmig-tonigen Boden verbessert man vor dem Pflanzen durch sehr großzügiges, tiefes Untergraben von Kompost und einem im Fachhandel erhältlichen Bodenaktivator, um das wichtige Bodenleben anzukurbeln und die Wasserführung zu verbessern. In allen Böden wirken Gaben von Gesteinsmehl Wunder.

Veredelungsstelle muss immer unter der Erde sein

Fast alle Rosenbüsche im Handel sind auf einer Wildlingsunterlage veredelt. Nur an der Veredelungsstelle über dem Wurzelhals entspringen die Triebe, die die gewünschten sorteneigenen Blüten hervorbringen. Die Veredelungsstelle einer Rose gehört deshalb immer eine Handbreit unter das Erdniveau. Das beste Pflanzgut sind wurzelnackte Rosen, die beste Pflanzzeit dafür ist zwischen November und März, wenn der Boden frostfrei ist. Getopfte Rosen, sogenannte Containerware, verbinden sich nach einer Pflanzung nur mit einem perfekten Boden einwandfrei. Um zu gewährleisten, dass die Rosen die gewünschten tiefen Wurzeln ausbilden, setzen Sie sie nach dem Kauf erst einmal in größere Töpfe. Im Spätherbst nehmen Sie die Rosen dann heraus, spülen die Wurzeln ab und behandeln jede Rose jetzt wie eine wurzelnackte Pflanze.

→ WANN: SpHe – ErFr

Die passenden Rosensorten finden

Die Auswahl an Rosen ist riesengroß, die richtige Art und Sorte für den eigenen Garten und die spezielle Verwendung zu finden, umso schwieriger. Mit etwas Grundwissen behalten Sie den Überblick.

In Gartencentern stehen blühende Rosen in wahren Mengen bereit, aber alle sind mehr oder weniger gleich groß. Auf dem Etikett sind oft die Wuchshöhen angegeben, wenn sich die Pflanzen ein, zwei Jahre im Beet etabliert haben. Außerdem findet man Begriffe wie »Edel-Rosen«, »Strauch-Rosen« oder Ähnliches. Kletternde Spielarten werden gewöhnlich unterschieden in großblumige Climber und kleinblumige Rambler. Bei allen genannten Gruppen handelt es sich um die sogenannten Rosenklassen, die die Sorten grob in Wuchsformen einteilen oder den Ausgangsarten zuordnen, wenn das rekonstruierbar ist.

Zwischen 30 und 150 cm hoch werden etwa 1 Kleinstrauch-Rosen wie 'Alexander von Humboldt', 2 Beet-Rosen wie 'Impala', 3 Edel-Rosen wie 'Acapella' und 4 Strauch-Rosen wie 'Desdemona'.

Rosenklassen bieten eine erste Orientierung. Doch auch innerhalb einer Rosenklasse variieren die Blütenformen, Höhen und sonstigen Eigenschaften zuweilen enorm; es kommt immer (!) auf die konkrete Sorte an. Hier ein paar Beispiele eher kleiner, öfterblühender Rosen für die wichtigsten Anwendungsbereiche:

Rosen für geräumige Pflanzgefäße

Diese Pflanzen sollten einen kompakten Wuchs haben, reich blühen und nicht allzu stark wachsen, damit sie mindestens drei Jahre in einem mindestens 40 cm hohen Kübel stehen können:

- **Zwerg-Rosen**
- **Patio-Rosen**
- **Beet-Rosen**
- **Kleinstrauch-Rosen**
- Besonders buschige **Edel-Rosen**
- Moderat wachsende **Strauch-Rosen**
- Die niedrigsten öfterblühenden **Kletterrosen**

Rosen für flächige Beete

Die Höhe und Breite der Sorte sollte an die Ausmaße des Beetes angepasst werden. Grundsätzlich wirken Pflanzengruppen derselben Sorte viel besser als viele verschiedene Züchtungen – das umso mehr, je auffälliger oder vielfarbiger eine einzelne Blüte ist.

- **Patio-Rosen**
- **Beet-Rosen**
- **Kleinstrauch-Rosen**
- Buschige **Edel-Rosen,** die oft mehrere Blüten an einem Stiel ausbilden

Rosen für den Vasenschnitt

Reine Schnittrosenbeete sind zwar out, doch was spricht dagegen, das Zuhause mit wundervollen Schnittrosen zu verzaubern? Einzeln stehende Blüten finden sich bei Edelrosen oder einigen Kletter-Rosen, büschelblumige bei allen anderen. Wichtig ist ein hinreichend langer, fester Stiel.

- **Edel-Rosen**
- **Beet-Rosen**
- **Strauch-Rosen**
- **Climber-** und **Rambler-Rosen**

Rosen als Statement im Beet

Hier geht es um den Effekt, den 1–3 opulente Rosensträucher in einem Beet erzielen. Dazu sollte die flankierende Bepflanzung aus Stauden oder kleineren Rosen bestehen, die sich gestalterisch klar unterordnen.

- Sehr üppige **Edel-Rosen**
- **Moschata-Rosen**
- **Strauch-Rosen**
- Die niedrigsten öfterblühenden **Climber-** und **Rambler-Rosen** (sie müssen gestützt werden)

Rosen – hoch hinaus

Rosen können viel mehr, als Beete, Balkone und Terrassen mit ihrer Schönheit zu verzaubern. Es gibt zahlreiche Sorten, die die dritte Dimension erobern, ganze Gartenpartien schmücken, Wände verdecken, Pergolen überwuchern.

Das ausgesprochen vielfältige Rosensortiment hält auch hohe Sorten bereit, die sich bestens für gestalterisch sehr markante Gartenszenarien eignen. Bis etwa zu einer Höhe von 170 cm stehen die meisten Sorten selbst stabil. Höhere Sorten lassen sich malerisch an Gerüsten, Zäunen, Pergolen, Bögen oder sogar Fassaden mit entsprechenden Stützen oder Spalieren leiten. Das erste Kriterium der Auswahl sollte immer, aber besonders in diesen Fällen, eine sehr gute Blattgesundheit und Vitalität der Züchtungen sein. Machen Sie lieber Zugeständnisse an Blütenform, Farbe oder Duft und riskieren auf keinen Fall eine sensible Schönheit, die nur Ärger macht. Holen Sie sich also lieber eine fachliche und unabhängige Beurteilung einer Sorte ein, ehe diese als Hauptelement eines Gartenteils eingesetzt wird.

Rosen für Hecken

Hier haben wir die Wahl, trennende Hecken, die überblickt werden können, zu gestalten oder knapp mannshohe Hecken zur Gliederung von Gartenräumen. Das hängt von der Höhe der Sorten ab. Edel-Rosen eignen sich überraschend gut als formale Hecke.

Hohe **Kleinstrauch-Rosen**
Hohe **Beet-Rosen**
Edel-Rosen, die nicht allzu sparrig wachsen
Strauch-Rosen
Rugosa-Rosen

Rosen für Bögen, Aufbauten und Zäune

Hier besteht die Kunst darin, genau die Wuchshöhe einer Rosensorte mit flexiblen Trieben auf den gewünschten Aufbau abzustimmen. Da es Zäune und Dekogerüste schon ab geringer Höhe gibt, eignen sich sogar langtriebige Klein-Strauchrosen für diesen Einsatz.

Klein-Strauchrosen
Moschata-Rosen
Noisette-Rosen
Strauch-Rosen
Climber- und **Rambler-Rosen**

Rosen für Wände

Nur die vitalsten und blattgesündesten Sorten eignen sich dafür, an einer Hauswand emporgebunden zu werden, da dieser schlecht belüftete Standort Pilz- und Schädlingsbefall begünstigt.

Climber- und **Ramblerrosen**
Einige wenige **Noisette-Rosen**

Rosen als Baumkletterer

Malerisch sehen sehr hohe Kletterrosen aus, die Baumkronen durchwachsen oder sogar überwachsen. Allerdings eignen sich für solche Höhen ab etwa 5 m, nur die höchsten Rambler-Rosen mit einer Trieblänge ab 5 m. Diese blühen nur einmal im Frühsommer, dann aber üppiger als alle anderen.

Einmalblühende **Rambler-Rosen**

Mannshoch und höher wachsen z. B. viele 1 Rugosa-Rosen wie ‘Hansa‘, 2 öfterblühende Rambler wie ‘Lemon Rambler‘, 3 großblumige Climber wie ‘Belkanto‘ und 4 einmalblühende Rambler wie ‘Rambling Rector‘.

Rosenpflege

Ich möchte gerne ein paar Rosen im Garten kultivieren, habe aber etwas Angst vor der Pflege. Sind Rosen sehr anspruchsvoll?

Das kann man so nicht sagen, denn Rosen sind an unser Klima und die Gartensituationen sehr gut angepasst. Freilich sind ein paar Regeln zu beachten, damit man dauerhaft Freude an ihnen hat, genauso wie das bei den meisten Stauden, Gehölzen oder Gemüsepflanzen auch der Fall ist. Der Vorteil bei Rosen ist, dass sie sehr langlebig sind, Hitze und Regen wegstecken und die meisten Sorten den ganzen Sommer lang blühen. Rosen zählen tatsächlich zu den Klimagewinnern.

Die wichtigste Pflegemaßnahme erfolgt vor dem Kauf bei der Auswahl der Sorte: Erkundigen Sie sich, ob sie widerstandsfähig gegenüber Pilzbefall ist. Es gibt immer noch viele Sorten – vor allem bei No-name-Billigangeboten (aber nicht nur da) –, die dazu neigen, Mehltau, Sternrußtau oder Rosenrost anzuziehen und dann schäbig aussehen und Mühe machen. Das Zweitwichtigste ist der richtige Standort, der sonnig und einigermaßen durchlüftet sein sollte.

Wässern und düngen

Im Jahr der Pflanzung werden neue Rosen rechtzeitig gewässert, allerspätestens wenn junge Triebe schlapp aussehen. Das Wasser dabei immer direkt in den Boden geben, nie überkopf über das Laub. Schläuche leisten dabei gute Dienste. Wenn gewässert wird, dann machen Sie das durchdringend ein, zwei Stunden am Abend und nicht nur kurz mal oberflächlich.

Gedüngt werden Rosen in Töpfen bereits während des ersten Jahres, und dann viermal in gleichen Abständen von April bis Anfang September. Rosen in Beeten erhalten nach dem ersten Standjahr eine Düngung im April. Nur wenn der Boden sehr arm und durchlässig ist, wie beim Sandboden, wird im Juni ein zweites Mal gedüngt.

Halten Sie den Boden direkt um die Rosen offen; sie mögen weder einen zu nahen Bewuchs von Nachbarpflanzen oder Unkraut noch Mulchauflagen aller Art. Wenn Sie jetzt noch Verblühtes etwa einmal die Woche mit zwei voll entwickelten Blättern ausschneiden, ist die laufende Pflege erledigt.

→ **WANN:** VoFr – Wi

Rosen in Pflanzgefäßen, wie hier 'Sternenflor', werden viermal im Jahr gedüngt.

Rosenstämmchen

Ich habe neulich Rosenbäume gesehen – was hat es damit auf sich? Handelt es sich um spezielle Rosenarten oder Züchtungen?

Es gibt keine Rosenart, die von Natur aus wie ein Baum wächst. Rosen sind mehrtriebige Gehölze. Ein Rosenbäumchen ist das Ergebnis gärtnerischer Veredelungskunst. Bei einer speziellen, langtriebigen Wildrose wird nur ein einziger Trieb belassen, und auf einer Höhe meist zwischen 40 und 120 cm werden zwei oder drei Augen einer auch als niedriger Busch angebotenen Rosenzüchtung darauf veredelt. Ein Jahr braucht diese veredelte Pflanze noch danach, um eine hinreichend ausgeworgene Krone zu bilden, ehe sie im Herbst vom Anzuchtsfeld gerodet und als wurzelnackte Pflanze oder später als getopfte Stammrose angeboten werden kann.
Verwendet werden Rosensorten, die nicht allzu hoch wachsen und von sich aus einen harmonischen Buschwuchs haben. Die Sorte wird nach Wuchshöhe gewählt und auf die Stammhöhe veredelt, die in der Höhe am besten passt, damit die Pflanze auch ausgewachsen noch schön aussieht und ideale Proportionen hat.

Pflanzung und Pflege

Die Wurzel kommt beim Pflanzen in die Erde, Veredelungsstelle, an der die Krone entspringt, steht selbstverständlich frei. Die Veredelungsstelle sollte durch Umwickeln von Jutebändern geschützt werden. In sehr frostigen Gegenden stopft man noch zusätzlich die ganze Krone mit Stroh aus und packt sie in eine Vlieshaube ein. Wildtriebe der Unterlage können aus der Wurzel und auch aus dem Stamm entspringen. Sie müssen wie bei allen veredelten Rosen direkt am Ansatz ohne Rückstand so rasch wie möglich ausgebrochen, nicht geschnitten werden.

Stammrosen haben immer etwas Kultiviertes an sich. Sie eignen sich sehr gut zur Verwendung etwa an Sitzpätzen. Sie müssen immer vollsonnig stehen, damit die Krone stets ausgewogen nach allen Seiten wächst.

→ WANN: VoFr – Wi

Rosenstämmchen sollten frei und voll in der Sonne stehen. Wildtriebe aus den Wurzeln oder am Stamm werden 1 ansatzlos ausgerissen. 2 Stammrosen setzen Akzente.

Rosen vergangener Tage

Sind alte, historische Rosen von annodazumal wirklich gesünder, vitaler und auch duftstärker als Züchtungen unserer Zeit?

Zumindest die pro Jahr einmal blühenden Rosen vergangener Jahrhunderte sind auf jeden Fall sehr vital, fast immer hinreichend bis sehr blattgesund, und sie lassen sich meist sehr gut durch Stecklinge oder Ausläufer vermehren. Zu solchen Klassikern zählen die Gallica-Rosen, die Alba-Rosen, die Zentifolien, die Moos-Rosen und die Damaszener-Rosen. Sie stecken ihre Kraft in nur eine frühsommerliche Blühsaison, die 4–6 Wochen andauern kann, und tauchen ganze Gartenteile in eine authentische, zeitlose Blüten- und Dufstimmung.
Bei den Damaszener-Rosen gibt es sogar einige wenige Sorten, die mehrmals im Jahr blühen, beispielsweise die berühmte 'Rose de Resht', sowie außerdem die recht wüchsigen Portland-Rosen, die ihnen verwandtschaftlich nahestehen. Hier ist etwa 'Jacques Cartier' eine vorzügliche Wahl. Diese Rosenklassen bringen meist sehr stark, beinahe berauschend duftende Blüten hervor.

Besonderheiten

Daneben finden sich bei den Alten Rosen, die dadurch definiert sind, dass ihre Klasse vor dem Aufkommen der ersten Tee-Hybriden in den 1870er-Jahren entstanden ist, desweiteren noch öfterblühende historische Rosenklassen. Dazu zählen etwa Remontant-Rosen, Bourbon-Rosen, Noisette-Rosen, China-Rosen oder Tee-Rosen. In diesen Klassen finden sich sowohl makellos gesunde Sorten, die stark duften, sowie kaum duftende, aber dennoch bezaubernde Sorten, die wirklich widerstandsfähig sind. Allerdings gibt es auch viele echte »Sensibelchen« unter den historischen Rosen, die einer hingebungsvollen Pflege eines echten Rosenfans bedürfen, der über Mehltau, fehlenden Duft oder kümmerlichen Wuchs hinwegsehen kann.
Sehr empfehlenswert, gesund belaubt und unübertroffen schön sind die unten abgebildeten Sorten sowie beispielsweise 'Ferdinand Pichard' (Remontant-Rose) oder die schöne 'Climbing Lady Hillingdon' (kletternde Tee-Rose).

Im Frühsommer blüht die 1 Gallica-Rose 'Tuscany'. Den ganzen Sommer blühen 2 die Portland-Rose 'Jacques Cartier', die 3 China-Rose 'Perle d'Or' und 4 die Noisette-Rose 'Madame Alfred Carriére'.

Winterschutz bei Rosen

Was gibt es in Sachen Winterschutz bei Rosen zu beachten? Müssen sie besonders versorgt werden, um Minusgrade zu überstehen?

Rosen sind mittlerweile so gut durchgezüchtet, dass moderne Sorten Fröste unbeschadet wegstecken. Der Schwachpunkt ist bei jeder veredelten Rosenpflanze die Veredelungsstelle, denn wenn alles oberhalb davon abgefroren ist, bleibt nur noch die Wildlingswurzel übrig, die freilich nur wilde Rosentriebe hervorbringen kann. Das ist in den seltensten Fällen begrüßenswert. Aber die gute Nachricht: Wenn die Veredlungsstelle etwa eine Handbreit unter der Erde ist, sind die Zonen der Triebe der Kultursorte in den allermeisten Fällen ausreichend geschützt. So kann sich die gewünschte Sorte, selbst wenn oberirdisch tatsächlich alles abgefroren sein sollte, neu aufbauen.

Es gibt aber auch ältere Rosensorten und Rosenklassen, die nach wie vor aufgrund ihrer Robustheit sehr empfehlenswert sind, die bei Minusgraden in Gefahr sind. Die herrlichen Moschata-Rosen beispielsweise werden darum im Spätherbst angehäufelt. Dazu wird zusätzliche Erde von einem anderen Beetteil etwa 15–30 cm hoch an der Basis als Hügel um die Triebe gehäuft. So sind die Triebe besser geschützt. Wer in Gegenden mit sehr rauen Wintern seine Rosen im Garten hat, sollte alle Rosen sicherheitshalber anhäufeln.

Kletterrosen schützen

Wie man Stammrosen schützt, ist in der Frage zu »Rosenbäumen« auf Seite 139 kurz skizziert.

Sensible Kletterrosen an exponierten Stellen bekommen einen schuppenförmig gesteckten Winterschutz aus Fichtenreisig im Spätherbst. Beginnen Sie an der Basis der Pflanze mit dem Befestigen dieser Lagen über die Rosenzweige und arbeiten sich dann Schicht für Schicht wie ein Dachdecker hoch. Diese Mühe ist etwa bei kletternden Moschata-Rosen oder Tee-Rosen sehr wichtig und lohnt sich.

→ WANN: SpHe

In sehr winterkalten Gegenden und bei einigen frostsensiblen Rosen werden zum Schutz 1 die Pflanzen angehäufelt. 2. Kletternde Sorten werden noch durch Fichtenreisig geschützt.

Öfterblühende Rosen schneiden

Ich habe einige öfterblühende Beetrosen. Leider ist nur die erste Blüte schön. Liegt das an der Sorte oder an meiner Pflege?

Für öfterblühende Rosen gilt grundsätzlich, dass bei einem zurückhaltenden Schnitt die Erstblüte reichlich ausfällt, die Nachblüte dafür geringer. Schneiden Sie stark, bleiben weniger Knospen für die Erstblüte, dafür gibt es aber mehr Kraft für neues Wachstum und eine schöne Sommerblüte.

Tipps und Tricks

Für eine reichhaltige Blütenpracht sind folgende Grundsätze zu beachten: Wählen Sie robuste, blühwillige Sorten aus; kaufen Sie nur kräftige Pflanzen mit mehreren Trieben aus der Veredelungsstelle; setzen Sie die Veredelungsstelle der Rose 5 cm in die Erde, damit sie vor Eintrocknen geschützt ist; schneiden Sie jährlich erst dann im Frühjahr, wenn keine starken Fröste mehr drohen; lichten Sie ältere Triebe bodennah aus, damit sich junge Triebe direkt aus der Wurzel nachbilden, lassen Sie jedoch einen 5 cm langen Zapfen stehen. Sie verhindern damit ein Eintrocknen in die Veredelungsstelle und fördern den Neuaustrieb.

Entfernen Sie im Frühjahr ältere oder vergreiste Triebe bodennah, um bodenbürtige Neutriebe aus der Veredelungsstelle anzuregen. Eingetrocknete Zapfen aus dem Vorjahr entfernt man. Dann schneiden Sie kräftige ein- und zweijährige Triebe um die Hälfte, schwache um zwei Drittel zurück. Deren Seitentriebe werden auf zwei Knospen eingekürzt. Stark wachsende kürzt man weniger ein als schwach wachsende.

Wurden bei öfterblühenden Rosen lange keine Triebe bodeneben entfernt, so vergreisen sie zusehends. Entfernen Sie zuerst die ältesten Triebe bis zur Hälfte der Gesamtzahl bodennah auf kurze Zapfen und lenken dann die verbliebenen auf tiefer stehende Jungtriebe um, die auf die Hälfte eingekürzt werden. Sind dann junge Bodentriebe vorhanden, führen Sie die Verjüngung fort, im dritten Jahr gehen Sie zur Erhaltung über. Erscheinen keine neuen Bodentriebe, ist die Pflanze überaltert und wird ersetzt.

→ **WANN:** VoFr

Je nach Wüchsigkeit schneiden Sie öfterblühende Rosen zurück: Zwergrosen auf 10–15 cm 1, Beetrosen bis auf 7 Knospen 2 und starkwüchsige Strauchrosen um die Hälfte 3.

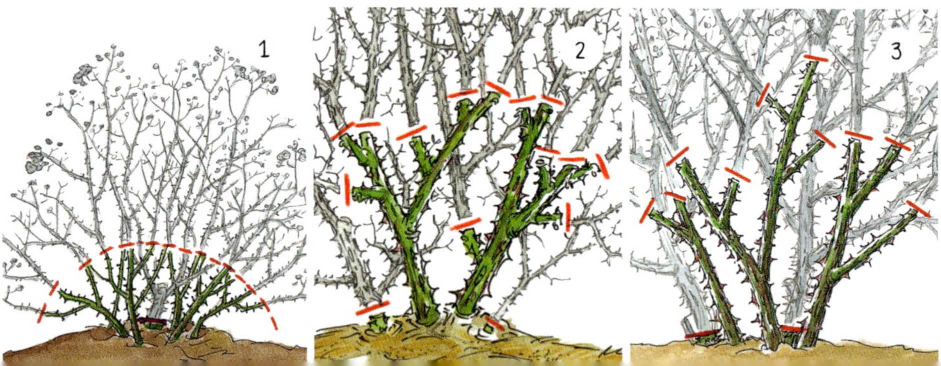

Kletterrosen schneiden

Die Kletterrosen an einem Spalier blühen nur noch oben. Wie erreiche ich, dass sie auch weiter unten blühen?

Lange senkrechte Triebe von Kletterrosen bleiben im unteren Bereich kahl. Sobald Sie aber die Triebe biegen, lenken Sie den nach oben strebenden Saftdruck um und verteilen ihn mit gleichmäßigem Druck auf die ganze Trieblänge (siehe Seite 94 und 95) und es gibt mehr Blüten. Binden Sie die gut versorgten Jungtriebe im unteren Teil der Kletterhilfe fest und die älteren Triebe im oberen Teil.

Kletterrosen halten sich nicht mit speziellen Haftorganen an der Unterlage fest. Sie spreizen ihre Seitentriebe während des Wachstums auseinander und verhaken sich so in anderen Gehölzen.

Für eine leichte Pflege ist es besser, wenn Sie Kletterrosen nicht in Rankhilfen einflechten, sondern die Triebe nur von außen her anbinden. Beim Schnitt ist es leichter, sie zu lösen und danach neu zu formieren. Schon eingewachsene Triebe entfernen Sie am besten in kleinen Stücken.

Öfterblühende Kletterrosen

Öfterblühende Kletterrosen bilden die Erstblüte an einjährigen Trieben, die Nachblüte an diesjährigen. Lösen Sie vor dem Schnitt die Befestigungen und nehmen die zu schneidenden Triebe zur Arbeitserleichterung von der Rankhilfe ab. Schneiden Sie im Frühjahr zuerst vergreiste oder kranke Gerüsttriebe bodennah auf Zapfen zurück. Kräftige, einjährige Triebe binden Sie im unteren Bereich an die Kletterhilfe. So werden sie im Wachstum beruhigt und blühen auf ganzer Länge. Kürzen Sie einjährige Bodentriebe möglichst nur ein, wenn sie das Klettergerüst überragen. Mehrjährige Gerüsttriebe sind bereits mit abgeblühten Seitentrieben besetzt. Kürzen Sie diese auf zwei Knospen ein. So bleiben Gerüsttriebe bis zu sieben Jahre vital. Lässt die Blütenbildung im äußeren Bereich nach, lenken Sie auf einen innen stehenden Jungtrieb um und binden ihn als neue Fortsetzung ein.

→ WANN: VoFr

Vergreiste Gerüsttriebe entfernen Sie bodennah, biegen Jungtriebe flach und kürzen Seitentriebe ein 1. Eingekürzte Seitentriebe treiben wieder aus und blühen im Sommer 2.

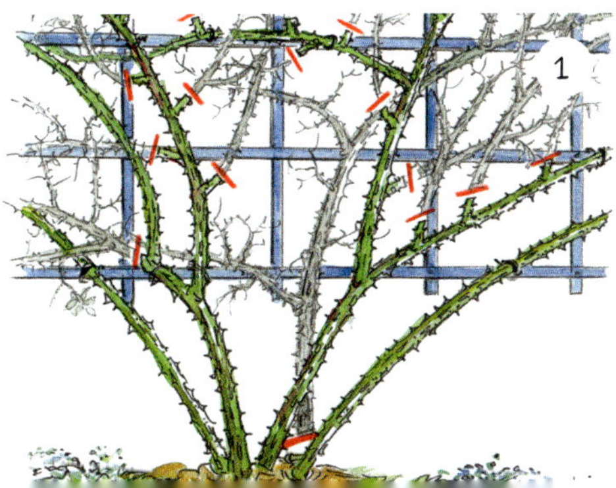

Einmalblühende Rosen schneiden

Ich schneide historische, einmalblühende Rosen im Frühjahr. Eine Freundin meinte, das wäre falsch. Wann ist der beste Zeitpunkt?

Wildarten und alte Rosensorten blühen fast immer einmal, vor allem an einjährigen Trieben. Kürzen Sie im Frühjahr die Triebe ein, wird ein Großteil der Blütenknospen entfernt. Lichten Sie daher erst nach der Blüte alle Bodentriebe aus, die älter als vier oder fünf Jahre sind, und belassen 7–10 als Gerüst. Verschlanken Sie an den verbliebenen Trieben die Spitzen, damit diese nicht zu schwer werden und zu stark überhängen. Einjährige Bodentriebe kürzt man nicht ein.

Entstehen überlange, aus dem Strauch ragende Triebe, so kürzen Sie diese bereits im Frühsommer im Strauchinnern ein. Sie verzweigen sich dann erneut mit mehreren kürzeren Trieben. Schwache Bodentriebe werden immer vollständig entfernt. Starkwüchsige Sorten sollten Sie zurückhaltender schneiden als schwachwüchsige.

Von Natur aus überhängende Sorten benötigen unbedingt eine stabile Stütze, die aber immer diskret angebracht wird, sodass die Rose im Vordergrund steht.

Rambler

Einmalblühende Kletterrosen, sogenannte Rambler, tragen ihre Blüten ebenfalls an vorjährigen Trieben und werden auch nach der Blüte geschnitten. Sie wachsen sehr stark und bilden in einem Sommer meterlange, biegsame Triebe. Meist wachsen sie in Bäume oder über andere Gehölze. Ein jährlicher Schnitt wäre jedoch sehr aufwendig. Deshalb werden sie nur geschnitten, wenn sie zu groß werden oder vergreisen. Dabei lenken Sie überhängende, oft schwere Schleppen bis auf einen senkrecht wachsenden Trieb im Rankgerüst um. Neuaustriebe kommen so schnell wieder an Licht. Dieser Schnitt erfordert aber immer Zeit. Vermeiden Sie es, verhakte Triebe aus dem Gehölz zu reißen, eher schneiden Sie sie in kleinere Stücke. An Rankhilfen sollten Sie die überhängenden Triebe im Sommer regelmäßig anbinden.

→ **WANN:** VoFr – HoSo

Nach der Blüte einmalblühende Strauchrosen auslichten, restliche Triebe verschlanken 1.
Bei Ramblern verblühte Schleppen auf weiter innen stehende Jungtriebe umlenken 2.

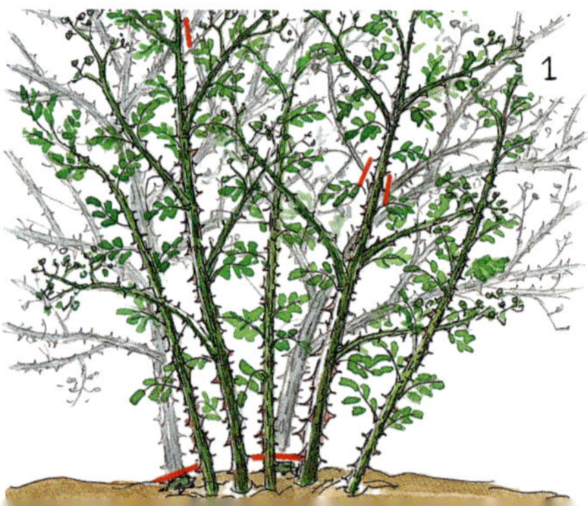

Pflegeschnitt bei Rosen

Meine im Herbst geschnittenen Rosen frieren oft zurück. Wie kann ich das vermeiden? Und auf was sollte ich im Sommer achten?

Schneiden Sie bei öfterblühenden Rosen im Herbst nur die störenden oder überlangen Triebe ein Stück zurück, im Frühjahr erfolgt der endgültige Schnitt. So vermeiden Sie das Zurücktrocknen. In kalten Regionen kann ein zusätzlicher Winterschutz mit Kompost und Tannenreisig vor Frostschäden schützen. Haben Sie bereits im Herbst geschnitten, kürzen Sie im Frühjahr trockene Triebspitzen bis in das gesunde Holz ein. Entfernen Sie bei nachblühenden Sorten regelmäßig alles Abgeblühte. Sie setzen andernfalls Hagebutten an und verlieren so an Kraft für die Nachblüte. Blüht die Sorte in Büscheln, wartet man mit dem Schnitt, bis der gesamte Blütenstand abgeblüht ist. Ansonsten werden die Blüten einzeln entfernt. Schneiden Sie jeweils bis zum obersten voll entwickelten Blatt zurück. Hat bereits ein neuer Jungtrieb ausgetrieben, schneiden Sie bis zu diesem Trieb zurück. Durch diesen Schnitt werden die Pflanzen zu neuem Austrieb angeregt und bilden eine zweite Blüte, bei guten Bedingungen sogar noch eine dritte. Mithilfe einer Nachdüngung während der ersten Blütenperiode können Sie die Nachblüte fördern.

Wildtriebe entfernen

Die allermeisten Rosen sind auf den Wurzelstock einer Wildrose veredelt. Achten Sie beim Pflanzen darauf, dass die Veredelungsstelle etwa 5 cm in der Erde liegt. Aus der Unterlage können sich von Zeit zu Zeit Wildtriebe entwickeln. Sie erkennen diese Triebe an den Blättern, die sich von denen der Edelsorte unterscheiden. Legen Sie den Wildtrieb schon im ersten Sommer mit einem Spaten frei, um zu sehen, wo er der Wurzel entspringt, und reißen den noch grünen Trieb direkt an der Wurzel aus. Wenn Sie solche Triebe lediglich am Boden abschneiden, würde der verbliebene Zapfen erst recht im Wachstum angeregt. Bereits verholzte Wildtriebe entfernt man im Frühjahr direkt an der freigelegten Wurzel.

→ WANN: VollFr, FrSu - VoHe

Entfernen Sie im Sommer regelmäßig Verblühtes 1. Zurückgefrorene Triebspitzen entfernen Sie im Frühjahr 2, Wildtriebe sollten schon im Sommer an der Wurzel entfernt werden 3.

Rosenprobleme

Auch wenn Sie die besten, sprich blattgesündesten Sorten ausgesucht und diese an den idealen Platz gepflanzt haben, kann – wenn auch selten – ein Befall durch Pilze vorkommen. Meist hängt das mit einer ungünstigen anhaltenden Wetterlage zusammen. Gelegentlich tauchen aber auch Tierchen auf, die sich von Rosenlaub oder jungen Trieben ernähren.

Beides ist erst mal kein Grund zur Beunruhigung. Gute Sorten wachsen pilzbefallenes Laub von selbst innerhalb von etwa 14 Tagen aus, sowie das Wetter wieder günstiger für Rosen wird. Und wenn Sie konsequent auf chemische Spritzmittel verzichten, stellen sich spätestens nach drei Wochen Marienkäfer, Schlupfwespen, aber auch kleine Singvögel ein, bei denen Blattläuse auf dem Speiseplan stehen.

Ist ein anhaltender Schädlings- oder Pilzbefall eindeutig auf den Standort zurückführbar, müssen Sie überlegen, ob Sie die Rose umsetzen oder ob es sich wirklich um eine krisenfeste Rosensorte handelt. Nimmt ein Schädlingsbefall auch nach einigen Wochen nicht ab, können umweltverträgliche Mittel wie etwa Niem-Öl gegen die lästigen Tiere eingesetzt werden.

Blattläuse, Käfer und Co.

Genauso wie andere Pflanzen auch, werden Rosen durchaus von Insekten aufgesucht, die vor allem junge Triebe, Blätter oder Knospen schädigen. Bei Blattläusen behalten Sie bitte erst mal Ruhe. Die Nützlinge werden sie finden, auch wenn es durchaus zwei, drei Wochen dauern kann, bis sich beispielsweise Marienkäfer und ihre Larven einfinden. Haben Sie bis dahin Geduld, setzen auf gar keinen Fall Pflanzenschutzmittel ein und streifen bei starkem Befall die Läuse per Hand ab. Andere Insekten, beispielsweise Weiße Fliege oder Spinnmilben, werden von Rosenpflanzen angezogen, die etwa an aufgeheizten Wänden oder in Innenhöfen mit Luftstau wachsen, wo Rosen grundsätzlich nicht hingehören.

Nur, wenn ein Befall ungewöhnlich grassiert, sind umweltverträgliche Spritzungen, etwa mit Niem-Öl, angemessen – andernfalls stellt sich nie ein Gleichgewicht aus Nützlingen und Pflanzenfressern ein.

Tipp

CLEVERE SORTENWAHL

Zahlreiche Rosensorten widerstehen Pilzkrankheiten von selbst sehr gut. Wer diese auswählt, braucht keine Pflanzenschutzmittel.

DIE WICHTIGSTEN PILZKRANKHEITEN

Name	Begünstigt durch	Schaden	Gegenmittel
Echter Mehltau 	Windstille, trockene Luft, Dachüberstände, Baumkronenüberstände, warme trockene Tage mit kühlen Nächten	Pudriger, weißer Befall, beginnend an der Spitze, im Verlauf trocknen Triebe ein, Pflanze wird geschwächt	Gute Sorten wachsen den Befall wieder aus, Standort verbessern und zur Not umpflanzen
Falscher Mehltau 	Feuchtes und kühles Wetter, Sporen wandern auf einem bestehenden Wasserfilm; wird oft mit Sternrußtau verwechselt	Kleine runde, dunkelviolette Flecken, die sich vermehren, Blatt vergilbt und stirbt ab, später im Jahr eher grauer Befall an der Blattunterseite, Blattfall, starke Schwächung	Luftiger Standort, Wässern nur an der Basis der Pflanzen und nicht überkopf; es gibt keine umweltschonenden Gegenmittel, bei Sortenwahl aufpassen
Sternrußtau 	Feuchtes und kühles Wetter, zu schattiger Standort, verbreitet sich auf Wasserfilm meist von unten auf der Pflanze nach oben; überwintert im Boden	Eher große, runde Flecken mit fransigem Rand, die sich rasch zusammenschließen, Blattvergilben und Blattfall, starke Schwächung	Auswahl widerstandsfähiger Sorten, Bestäuben von Pflanze und Boden mit Steinmehl und Verzicht auf Rindenmulch kann vorbeugen
Rosenrost 	Kühle und feuchte Standorte und Wetterbedingungen, lange Regenphasen, neue Pilzstämme können an der Pflanze überwintern und infizieren sie schon früh im Jahr	Orangefarbene Pusteln blattunterseits, fortschreitend trockene Blattstellen, danach trockene Blätter und Blattfall, Triebe verfärben sich zunehmend schwarz	Wenn der Standort zu schattig ist, umpflanzen, resistente Sorten wählen; neue Varianten vom Rosenrost sind sehr aggressiv

Stauden und Gräser

Staudenvielfalt

Es gibt so viele verschiedene tolle Stauden für den Garten. Wie kann ich sie unterscheiden und wo wachsen welche Stauden?

Stauden haben unterschiedliche Ansprüche an Boden, Feuchtigkeit und Licht. Bevor Sie sich zum Kauf von Stauden entscheiden, sollten Sie die Lebensbereiche dieser vielfältigen Pflanzengruppe kennen. Erkundigen Sie sich außerdem, wie breit und hoch die Gewächse im ausgewachsenen Zustand werden. Zu dicht platziert, können sie sich nicht schön entfalten.

Lebensbereiche der Stauden

Pflanzen können sich nur dort gut entwickeln, wo der Standort zu ihnen passt. Eine perfekte Auswahl und Zusammenstellung wird durch die sogenannten Lebensbereiche, denen die Stauden nach ihren Ansprüchen zugeordnet werden (nach Sieber), sehr erleichtert.

Die wichtigsten Lebensbereiche sind:
Beet (B): Die Stauden für diesen Standort sind nährstoffbedürftig und wachsen in einem humosen, gleichmäßig feuchten Boden an einem sonnigen Standort. Die Stauden kommen meist aus gärtnerischer Kultur. Prachtstauden, wie Rittersporn, Pfingstrosen, Taglilien und Phlox werden hierzu gerechnet.
Freifläche (Fr): Kein Baum oder Strauch macht Schatten, sondern Sonne durchflutet die freie Fläche. Der Boden ist durchlässig und mager. Sogenannte Prärie- und Steppenstauden sowie viele Gräser wachsen an diesen Standorten.

Edeldistel gedeiht in der Freifläche 1, Stauden-Rittersporn 2 und Sibirische Schwertlilie wachsen im Lebensbereich Beet 3.

Felssteppen (FS) und Steinanlagen (St): Diese Standorte sind karg, sonnig bis halbschattig und durch ein skelettreiches und wasserdurchlässiges Substrat geprägt. Hier wachsen Nelken, Küchenschelle, Thymian oder Fetthenne.
Gehölz (G) und Gehölzrand (GR): Waldstauden, die sich im kühlen Schatten von Bäumen wohlfühlen, gehören in den speziellen Lebensbereich Gehölz. Der Gehölzrand ist hingegen der Übergangsbereich vom kühlen Schatten hin zu warmen sonnigen Flächen.
Wasser (W) und Wasserrand (WR): Dieser Lebensbereich ist immer mit einem Gewässer, Teich oder Bachlauf verknüpft. Die richtige auf die Pflanze abgestimmte Wassertiefe ist für das Gedeihen unbedingt nötig. Neben den Zeichen der Lebensbereiche geben Zahlen von 1 (trocken), 2 (frisch, leicht feucht), 3 (feucht) bis 4 (nass) den Anspruch an die Bodenfeuchte an.

Gestalten mit Stauden

Ein gelungenes Staudenbeet ist eine Komposition aus verschiedenen Blatt- und Wuchsformen sowie Blatt- und Blütenfarben. Leitstauden werden auch Gerüstbildner genannt. Sie übernehmen die Hauptrolle der Pflanzung und geben ihr auch den Charakter. Sie überragen die anderen Pflanzen, fallen auch im Winter ins Auge und beanspruchen etwa 10 % der Gesamtfläche. Begleitstauden sind niedriger und setzen je nach Staudenart zu jeder Jahreszeit von Frühjahr bis Herbst Akzente. Die einzelnen Staudenarten werden in Gruppen gepflanzt, um die Wirkung zu erhöhen. Daneben gibt es noch die Füllpflanzen, die in Lücken gesetzt werden und den Boden bedecken. Dazu gehören auch Blumenzwiebeln, die im Frühjahr in Massen blühen und mit fortschreitendem Frühjahr von den Stauden überwachsen werden.

GUT ZU WISSEN

Auf einem eingewachsenen Beet stehen schöne Stauden, aber es wirkt alles etwas durcheinander. Um eine Neupflanzung ansprechend zu gestalten, sollten Sie sich an einige Grundregeln halten.

Es gibt einige Grundregeln für die Gestaltung von Staudenbeeten: Arrangieren Sie die Leitstauden in der Mitte des Beetes. Setzen Sie dann in Abstufungen Begleitstauden und Füllpflanzen. In Gruppen gepflanzt, kommen sie so besser zur Geltung. In einem Beet an der Hauswand pflanzen Sie die hohen Pflanzen nach hinten. Frühlingszwiebelblumen platzieren Sie in den mittleren bis hinteren Bereich einer Pflanzung. In einem freistehenden, von allen Seiten zugänglichen Beet kommen die hohen Pflanzen in die Mitte.

Stauden pflanzen und umpflanzen

Stauden bereichern den Garten über viele Jahre. Am passenden Standort platziert, sind die meisten sehr pflegeleicht. Für einen guten Start und um ihnen ein langes Leben im Garten zu ermöglichen, sind einige Dinge zu beachten.

Stauden sollten nie mit trockenem Ballen gepflanzt werden.

Stauden pflanzen

Legen Sie die Jungpflanzen nach dem Prinzip »erst groß, dann klein« auf dem Beet aus. Zuerst also die Leitstauden, dann die Begleitstauden und dazwischen die Füllstauden. Auf einem Quadratmeter werden 5–7 Pflanzen benötigt. Je nach Pflanzengröße sollte der Abstand zwischen den Stauden 10–50 cm betragen.

Das Pflanzloch sollte etwas größer als der Topfballen ausgehoben werden. Kurz vor dem Einpflanzen wird der Plastiktopf entfernt und der Wurzelballen seitlich eingerissen. Lässt sich die Staude schwer aus dem Topf lösen, schneiden Sie ihn ein. Den Topfballen setzen Sie etwa 1 cm tiefer als die Erdoberfläche. Anschließend drücken Sie mit den Händen leicht an. Gießen Sie die Pflanzungen durchdringend an.

Für die meisten Stauden ist der beste Pflanzzeitpunkt September bis November. Einige Arten reagieren aber im ersten Pflanzjahr empfindlich auf tiefe Temperaturen; sie sind bei Herbstpflanzungen also nicht immer winterfest. Ihre Pflanzzeit ist von März bis Mai. Staudenhibiskus, Herbst-Anemonen, Herbst-Steinbrech oder Chrysanthemen gehören zu diesen Pflanzen.

Stauden säen

Nicht alle Stauden werden gepflanzt. Winterannuelle Pflanzen (Zweijährige) säen sich aus. Sie bilden im ersten Jahr nach der Aussaat eine Blattrosette und blühen im nächsten Frühjahr oder Sommer. Dazu gehören: Akelei *(Aquilegia)*, Nachtviole *(Hesperis)*, Königskerzenarten *(Verbascum* ssp.), Stockrosen *(Alcea)*, Bartnelken *(Dianthus)*, Roter Fingerhut *(Digitalis)*, Goldlack *(Erysimum)*. Manche kurzlebigen Stauden sichern durch Selbstaussaat ihren Fortbestand. Lassen Sie bei Malven *(Malva* ssp.), Patagonischem Eisenkraut *(Verbena bonariensis)* und Duftnessel *(Agastache)* Samenstände und Jungpflanzen stehen.

Stauden verjüngen

Die Wurzelstöcke der Stauden werden mit der Zeit breiter und verkahlen von innen. Durch Teilung und Verkleinerung können sie verjüngt werden. Dazu heben Sie den Wurzelstock mit einem Spaten heraus und teilen ihn mit einem Spaten oder Messer in mehrere Stücke mit je einer Triebknospe. Die Teilstücke pfanzen Sie in mit Kompost aufgebesserter Erde wieder ein. Betroffen von dieser Vergreisung sind: Rittersporn *(Delphinium)*, Herbst-Astern, Bart-Iris *(Iris barbata)*, Steppen-Salbei *(Salvia nemorosa)*, Stauden-Pfingstrosen *(Paeonia* ssp.). Gräser werden am besten nach dem Rückschnitt im Februar geteilt und gepflanzt.

→ WANN: SpHe, Wi, VoFr

GUT ZU WISSEN

Viele Stauden säen sich aus und besiedeln Territorien im Garten, die ihren Ansprüchen zusagen. So entwickelt sich ein Garten mit einem sehr natürlichen und pflegeleichten Charakter.

Bei Stauden, die sich u. a. durch Selbstaussaat vermehren, können Sie durch verschiedene Maßnahmen Einfluss auf die Ausbreitung im Garten nehmen. Ein Rückschnitt nach der Blüte verhindert die unkontrollierte Vermehrung der Pflanze und kann bei einigen Arten sogar das Leben der Pflanze verlängern oder eine zweite Blüte im Jahr auslösen. Die üppige Samenbildung spart aber auch Arbeit, indem man reife Samenstände in neue Gartenbereiche ausschüttelt, die Samen verteilt und einfach sich selbst überlässt.

Stauden für trockene Flächen

Mein Garten liegt in der Sonne, im Sommer wird es sehr heiß. Ich möchte aber nicht ständig gießen. Was kann ich verbessern?

Viele Stauden haben Strategien gegen den Wassermangel und die Sonneneinstrahlung entwickelt. Diese Pflanzen werden in den Lebensbereichen Freifläche, Felsensteppe, Steppenheide und Matten geführt. Die Sonnenkinder möchten nicht von Gehölzen beschattet werden. Dafür vertragen sie Hitze, stark wechselnde Temperaturen und heftige Winde.

Die Blätter trockenheitsverträglicher Stauden sind schmal, klein, behaart und mit bläulicher oder silbriger Blattfarbe. Diese Eigenschaften dienen als Verdunstungsschutz und schützen vor Erwärmung der Blätter. Viele Freiflächenstauden können metertiefe Wurzeln entwickeln und sich Wasser aus tiefer gelegenen Schichten holen. Einige Stauden bilden Speicherorgane, z. B. Rhizome (Bart-Iris), Zwiebeln *(Allium)* und Knollen, in denen sie Wasser und Nährstoffe einlagern und so sommerliche Trockenperioden überbrücken.

Die Anlage eines Sonnenbeetes

Staudenpflanzungen für sonnenbeschiene Beete gelingen nur, wenn der Boden locker und der Grund durchlässig, steinig und sandig ist. So können die Wurzeln in die Tiefe gelangen und Starkregen schnell in den Untergrund abfließen. Stauden, die Sonne und Trockenheit vertragen, sind in der Regel nässeempfindlich. Als Mulchmaterial sind mineralische Materialien, wie Kies, empfehlenswert.

Kies- und Schotterbeete

Kiesgärten beziehungsweise steinige Beete sind pflegeleicht und eignen sich für gehölzfreie sonnige Standorte, in denen sich viele trockenheitsverträgliche Pflanzenarten in einer natürlichen Dynamik entwickeln. Bedauerlicherweise verkommen sie mitunter zu Schotterschüttungen mit eingebautem Unkrautvlies.

In Kiesbeeten dürfen das Patagonische Eisenkraut 1, der hübsche Wollziest 2 und die leicht schwebend wirkende Prachtkerze (*Gaura*) nicht fehlen 3.

Hitzehelden

Unter den Stauden gibt es wahre Überlebenskünstler. Der Wollziest *(Stachys byzanthina)* umrahmt mit den wolligen, silberlaubigen Blättern die Staudenbeete. Weitere silberlaubige Stauden sind Artemisiaarten, wie Wermut, Silberrauten und die Spezi-Pflanze *(Artemisia procera)*.

Die Prachtkerze *(Gaura lindheimeri)* scheint in der Sommerhitze erst richtig aufzublühen. Die Ästige Graslilie *(Anthericum ramosum)* ist heimisch und fängt mit ihren hohen filigranen Blüten den nächtlichen Tau ein. Die Rote Spornblume *(Centranthus)* und der Polster-Goldlack *(Erysimum)* säen sich gern aus und besiedeln jede Ritze auch an der Südseite des Hauses. Färberkamille *(Athemis tinctoria)* und Ochsenauge *(Buphthalum)* blühen von Juni bis in den September. Stattliche Gerüststauden sind die Ausdauernde Stockrose *(Alcea rugosa)* mit 150 cm Höhe und die dunkelblau, gelb und weiß blühende Färberhülse *(Baptisia)* mit bis zu 100 cm.

Nelken *(Dianthus)* jeder Art sind die Hitzegewinner. Außerdem bringen Züchter immer häufiger verbesserte Sorten auf den Markt. Das Habichtskraut *(Hieracium)* treibt selbst nach langen Trockenperioden wieder aus. Die Teppich-Schafgarbe *(Achillea tomentosa)* schützt sich mit behaartem Laub. Der Zwerg-Alant *(Inula ensifolia)* bringt wie der Ausdauernde Berglauch *(Allium senescens)* auch ohne Gießen jeden Sommer einen schönen Blütenflor hervor. Nicht zu vergessen alle Sedumarten, ob die hohe Fetthenne oder niedrige Polsterstauden, trotzen der Hitze. Wildtulpen wie *Tulipa tarda, T. clusiana* setzen neben Wilden Narzissen (*Narcissus bulbocodium*), *Crocus sieberi* und Schneeglanz den ersten Blütenflor.

GUT ZU WISSEN

Gartengestalter und Forschungsinstitute haben verschiedene Pflanzvorschläge entwickelt. Die empfohlenen Pflanzengemeinschaften orientieren sich an natürlichen Pflanzengesellschaften.

Sie tragen klangvolle Namen, wie »Sommerwind«, »Präriemorgen« und »Silbersommer«. Gartengestalter kreierten aus typischen Landschaftsbildern einen naturnahen Gartenstil, der auch trockenheitsverträglich ist. Kleine Sträucher, Halbsträucher, Stauden und Zwiebelblumen sind zu vielgestalterischen und dynamischen Staudengemeinschaften zusammengestellt, die Auswahl und Planung auch für den Hausgarten erleichtern. Mehr Informationen zu den Mischpflanzungen erhalten Sie in Staudengärtnereien und von gartenbaulichen Instituten.

Stauden für den Schatten

Der Schattengarten fristet ein kümmerliches Dasein. Wie kann ich ihn aufwerten und welche Stauden wachsen im Schatten gut?

Charakteristisch für den Gehölzbereich sind eher kühle Temperaturen, gleichmäßige Luftfeuchtigkeit und eine lebendige Humusschicht. Schattenbeete brauchen generell wenig Pflege. Falllaub von Gehölzen sollte liegen bleiben, es düngt die Pflanzen. Ohne die jährliche Laubschicht geben Sie im Frühling etwas organischen Dünger. Viele Schattenstauden wollen nicht durch Hacken gestört werden. Lediglich ein Rückschnitt des alten Laubs im zeitigen Frühjahr schafft Ordnung, wobei leicht zersetzbares Laub einfach klein geschnitten liegen bleiben kann. Ist der Wurzeldruck, z. B. unter Ahornarten, sehr hoch, wählt man bodendeckende Stauden oder Gestaltungselemente, wie Findlinge oder alte Wurzelstöcke, um Struktur in die Pflanzung zu bringen. Berücksichtigen Sie, dass Schatten sehr unterschiedlich sein kann. Unter Laub- oder Nadelbäumen kann Schatten dunkel und im Schlagschatten von Häusern oder unter lichten Gehölzen hell sein. Schattenpflanzen werden dem Lebensbereich Gehölz G oder Gehölzrand GR zugeordnet.

SCHATTENSTAUDEN

Name	Höhe in cm	Blüte und Blatt
Lerchensporn *(Corydalis)*	20–30	Gelb, weiß, blau; filigran
Lungenkraut *(Pulmonaria)*	15–35	Blau; weiß gefleckt
Elfenblume *(Epimedium)*	15–40	Weiß, lachsrosa; wintergrün
Storchschnabelarten *(Geranium)*	20–50	Weiß, blau, violett; meist rundlich, stark eingeschnitten
Kaukasusvergissmeinnicht *(Brunnera)*	30–40	Blau, April–Juni; bemerkenswert schöner Blattschmuck
Funkienarten *(Hosta)*	10–120	Weiß, lila; viele Blattfarben
Sterndolde *(Astrantia)*	30–70	Weiß, rosa; glänzend
Wald-Aster *(Aster divaricatus)*	30–50	Weiß, Aug.–Sept; sommergrün

Dauerblüher Stauden

In meinem kleinen Garten ist wenig Platz für Pflanzen. Deshalb möchte ich, dass sie lange blühen. Welche Stauden sind empfehlenswert?

Unter den Beetstauden gibt es einige Dauerblüher, die allerdings ausreichend mit Nährstoffen versorgt werden müssen, z. B. mit einem organischen Flüssigdünger. Neuzüchtungen von Geraniumarten wie *Geranium* 'Rozanne' blühen den ganzen Sommer. Sehr beliebt ist der Stauden-Hibiskus *(Hibiscus* x *moscheutos)* mit seinen übergroßen Blüten in Rot, Rosa und Weiß. Er gedeiht in nährstoffreicher Erde, braucht im Winter aber eine 20–30 cm hohe Schicht aus Laub und Reisig. Das Mädchenauge *(Coreopsis)* mit seinen weißen bis gelborangen Blütenfarben sollte nach der ersten Blüte zurückgeschnitten werden. Von Kokardenblumen *(Gaillardia)* und dem Roten Sonnenhut *(Echinacea)* gibt es sehr viele blühstabile Neuzüchtungen. Auch einige Malven sind Dauerblüher. Moschus-Malven *(Malva moschata),* Rosenpappel *(M. alcea),* Wilde Malven *(M. sylvestris)* wachsen auf Freiflächen und am Gehölzrand. Ausdauernde sowie feigenblättrige Stockrosen *(Alcea)* lieben nährstoffreiche Böden.
Im Schatten gibt es wenige Blütenpflanzen, dennoch sind das Goldkörbchen (*Chrysogonum virginianum),* Bergwald-Storchschnabel *(Geranium nodosum),* die Polsterglockenblumen (*Campanula portenschlagiana)* und die Rundblättrige Glockenblume (*C. rotundifolia)* zuverlässige Blütenpflanzen im Schatten.

→ WANN: ErFr – FrSo

DAUERBLÜTE IN SONNE UND HITZE

Deutscher Name	Botanischer Name und ggf. Sortenname
Steinquendel	*Calamintha nepeta*
Duftnessel	*Agastache* 'Black Adder'
Prachtkerze	*Gaura lindheimeri*
Katzenminze	*Nepeta* x *faassenii*
Spornblume	*Centranthus ruber*
Grauer Storchschnabel	*Geranium cinereum*
Färberkamille	*Anthemis tinctoria*

Bodendeckende Stauden

Ich möchte im Garten keine Schotterflächen, Unkraut soll auch nicht wachsen. Wie bekomme ich das hin, obwohl ich kaum Zeit habe?

Pflanzen Sie großflächig Bodendecker. Sie wachsen breitflächig und kaum in die Höhe, sodass Unkraut unterdrückt wird. Ein Pflanzenteppich schützt den Boden vor Auswaschung, schluckt Staub und herabfallendes Laub. So manches Krabbeltier findet unter dem schützenden Pflanzenmantel ein behagliches Winterquartier. Die niedrigen Begleiter können einen Hang befestigen, schließen Bepflanzungslücken und geben Beeten einen Rahmen. Geländeunebenheiten können die Bodendecker aber nicht verbergen, deshalb sollten Sie vor der Pflanzung den Boden möglichst plan rechen. Je schneller die Fläche geschlossen ist, desto weniger muss gejätet werden. Planen Sie etwa 16 Pflanzen je nach Art pro Quadratmeter ein. Bodendecker sind anspruchslos, etwas Kompost weckt im Frühjahr aber die Lebensgeister. Entfernen Sie bei wintergrünen Pflanzen im Herbst dichte Laubdecken, damit die Pflanzen darunter nicht ersticken. Ein luftiger Schutz aus Reisig schützt aber vor austrocknenden Winden und Sonne.

→ WANN: ErFr – FrSo

BODENDECKER FÜR SONNIGE STANDORTE

Arten und Sorten	Blüte und Besonderheiten
Teppich-Myrtenaster 'Snowflurry'	Weiß, sommerlange Blütenzeit
Chinesische Bleiwurz *(Ceratostigma)*	Blau, Spätblüher, Herbstfärbung
Blut-Storchschnabel *(Geranium sanguineum)*	Rot-violett, Spätblüher
Kaskaden-Thymian *(Thymus longicaulis)*	Violett, Juni–Juli
Polster-Dost *(Origanum vulgare)*	Rosa, sommerlanger Blütenflor
Kriechendes Bergbohnenkraut *(Satureja spicigera)*	Weiß, Juli–Aug.
Gold-Fetthenne 'Weihenstephaner Gold'	Gelb, Sommerblüte, Herbstfärbung, wintergrün
Mauerpfeffer 'Coral Carpet'	Weiß, Mai, Herbstfärbung, wintergrün
Teppich-Woll-Ziest 'Silver Carpet'	Weiß, silbrig-filziges Laub, wintergrün

Bodendecker für den Schatten

Besonders unter Gehölzen tritt Schneckenfraß auf. Mit welchen schneckenfesten Bodendeckern kann ich die Fläche gestalten?

Das pflegeleichte Goldkörbchen blüht von Mai bis in den September.

Teppichpflanzen eignen sich ideal zur Unterpflanzung. In dunklen Ecken wachsen noch die Immergrünen *Vinca major* und *Vinca minor*. Sie sind nicht nur ganzjährig begrünt, sondern blühen im Frühjahr auch noch blau und können dichte Teppiche bilden. Die hübschen Polster-Glockenblumen *(Campanula portenschlagiana)* bilden nicht nur lange Ranken mit blauen Blüten, die auch über Mauerkronen hängen, sie säen sich auch selbst aus, wenn die Beete nicht gestört werden. Beim heimischen Leberblümchen *(Hepatica nobilis)* erscheint im Frühjahr die leuchtend blaue Blüte noch vor den Blättern, die wunderschöne, dichte, undurchdringliche Teppiche ausbilden.

Tipp

BODENDECKERSTAUDEN

wie Balkan-Storchschnabel, Goldkörbchen und Berg-Bohnenkraut vergreisen mit den Jahren. Durch einen Rückschnitt im Frühjahr können sie verjüngt werden. Teppich-Fetthenne, Polster-Glockenblume und Frauenmantel setzen durch einen Rückschnitt nach der ersten Blüte im Herbst zu einem neuen Blütenflor an.

Unter dem Wurzeldruck der Bäume im trockenen Schatten kann der immergrüne Balkan-Storchschnabel *(Geranium macrorrhizum)* gut bestehen, der glücklicherweise von Schnecken gemieden wird. Standardsorten sind ‘Spessart’ und ‘Ingwersen’ mit hellrosa Blüte. Eine kräftigere Blütenfarbe besitzen ‘Bevan’ und ‘Czakor’. Das Goldkörbchen *(Chrysogonum virginianum)* blüht von Mai bis September. Trockenheit verträgt es allerdings nicht.

Herbst- und Frühlings-Alpenveilchen *(Cyclamen)* benötigen ebenfalls einen frischfeuchten Standort. Lassen Sie die Blüten ausreifen, denn Ameisen verschleppen die Samen und verantworten die Ausbreitung der schönen Pflanzen. Der Frauenmantel *(Alchemilla)* ist mit seiner gelben Blütenwolke eine sehr schöne Begleitstaude zu vielen höheren Stauden.

Pflanzung und Pflege von Gräsern

Was ist bei der Pflanzung und Pflege von Ziergräsern zu beachten, damit sie gut zur Geltung kommen und lange schön bleiben?

Gräser sind robust, zäh und anpassungsfähig. Auf den ersten Blick sind sie vielleicht nicht so spektakulär, richtig kombiniert zeigen sie aber ihre Qualitäten.
Die beste Pflanzzeit für Gräser ist das Frühjahr. Doch was gärtnerisch sinnvoll ist, entspricht oft nicht der Realität. Zur besten Pflanzzeit im Frühjahr sind nämlich die Halme abgeschnitten, und es ist schwer vorstellbar, wie sich die Gräser im Garten einfügen. Informieren Sie sich vor dem Gräserkauf. Bei der Herbstpflanzung kann ein Winterschutz mit einer Laubschicht um den Wurzelballen die Pflanzen schützen. Gedüngt werden die Gräser erst im Frühjahr mit einer Kompostgabe.

Pflege der Gräser

Generell unterscheidet man immergrüne und nicht immergrüne Gräser, wenn es um den Rückschnitt geht. Immergrüne werden im Frühjahr lediglich ausgeputzt. Gräser, die im Herbst schnell unansehnlich werden, wie Blutgräser (*Imperata*) und Schmielen (*Deschampsia*), können schon im Herbst zurückgeschnitten werden. Warten Sie bei spät grünenden Gräsern mit dem Schnitt bis zum Winterende, bis etwa Februar. Tragen Sie Handschuhe, denn die Gräser haben erstaunlich scharfe Kanten. Binden Sie hohe, horstbildende Gräser zusammen. So lassen sich nach dem Abschneiden die Halme gut aus dem Beet entfernen. Schneiden Sie die Halme auf 10–15 cm herunter. Dafür eignen sich Staudensicheln, Heckenscheren und Rasenkantenscheren. Bei größeren Flächen eignen sich Freischneider.
Manche horstbildenden Gräser vergreisen und bilden eine kahle Mitte. Sie sollten nach 3–5 Jahren geteilt werden. Ein guter Zeitpunkt ist das Frühjahr. Mit einem scharfen Spaten wird einem großen Horst ein »Tortenstück« entnommen. Die geteilte Pflanze kann an anderer Stelle neu gepflanzt werden. Die Lücke in der Mutterpflanze wird mit frischer Erde aufgefüllt.

→ WANN: VoFr – ErFr

1 Garten-Reitgras, 2 Diamantgras und 3 Chinaschilf sind robuste Gräser für Gartenanfänger.

Mit Ziergräsern gestalten

Welche Ziergräser sind besonders attraktiv, und wie kann ich sie im Garten einsetzen, damit sie gut zur Geltung kommen?

Garten-Reitgras *(Calamagrostis* x *acutiflora* 'Karl Foerster'): Das frühe Gras blüht ab Juni. Es wird 100–150 cm hoch, wächst straff aufrecht und ist ein guter Sichtschutz. Es braucht volle Sonne, sonst knicken die Halme. Das Garten-Reitgras eignet sich als Gräserhecke und kann zu Rosen kombiniert werden. Lebensbereich Fr 1-2.
Diamantgras *(Calamagrostis brachtytricha):* Auffällig sind die fedrig silbrigen Blütenrispen, die sehr lange halten. Das Dimantgras wird 70–100 cm hoch. Es gedeiht in humosen und frischen Böden, kommt aber auch mit Sommertrockenheit zurecht und passt gut in Rosenbeete. Lebensbereich: B/Fr/GR2.
Chinaschilf *(Miscanthus):* Die Riesen unter den Gräsern können 120–350 cm hoch werden. Das Gras ist eine gute Gartenpflanze, kann sich aber ausbreiten. Chinaschilf kommt auch mit trockenen Standorten zurecht. Lebensbereich: FR/B2.
Lampenputzergras *(Pennisetum alopecuroides):* Dieses Gras ist mit den auffälligen walzenförmigen Blütenähren vor allem im Herbst ein echter Hingucker. Lampenputzer werden je nach Sorte 30–150 cm hoch und wachsen deutlich horstig. Bei einer Herbstpflanzung sollte der Wurzelballen mit Laub gut geschützt werden. Lebensbereich: Fr 2 mit Beetcharakter.
Rutenhirse *(Panicum virgatum):* Die sommergrünen Gräser bilden einen lockeren schleierförmigen Blütenstand. Die Sorten 'Nordwind' und 'Heavy Metall' wachsen straff aufrecht und können eine regelrechte Gräserwand bilden. Das Besondere an 'Hänse Herms' ist die schon im Spätsommer einsetzende dekorative Herbstfärbung der Blätter. Lebensbereich: B/Fr/GR 2.
Japan-Goldbandgras *(Hakonechloa macra)* 'Aureola': Dieses Gräserjuwel erhellt alle dunklen, feuchten Ecken und breitet sich nur sehr dezent aus. Es lässt sich gut mit buntblättrigen Hosta und Purpurglöckchen kombinieren und wird nur 20–40 cm hoch. Lebensbereich: Fr/GR/St 2-3.

1 Lampenputzergras, 2 Rutenhirse und 3 Japan-Goldgras sind äußerst gartentauglich und können edle Akzente im Staudenbeet setzen.

9 wilde Garten-Stars

Heimische Wildpflanzen locken viele Insekten an. Sie haben den Vorteil, dass sie an die klimatischen Bedingungen gut angepasst sind. Gerade in naturnahen Gärten kommen die dekorativen Wildstauden gut zur Geltung.

1. Stinkende Nieswurz

Helleborus foetidus ist eine der ersten Blütenpflanzen. Die wintergrüne Pflanze lockt durch eine eigene Bioheizung Hummelköniginnen nach dem Winterschlaf an.

2. Karthäuser-Nelke

Dianthus carthusianorum wächst an mageren und sonnenreichen Standorten. Ihre nektarreichen Blüten sind für langrüsslige Hummeln und Schmetterlinge aufgebaut.

3. Gänsefingerkraut

Die kleine gelb blühende *Argentina anserina* lockt von Mai bis August Insekten an. Sie verträgt Wurzeldruck.

4. Tauben-Skabiose

Scabiosa columbaria wächst auf mageren und sogar lehmigen Standorten und blüht von Juli bis Oktober besonders reich, wenn stets Verblühtes entfernt wird.

5. Blut-Storchschnabel

Geranium sanguineum wächst an Heckensäumen und Waldlichtungen und blüht von Juni bis August. Die Blüte schließt sich nachts; morgens kann man darin schlafende kleine Wildbienenarten entdecken.

6. Schwarze Königskerze

Verbascum nigrum ist eine zweijährige, hohe Pflanze. Sie bietet sehr viel Pollen, Futter für Raupen sowie Baumaterial für Wildbienen.

7. Thüringer Strauchpappel

Die Staude *Lavatera thuringiaca* braucht einen durchlässigen und nährstoffreichen Boden. Blütezeit ist von Juni bis September.

8. Knäuel-Glockenblume

Campanula glomerata blüht lange, bietet viel Nahrung für Insekten und, aufgrund ihrer Blütenform, den kleinen Wildbienen einen Unterschlupf . Sie ist deshalb sehr wertvoll.

9. Goldhaar-Aster

Aster linosyris bevorzugt sandige, steinige und kalkarme Böden. Die Goldhaar-Aster ist gut kombinierbar mit Heidenelke, Habichtskraut und rundblättriger Glockenblume.

1

2

3

4

5

6

7

8

9

Sommerstauden schneiden

Wann sollte ich meine Stauden wie Fetthenne oder Prachtkerze schneiden, oder kann ich die alten Triebe einfach ausreißen?

Bei vielen Blütenstauden, Funkien oder Farnen vertrocknet der oberirdische Teil der Pflanze vollständig zwischen Herbst und Frühjahr. Der Wurzelstock ist jedoch mehrjährig und kann, wie bei Arten von Pfingstrose, Funkie oder Fetthenne, jahrzehntealt werden. Andere, wie Prachtkerze oder Purpursonnenhut, sind hingegen kurzlebiger, bereichern jedoch durch ihre lange Blütezeit während des Sommers sonnige, trockene Staudenbeete.

Pflege

Im Frühjahr, bevor die Pflanzen wieder austreiben, entfernen Sie trockene Stängel. Manche lassen sich mit Leichtigkeit von Hand abdrehen, andere sollten Sie besser schneiden. Achten Sie dabei darauf, junge Knospen oder bereits vorhandene Neuaustriebe nicht zu beschädigen. Verschiedene Stauden treiben jedoch spät aus, diese können Sie nach dem Schnitt mit einem kleinen Stecken markieren, damit Sie beim Jäten nicht aus Versehen deren Jungtriebe ausreißen.

Vermeiden Sie es grundsätzlich, Stauden bereits im Herbst zurückzuschneiden. Einmal sehen sie im Winter bei Raureif sehr reizvoll aus und Vögel zupfen die Samen von Astern und anderen aus. Zum anderen bietet das Abgestorbene eine Isolierung für die Pflanze über den oft schon sichtbaren jungen Herzen am Boden. Kälte kann weniger stark durchdringen, die gefährdende Wintersonne nicht bis zum Boden durchscheinen. Drückt Schnee die Triebe zum Boden, biegen Sie diese über die Pflanze, um den Schutz bis zum Ende des Winters zu erhalten. Das Frühjahr ist gleichzeitig auch eine gute Zeit, um große Stauden zu teilen oder bei nachlassender Vitalität die Erde mit Kompost aufzufrischen. Bedenken Sie, dass viele Sonnenstauden eher mageren, durchlässigen Boden wünschen, und düngen dort nur wenig.

→ **WANN:** VoFr – ErFr

Bei Fetthenne 1 sollten Sie trockene Triebe vorsichtig abschneiden, um die jungen Knospen nicht zu beschädigen, Gleiches gilt für die Prachtkerze 2 mit ihren Jungtrieben.

Gräser schneiden

Ich habe gelesen, dass man Gräser nicht im Herbst schneiden soll. Stimmt das? Der Schnee drückt sie im Winter immer zu Boden.

Bei sommergrünen Gräsern trocknen die oberirdischen Teile meist schon im Herbst ein. Die braunen Halme zieren jedoch den Garten den ganzen Winter hindurch. Lediglich bei starkem Schneedruck kippen sie teils in sich zusammen. Doch auch dann sollten Sie sie nicht schneiden, denn das Abgetrocknete legt sich wie eine Isolierung über den Wurzelstock. Was nach außen liegt, legen Sie zum Zentrum hin um. Wenn die einzelnen Arten beginnen auszutreiben, dann schneiden Sie bis dicht an den Boden zurück. Reitgras *(Calamagrostis)*, Lampenputzergras *(Pennisetum)* oder schwachwüchsiges Chinaschilf *(Miscanthus)* lassen sich gut mit der Handschere schneiden. Starkwüchsiges Chinaschilf schneiden Sie besser mit der Astschere, einer Säge oder einer japanischen Staudensichel. Bei der spät austreibenden Rutenhirse *(Panicum)* lassen Sie etwa 10 cm lange Halmstummel stehen. So wissen Sie, wenn Sie im Frühjahr den Boden lockern oder Stauden nachpflanzen, wo die Pflanze steht.

Immergrüne

Einige Gräser behalten ihr Laub den Winter über. Wenn jedoch die frischen Triebe erscheinen, dann werden die alten Blätter oft unschön. Einige dieser Gräser, wie wintergrüne Seggen *(Carex)* oder die Schnee-Marbel *(Luzula)*, schneiden Sie beim Austrieb zurück. Lichten Sie jeden Blattschopf einzeln aus, um die dazwischenstehenden jungen Herzen nicht zu verletzen. Andere wintergrüne Gräser vertragen einen starken Rückschnitt schlecht. Die verschiedenen grünen und blauen Schwingel *(Festuca)* oder das Schillergras *(Koeleria)* mögen z. B. keinen rigorosen Schnitt. Bei diesen Gräsern kämmen Sie trockene Blätter mit der Hand aus. Ziehen Sie nicht zu stark, damit Sie keine eventuell durch den Winter gelockerten Herzen mit ausziehen.

→ WANN: VoFr – ErFr

Lampenputzergras 1 trocknet im Winter oberirdisch zurück; im Frühjahr an der Basis zurückschneiden. Schillergras 2 oder Schwingel kämmen Sie vorsichtig mit der Hand aus.

Wintergrüne Stauden schneiden

Werden Bergenien und Purpurglöckchen einige Jahre alt, verkahlen sie von innen her. Muss ich sie durch neue Pflanzen ersetzen?

Bei Bergenie und Purpurglöckchen bleiben die alten Blätter ohne Weiteres auch über den Neuaustrieb hinaus vital. Allerdings bilden Sie nach 2–3 Jahren am Boden aufliegende und verkahlende Triebe. Kürzen Sie solche Triebe am besten während des Austriebs auf kurze Zapfen an der Basis ein. Sie entwickeln nach einigen Wochen wieder neue Austriebe und die Pflanze bleibt so schön kompakt. Wenn Sie die Pflanzen jährlich kontrollieren, lichten Sie nur einzelne Triebe aus und müssen nicht die ganze Pflanze einkürzen. Mit dem Schnittgut lassen sich die Pflanzen gut vermehren.

Das ist zu tun

Viele immergrüne Stauden behalten ihre Blätter nicht nur den Winter über, sie können auch bis in den Sommer hinein attraktiv bleiben. Während des Sommers zeigen sich dann aber meist Unterschiede in der Vitalität und dem Aussehen der einjährigen und diesjährigen Blätter. Dann sollten Sie bei Bedarf einzelne Blätter ausschneiden.

Verfärben sich Bergenien im Winter rot, so sind sie noch immer vital und gehen im Frühjahr wieder in Grün über. Lichten Sie bei diesen und Purpurglöckchen den Sommer über einzelne, vertrocknende Blätter regelmäßig aus.

Immergrün bedeckt mit seinen wurzelnden Trieben schnell große Flächen und besitzt immergrüne Blätter. Die ersten Blüten im Mai entwickeln sich aus einjährigen Knospen, die geringere Nachblüte bis September an diesjährigen Trieben. Die Entscheidung, ob Schneiden oder nicht, hängt davon ab, ob Ihnen der dichte grüne Teppich wichtig ist oder eher die sichtbaren Blüten. Lenzrosen oder Elfenblume sind zwar wintergrün, die alten Blätter trocknen aber im Laufe des Frühjahrs ein. Entfernen Sie daher altes Laub im Frühjahr noch vor dem Austrieb.

→ WANN: VoFr – FrSo

Verkahlen Bergenien, kürzen Sie die Triebe am besten bis ins Zentrum ein 1. Sie treiben, wie beim Purpurglöckchen 2, unterhalb der Schnittstelle wieder aus und bleiben kompakt.

1

2

Sommerlicher Staudenschnitt

Bei meiner Nachbarin blühen Garten-Salbei und Schafgarben den ganzen Sommer über. Bei mir nicht. Was kann ich dafür tun?

Die Storchschnabelhybride 'Rozanne' blüht auch ohne Schnitt von Juni bis November. Einige Stauden erschöpfen sich allerdings in ihrer Entwicklung nach der Blüte beziehungsweise mit der Samenbildung. Bei verschiedenen Arten können Sie durch Ausputzen oder Rückschnitt aber neue Blüten anregen. Garten-Salbei *(Salvia nemorosa)*, Großblumiges Mädchenauge (*Coreopsis grandiflora*) oder die Blaue Katzenminze *(Nepeta* x *faassenii)* schneiden Sie nach der Blüte mit der Heckenschere bodennah zurück. Sie treiben dann wieder neu durch und blühen nach einigen Wochen erneut.
Bei Rittersporn *(Delphinium)* lichten Sie verblühte Stängel bodeneben aus. Sie treiben erneut durch und blühen bei guter Nährstoff- und Wasserversorgung noch einmal.
Einige Sorten der Schwertlilie *(Iris* x *germanica)* bilden an warmen, vollsonnigen Standorten an diesjährigen Trieben eine zweite Blüte von August bis Oktober.

Verblühtes ausschneiden

Verschiedene Schafgarben *(Achillea)*, Purpursonnenhut *(Echinacea)*, Phlox, Duftnessel *(Agastache)* oder Fackellilien *(Kniphophia)* blühen ein zweites Mal, wenn Sie Verblühtes rechtzeitig auslichten, allerdings nicht ganz so üppig.
Frauenmantel *(Alchemilla)* oder Storchschnabel *(Geranium)* blühen nach der Blüte mit Totalrückschnitt zwar nicht mehr nach, dafür bilden sie aber junge, bis in den Herbst hinein vitale Blätter und gehen gestärkt in die nächste Saison. Auch hier sollten Sie unbedingt auf eine ausreichende Wasserversorgung achten. Vor allem weil direkt nach dem Schnitt keine Blätter mehr den Boden schattieren und dieser dann schneller austrocknet.
Beim Storchschnabel 'Rozanne' verkahlen die frühen Triebe mit der Zeit und ihr Wuchs lässt nach. Lichten Sie diese Triebe Anfang August bodennah aus. Junge Bodentriebe erhalten dadurch mehr Kraft und die Pflanze bleibt vitaler und kompakter.

→ WANN: FrSo – SpSo

Gartensalbei blüht nach einem Rückschnitt erneut 1, Schafgarbe 2 putzen Sie lediglich aus. Frauenmantel treibt nach einem Rückschnitt mit gesunden Blättern wieder aus 3.

Zwiebeln und Knollen

Tolles trockenes Pflanzgut

Im Gartencenter oder online werden Zwiebeln und Knollen trocken angeboten. Treibt ein solches Pflanzgut tatsächlich aus?

Unterschiedliche Zwiebeln und Knollen verheißen eine unkomplizierte und ungeheure Blütenvielfalt.

Unbedingt! Es handelt sich um ausgewachsene komplette lebende Pflanzen in einem Ruhestadium; man sieht es ihnen nur nicht an. Der Wuchszyklus eines Jahres einer typischen Zwiebelpflanze, z. B. einer Narzisse, besteht darin, dass die ins Beet gepflanzte Zwiebel im Frühling, wenn der Boden sich erwärmt hat und feucht ist, Blätter und Blüten austreibt. Die Wurzelbildung ist bereits im Herbst vor dem Winter erfolgt. Sowie die Blätter entwickelt und die Blüten verblüht sind, setzt sie Samen an und nimmt mit dem Laub und den Wurzeln so viel Energie und Nährstoffe wie möglich auf. Das alles wird in der Zwiebel eingelagert, die sich nach der Erschöpfung des Austriebs regeneriert und dann noch an Umfang zulegt. Bei ausreichender Kraft bildet sie noch Tochterzwiebeln. Wird es Sommer, vergilbt das Laub, die Wurzeln vergehen. Die Zwiebeln überdauern aber trocken den Sommer, bilden im Herbst und in milden Wintermonaten Wurzeln und treiben im Frühjahr wieder aus.

Schwer und prall

Eine gute Qualität bei Zwiebeln und Knollen erkennt man an ihrer glatten Oberfläche unter der meist papierartig dünnen Hülle. Außerdem fühlt sich die Zwiebel in Anbetracht ihrer Größe vergleichsweise schwer an – wie eine gute Küchenzwiebel. Die meisten Arten bleiben noch viele Wochen lang pflanzfrisch, wenn sie, auch nach dem Kauf, kühl und dunkel gelagert werden.

→ WANN: VoFr – VollFr, SpSo – SpHe

Zwiebeln und Knollen pflanzen

Ich möchte gerne im Garten Zwiebel- und Knollenpflanzen setzen. Wie mache ich das am besten? Gibt es etwas zu beachten?

Als Faustregel gilt: Eine Zwiebel oder Knolle einer winterharten Pflanzenart, die im Herbst gepflanzt wird, kommt doppelt so tief in den Boden, wie sie an ihrer dicksten Stelle breit ist. Die Pflanzgrube wird deutlich großzügiger ausgehoben, damit ihre Basis auf frisch gelockertem Boden steht. In nassen Böden oder in Töpfen empfiehlt sich außerdem eine Schicht aus Kies unter den Zwiebeln und Knollen als Dränage.

Nach dem Pflanzen und Auffüllen des Bodens wird einmal kräftig angegossen. In der Folgezeit sollte der Pflanzplatz nie völlig austrocknen, denn das würde die Wurzelbildung beeinträchtigen.

Bei einer Herbstpflanzung legen Sie am besten zeitig vor den ersten Frösten los, der Boden sollte frühestens sechs Wochen nach der Pflanzung durchfrieren. Allerdings ist das in Zeiten steigender Temperaturen und immer milderer Winter in den Beeten kaum noch der Fall. Mittlerweile kann man sich mit dem Pflanzen der meisten Arten bis weit in den Oktober oder sogar November Zeit lassen, denn erst ab Mitte Dezember wird es wirklich Winter.

Ausnahmen von der Regel

Beinahe alle Echten Lilien *(Lilium)* werden dreimal so tief gesetzt, wie die Zwiebel dick ist, denn sie bilden ihre Wurzeln an den Partien ihrer Triebe, die sich unter der Erde befinden.

Einige Arten vertragen eine trockene Lagerung nicht gut. Zu ihnen gehören etwa die meisten Schneeglöckchen *(Galanthus)* und der Echte Märzenbecher *(Leucojum vernum)*. Sie werden in mildfeuchtem Substrat gelagert und schnellstmöglich gesetzt oder »in the green« im Vor- oder Erstfrühling gepflanzt. Kaiserkronen *(Fritillaria imperialis)* und Lilien sind auch etwas empfindlich gegen Trockenheit. Darum kommen Kaiserkronen im Frühherbst in den Boden; Lilien werden meist später geerntet und möglichst schnell gepflanzt.

Die Pflanztiefe richtet sich nach der Zwiebel- bzw. Knollendicke. So können verschiedene Arten 1 übereinandergepflanzt werden. 2 Kaiserkronen-Zwiebeln tief und seitlich gekippt setzen.

WICHTIGE ZWIEBEL- UND KNOLLENPFLANZEN

Name	Pflanzzeit draußen/ Blütezeit	Vorkultur im Haus empfohlen	Anmerkungen
Anemonen *(Anemona)*	VoHe-SpHe ErFr-FrSo	-	Knollen vor dem Pflanzen eine Nacht in Wasser einweichen, flach pflanzen, *Anemone coronaria* kann auch im ErFr gepflanzt werden
Indisches Blumenrohr *(Canna)*	VollFr-FrSo FrSo-SpHe	VorFr-ErFr	Vorkultivierte Pflanzen blühen eher, länger und reicher, nur wenig mit Erde bedecken
Kalla *(Zantedeschia)*	VollFr-FrSo FrSo-SpHe	ErFr	Knollen flach mit Erde bedecken, neue Knollen wachsen bei Vorkultur besser an und blühen früher, bedingt winterhart
Schmucklilien *(Agapanthus)*	ErFr-VollFr HoSo-FrHe	ErFr	Zwiebelspitzen schauen aus dem Boden heraus, bei Frostgefahr schützen, neue Zwiebeln wachsen bei Vorkultur besser an, bedingt winterhart
Lilien *(Lilium)*	SpHe-VorFr FrSo-SpSo	-	Zwiebel nicht lange lagern, tief pflanzen
Hakenlilien *(Crinum)*	VollFr HoSo-FrHe	ErFr	Junge Zwiebeln kommen gelegentlich erst im zweiten Standjahr zur Blüte, doch es bildet sich ein Pulk, der von Jahr zu Jahr beeindruckender wird
Montbretien *(Crocosmia)*	VollFr HoSo	ErFr	Knollen vor dem Pflanzen ein paar Stunden in Wasser einweichen, neue Knollen wachsen bei Vorkultur zuverlässiger an, bedingt winterhart
Edel-Gladiolen *(Gladiolus)*	VollFr-FrSo FrSo-FrHe	-	Knollen flach pflanzen, staffelweise Pflanzung bringt den ganzen Sommer Blüten, früh gepflanzte Partien vor Frost schützen
Dahlien *(Dahlia)*	VollFr-FrSo HoSo-SpHe	-	Knollen flach pflanzen, Austriebe früh gepflanzter Knollen vor Frost schützen
Guernseylilien *(Nerine)*	VollFr VoHe-SpHe	-	Zwiebelspitzen schauen aus dem Boden heraus, bei Frostgefahr gut abdecken, Spätblüher, gute Schnittblume, bedingt winterhart

Name	Pflanzzeit draußen/ Blütezeit	Vorkultur im Haus empfohlen	Anmerkungen
Ananasblumen (*Eucomis*)	VollFr-FrSo HoSo-SpSo	-	Zwiebelspitzen schauen aus dem Boden heraus, bei Frostgefahr gut abdecken, bedingt winterhart
Herbstzeitlose (*Colchicum*)	SpSo FrHe-SpHe	-	Sie blühen sogar trocken, sollten aber besser direkt vor der Blütezeit eingepflanzt werden, damit sich Wurzeln zuverlässig bilden, das Laub erscheint im Frühling
Märzenbecher (*Leucojum vernum*)	SpSo-FrHe ErFr	-	Früh besorgen und zügig pflanzen, alternativ im Frühling blühende Topfpflanzen pflanzen
Schneeglöckchen (*Galanthus*)	SpSo-FrHe ErFr	-	Früh besorgen und zügig pflanzen, alternativ im Frühling blühende Topfpflanzen pflanzen
Kaiserkronen (*Fritillaria imperialis*)	FrHe ErFr	-	Zügig und tief pflanzen, Zwiebel etwas schräg kippen, damit sich in der Vertiefung kein Wasser stauen kann
Narzissen (*Narcissus*)	VoHe-SpHe VorFr-VollFr	-	Die Blütezeit kann sich durch die Auswahl verschiedener Arten über etwa zehn Wochen erstrecken
Schachbrettblumen (*Fritillaria melegris*)	VoHe-SpHe ErFr	-	Zwiebeln zügig pflanzen; ideal für feuchtere Böden auch zum Verwildern
Präriekerzen (*Camassia*)	VoHe-SpHe VollFr	-	Naturhaft anmutend, auch schön zum Verwildern an nicht zu trockenen Standorten
Netz-Iris (*Iris reticulata*)	VoHe-SpHe VorFr-ErFr	-	Kleine, filigrane Pflanzen, blühen oft schon vor Schneeglöckchen
Blausternchen (*Scilla*)	VoHe-SpHe ErFr	-	Sehr hübsch zum Verwildern, Puschkinien (*Puschkinia*) und Schneeglanz (*Chionodoxa*) wachsen und blühen vergleichbar
Traubenhyazinthen (*Muscari*)	VoHe-SpHe ErFr-VollFr	-	Sehr starke Farbwirkung, äußerst robuste und wüchsige Pflanzen
Krokusse (*Crocus*)	VoHe-SpHe VorFr-ErFr	-	Frühjahrsblühende Arten verwildern reizvoll, herbstblühende Arten werden im SpSo gepflanzt
Tulpen (*Tulipa*)	VoHe-SpHe ErFr-VollFr	-	Unglaublich reichhaltige Vielfalt der Arten und Sorten in nahezu allen Höhen, Farben und Frühlingsblütezeiten

Zwiebel- und Knollenpflanzen in Gefäßen

Auch auf dem Balkon soll es im Frühjahr blühen. Welche Zwiebel- und Knollenpflanzen eignen sich am besten für Pflanzgefäße?

Fantastisch von Nahem: 1 duftende Hyazinthen 'Blue Jacket' und 2 zierliche Netz-Iris 'Eyecatcher'.

Es spricht hinsichtlich der Ansprüche von Zwiebel- und Knollenpflanzen nichts gegen die Verwendung in Pflanzgefäßen. Die Gefäße sollten aber groß genug sein und hohe Pflanzenarten und -sorten nicht windexponiert stehen. Auf Balkonen und Terrassen wehen Stürme umso heftiger, je höher das Stockwerk ist. Denken Sie bei der Planung auch daran, dass nach der Blüte beziehungsweise spätestens, wenn das Laub vergilbt, diese Pflanzengruppe nicht sehr dekorativ ist. Doch genauso wie im Beet können vergehende Blätter durch Saisonpflanzen verdeckt werden. Im Frühling durch kleinblumige Stiefmütterchen und im Sommer durch polsterartig wachsende Verbenen, Blaue Gänseblümchen, Kapuzinerkressen oder buschige Ringelblumen.

Duftendes und Filigranes fasziniert

Große, leuchtende Blüten sorgen für einen Farbeffekt, der von fern gesehen werden kann, und sind unschlagbar etwa an Hauseingängen. Doch mehr als an jedem Standort in üblichen Beeten, spielen einige Arten ihre Reize aus, wo sie direkt in Kübel und Kästen betrachtet werden können. Hyazinthen und viele Lilien begeistern durch ihren Duft, Ruhmeskronen präsentieren ihre Farben, Zwerg-Iris ihre unbeschreibliche Feingliedrigkeit und die Raffinesse ihrer Blüten, kleine Narzissen oder Tulpen-Wildarten punkten mit ihrer ganzen Erscheinung. Man wird garantiert zum Fan von kleinen Gewächsen in Töpfen, wenn man sie einfach nur ausprobiert.

→ WANN: ErFr – VollFr, SpSo – SpHe

Frühjahrspflanzung

Sind Zwiebel- und Knollenpflanzen, die im Frühling gesetzt werden, genauso gut wie im Herbst gesetzte Zwiebeln und Knollen?

Das sind sie – und einige von ihnen lösen echte Begeisterung aus, so ungewöhnlich schön und reich blühen diese Zwiebel- oder Knollenpflanzen. Allerdings sind die meisten Arten, außer den Lilien, nicht oder nur eingeschränkt frosthart. Doch bei typischen Gartenpflanzen wie Dahlien oder den sehr eindrucksvollen Canna lohnt sich die Mühe, die Knollen im Herbst auszugraben und kühl, aber frostfrei an einem dunklen Platz zu überwintern.

Alle exotischen Gewächse können auf diese Weise in Beeten kultiviert werden, doch sie eignen sich auch vorzüglich für ausreichend große Gefäße. Manche werden zu echten Highlights während der Wochen, in denen sie blühen, und manche blühen sogar unermüdlich bis zum Frost.

In Gefäße auf Balkon und Terrasse oder in Beete werden sie grundsätzlich erst im ausgehenden Vollfrühling gepflanzt, wenn keine Frostgefahr mehr besteht und es sich erwärmt hat. Auch hier bilden Lilien die Ausnahme, die entweder schon im Vorfrühling in den Boden kommen oder im Spätherbst. Die meisten exotischen Sommerblumenzwiebeln und -knollen werden flach gepflanzt, das heißt, dass eine Knolle nur dünn mit Erde bedeckt wird und eine Zwiebel mit dem Zipfel oder bis zur Hälfte – je nach Art – aus dem Substrat herauslugt.

Vorkultur verfrüht die Blüte

Canna oder Knollen-Begonien sollten bereits im Erstfrühling im Haus an einem hellen Platz in Töpfe gesetzt und angetrieben werden. So erhält man gut bewurzelte und beblätterte Pflanzen, die im Frühsommer ins Freie dürfen und deutlich eher zu blühen beginnen, als bei einer Knollenpflanzung zu diesem Zeitpunkt. Bei Kalla und Dahlien funktioniert diese Vorgehensweise auch, allerdings wachsen sie so rasch, dass eine reiche Blüte auch ohne einen Vorlauf am Fensterbrett so erwartbar ist.

→ WANN: ErFr – VollFr, SpSo – SpHe

Sommerblühende Zwiebel- und Knollenpflanzen werden im Laufe des Frühjahrs gesetzt, als Erstes 1 winterharte Lilien, und wenn es frostfrei ist, auch Exoten wie 2 farbige Kalla.

1

2

Dahlienknollen pflanzen

Warum soll ich mir die Mühe machen und Dahlienknollen setzen, wo es doch im Sommer fertige blühende Dahlienpflanzen gibt?

Auch die bienenfreundlichen Halskrausen-Dahlien wie 'Tesbrooke Audrey' sind total unkompliziert.

Im Frühling Dahlienknollen zu pflanzen, lohnt sich sehr! Eine Qualitätsknolle kostet deutlich weniger als eine blühende Pflanze und bringt üppigere Pflanzen hervor. Das Preis-Blütenfülle-Verhältnis einer Dahlienknolle stellt das aller anderen Pflanzenarten in den Schatten. Per Knolle ist zudem das ganze unglaublich große Sortiment der Dahlienzüchtungen verfügbar und nicht nur die Züchtungen, die sich im Verkaufstopf zum Verkaufszeitpunkt ideal präsentieren. Gerade bei den leider nicht winterharten Dahlien tut sich eine Fülle von Wuchshöhen, Blütenformen und -größen, Laubformen und -farben auf, sodass sich für jedes sonnig gelegene Beet sowie für den Vasenschnitt das Passende findet.

So klappt's mit Dahlienknollen

Dahlienknollen werden im Vollfrühling in lockere Erde an einen sonnigen Platz gepflanzt und etwa eine Handbreit mit Erde bedeckt. Sollten sich schon Austriebe zeigen, sind diese in der Erde geschützt, Spätfröste können sie allerdings zerstören. Ist die Knolle groß genug, gleicht sie das durch neue Austriebe mühelos aus.

Sind die Knollen trocken oder etwas eingeschrumpelt, legt man sie vor dem Pflanzen 3–4 Stunden in nicht zu kaltes Wasser. Es werden pro Knolle 3–5 kräftige Austriebe belassen. Achten Sie auf Schneckenbefall! Junge Triebe bis etwa 10 cm Höhe sind stark gefährdet. Nicht trocken werden lassen, Verblühtes ausschneiden und Düngen bis Anfang Oktober nicht vergessen. Spätestens bei den ersten Frösten, wenn sich das Laub schwarz färbt, nehmen Sie die Knollen mit der Grabegabel aus dem Boden und kürzen die Stiele bis auf etwa 15 cm ein. An einem frostfreien Ort kopfüber stellen und eine Woche trocknen lassen. Dann die Knollen in Kisten mit Zeitungspapier schichten und kellerkühl und dunkel bis zur neuen Pflanzzeit lagern. Sehr große Knollen dann auseinanderschneiden, wobei jedes Teilstück mindestens einen Stiel haben muss.

→ WANN: ErFr – VollFr, SpSo – SpHe

Tulpen kommen nicht wieder

Warum kommen eigentlich viele Tulpen nach einer einmaligen Blüte nicht immer wieder und blühen dann genauso schön wie zuerst?

Großblumige Tulpen sind selten Selbstläufer im Garten. Immerhin muss eine Tulpenpflanze innerhalb der wenigen Monate ihres Wachstums eine ungeheure Leistung erbringen. Eine gepflanzte Tulpenzwiebel zehrt sich im Frühling komplett auf. Die Pflanze muss diese Zwiebel dann durch eine neue ersetzen. Das kann sie nur bei guter Nährstoffversorgung, wenn der Standort sonnig ist, aber in der Wachstumszeit nicht völlig austrocknet und sie ihr Laub so lange behält, bis es von selbst abgestorben ist. Damit nicht Energie in eine Samenbildung verloren geht, wird deshalb (nur) die verblühte Blüte sofort abgeschnitten.

Wenn alles Laub vergilbt ist und die Pflanze ruht, sollte sich der Boden stark erwärmen und tendenziell trocken bleiben. In sandigen Böden und einem Hitzesommer kommen gut gepflegte Tulpen prima durch; in eher lehmigen Böden und regenreichen Sommern haben sie es schwer. Kleinblumige Tulpen sowie Kaufmanniana-, Gregii- und Fosteriana-Tulpen sowie sogar große Darwin-Hybriden sind recht langlebig.

Großblumer sind ideal in Töpfen

Alle Tulpen, auch großblumige Züchtungen, können über Jahre in Pflanzgefäßen gehalten werden. Sie werden vom Austrieb an bis zum Einziehen des Laubs alle 14 Tage mit Flüssigdünger versorgt. Vergilben die Blätter, beendet man das Gießen und Düngen und stellt die Töpfe regengeschützt, aber möglichst warm an einen sonnenbeschienenen Platz, z. B. an eine Südwand unter die Dachtraufe. Im September holt man die Zwiebeln aus dem völlig trockenen Substrat, sortiert sie nach Größe, pflanzt die dicksten von ihnen in beste neue Erde in Schaugefäße und die kleinen zur Weiterkultur in Töpfe, die unauffällig weiter gepflegt werden können. Mit etwas Glück baut man so einen ansehnlichen Bestand der Lieblingssorten auf.

→ WANN: VnHe - SpHe

Was für eine enorme Sortenvielfalt doch die 1 *Tulipa humilis* 'Danique', die 2 *Tulipa praestans* 'Shogun', die 3 Papagei-Tulpe 'Parrot Prince' und die 4 gefüllte Tulpe 'Password' repräsentieren!

Gestalten mit Zwiebeln und Knollen

Ich bin mir etwas unsicher. Wie setze ich Zwiebel- und Knollenpflanzen, die im Frühling blühen, gestalterisch am besten ein?

1 In Beete oder 2 in Rasenflächen gepflanzt: Zwiebel- und Knollenpflanzen sind tragende Elemente.

In Beeten sorgen Trupps von Narzissen und Kaiserkronen *(Fritillaria imperialis)* viele Jahre für prachtvolle Anblicke, in Steingärten funkeln kleinblumige Zwerg-Iris und Tulpen um die Wette, blaue Blütenbänder können durch Traubenhyazinthen in geschwungenen Reihen inszeniert werden und die späten Präriekerzen *(Camassia)* bilden den Übergang zum Frühsommerflor. Krokusse oder Schneeglöckchen sehen reizvoll in Wiesen aus, Puschkinien, Blausternchen, Schneeglanz oder Anemonen beleben den Boden unter Gehölzgruppen und großblumige Tulpen und Hyazinthen passen gut in große Pflanzkübel.

Pflegetipps

Jede Zwiebel- und Knollenpflanze muss ihre unterirdischen Speicher in Rekordzeit wieder auffüllen. Vor allem großblumige Arten und Sorten von Hyazinthen, Tulpen, Narzissen und Kaiserkronen brauchen reichlich Dünger. Verblühtes wird bei ihnen ausgebrochen, doch alle grünen Pflanzenteile sonst bleiben bei allen Arten unbedingt erhalten, bis sie von selbst welken und vertrocknen. Erst wenn sich alles ganz leicht aus dem Boden ziehen lässt, sind ausreichend Nährstoffe in der Knolle oder Zwiebel eingelagert, sodass es im kommenden Jahr ein Dacapo geben kann. Wer vorher das Laub abschneidet oder mäht, bringt sich um die Blüten im kommenden Jahr. Planen Sie diese Welkezeit gestalterisch ein, indem Sie Nachbarpflanzen setzen, die mit zunehmendem Wuchs das unschöne Laub im Beet überwachsen.

→ WANN: VoHe – SpHe

Einfache Überwinterung

Wie lassen sich Zwiebel- und Knollenpflanzen aus dem Garten, die nicht winterhart sind, am besten durch den Winter bringen?

Knollenpflanzen wachsen mehrjährig, auch wenn sie frostempfindlich sind. Einige von ihnen, wie Belladonna-Lilien (das sind die echten Amaryllis), Hakenlilien *(Crinum)* und ihre Kreuzungen oder Schmucklilien *(Agapanthus)* werden von Jahr zu Jahr durch Zuwachs üppiger. Andere, wie Dahlien oder Canna, haben jedes Jahr einen enormen Zuwachs, sodass sie sich sehr gut durch Teilung vermehren lassen und man bald ganze Gartenpartien damit bestücken kann oder immer etwas zum Tauschen mit anderen Gartenfans hat. Und es ist sowieso klar, dass echte Pflanzenliebhaber keine Pflanze wegwerfen, die das Potenzial hat weiterzuleben.

Kühl, dunkel, trocken

Fast alle Zwiebeln oder Knollen werden während des Winters kühl und trocken gelagert. Nur Ruhmeskronen *(Gloriosa)* überdauern als Knolle im Topf bei Zimmerwärme. Triebe oder Blätter werden aber stets abgeschnitten, wenn sie sich nicht von selbst gelöst haben. Wenn die Pflanzen in Töpfen kultiviert wurden, kann auch der gesamte Topf, so wie er im Herbst ist, nur mit den Knollen im Boden, ins Winterquartier gestellt werden. Wichtig ist in beiden Fällen, dass Pflanzgut und Substrat trocken sind, da es sonst leicht zur Fäulnis kommen kann. Behalten Sie also Töpfe vor dem Einräumen noch an einem luftigen Platz, bis Sie sicher sind, dass keine Feuchte mehr darin ist. Etwa alle zehn Tage lohnt sich ein Kontrollgang, ob die Knollen in Ordnung sind. Falls sie faulen, werden sie ein paar Tage etwas wärmer zum Abtrocknen gelagert. Falls sie schrumpeln, besprüht man sie mit einem Wasserzerstäuber. Knollen und Zwiebeln, die im Substrat lagern, bekommen zur Pflanzzeit neue Qualitätserde und das alte Substrat wird draußen in Beete eingearbeitet.

→ WANN: VoHe – SpHe

1 *Agapanthus* oder 2 *Canna* können in einem dunklen Raum ohne Erde oder einem hellen Raum mit Erde im Topf, wenn er nur kühl ist, gut überwintern.

Saisonpflanzen

Frühlingsboten

Die Blütenpracht der Frühlingspflanzen ist überwältigend und ich möchte bald draußen pflanzen. Was muss ich beachten?

Das Frühjahrssortiment besteht zumeist aus den klassischen Frühlingsblumen sowie einer Reihe von blühenden Stauden, wie Bergenien, Blaukissen oder Lungenkraut, und Blattschmuckstauden. Sie vertragen eigentlich Frost, doch im Handel sind die Frühlingspflanzen meist in geschützten Gewächshäusern vorgezogen, nicht abgehärtet und dadurch kälteempfindlich. Selbst wenn sie nach einer Frostnacht etwas lädiert aussehen, erholen sie sich wieder. Ist es zu warm, ist die Blütenpracht schnell vorbei. Alle Frühjahrsblüher können gut miteinander kombiniert werden und dürfen dicht an dicht gepflanzt stehen, weil sie kaum wachsen. Sie brauchen meist gleichmäßige Bodenfeuchte ohne Staunässe.

→ WANN: VoFr – VollFr

FRÜHLINGSBLÜHER

Name	Eigenschaften	Staude/Langlebig
Stiefmütterchen *Viola*	Verträgt Frost	Nein, versamt sich
Kissenprimel	Nicht austrocknen lassen	Nur Wildformen
Stängelprimel	Nicht austrocknen lassen	Ja
Gänseblümchen, Bellis	Frostempfindlich	Nein
Vergissmeinnicht	Wächst in jedem Boden	Nein, versamt sich
Goldlack	Blüht bis Frühsommer	Ja, versamt sich
Schaumblüte	Blüte bis Juni	Ja

Pflege der Sommerblumen

Im Sommer komme ich mit Saisonpflanzen in Kästen und Kübeln oft nicht klar. Entweder wuchern sie stark oder sie gehen ein.

Schon bei der Bepflanzung sollten Sie einplanen, wie groß die Pflanzen im Laufe der Saison werden können. Auch das zur Verfügung stehende Topfvolumen ist entscheidend. Empfehlenswert sind Wasserspeichergefäße. Sie bieten meist mehr Erdvolumen, versorgen die Pflanzen gleichmäßiger mit Wasser und können deshalb auch enger bepflanzt werden als schmale Kästen und kleine Kübel. In 1 m Balkonkasten sind bei sehr stark wachsenden Pflanzen wie Hängepetunien 4–5 Pflanzen ausreichend für eine üppige Blütenpracht. Bei schwach wachsenden Saisonpflanzen ist für 7–8 Gewächse Platz. Der Pflanzabstand ist immer von der Wuchsstärke abhängig und sollte in jedem Fall eine Handbreite betragen.

Gießen und Düngen

Verlassen Sie sich nicht auf das Aussehen der Pflanzen, denn »schlapp« wirkende Pflanzen sind nicht immer ein Hinweis auf Wassermangel. Im Gegenteil: Stehen die Pflanzen ständig im Wasser, sterben die Wurzeln ab. Sie können kein Wasser mehr aufnehmen und die Pflanzen sehen welk aus. Da nützt auch kein weiteres Gießen. Kontrollieren Sie regelmäßig die Feuchtigkeit der Erde mit der Fingerprobe. Selbst wenn die Oberfläche trocken erscheint, kann es in tieferen Schichten noch feucht sein. Kontrollieren Sie die Gefäße auch nach Regenfällen. Oft dringt trotz Regen nicht genug Wasser an die Pflanzen. Wählen Sie Wasserspeichergefäße und pflanzen Sie nicht zu dicht, damit die Wurzeln sich nicht gegenseitig behindern.

Nach vier Wochen wird folgendermaßen gedüngt: Starkwachsende Kletterpflanzen, Hängepetunien, Hängegeranien zweimal pro Woche mit einem flüssigen Blumendünger versorgen, alle anderen Balkonblumen einmal in der Woche. Alternativ können Sie noch einmal Langzeitdünger im Juni geben. Düngen Sie Balkonpflanzen nie auf trockenem Topfballen. Nach dem Gießen warten Sie mindestens zwei Stunden, dann düngen Sie.

→ WANN: ErFr – FrSo

Tipp

SCHAFWOLLPELLETS

werden aus Rohwolle hergestellt, die beim Scheren der Schafe aussortiert wurden. Sie sind ein sehr guter Langzeitdünger und die Nährstoffzusammensetzung eignet sich für die Sommerblumen. Die Pellets sind natürliche Wasserspeicher. Sie quellen auf, speichern Wasser und geben die Nährstoffe langsam ab.

Sommerblüher für heiße Standorte

Vor dem Hauseingang und auf dem Balkon wird es im Sommer sehr sonnig und heiß. Die Pflanzen leiden. Was kann ich für sie tun?

1 Portulakröschen und 2 »Sommerschnee« *(Chamaesyce hypericifolia)* kommen mit Hitze gut klar.

Wählen Sie große Pflanz- oder Wasserspeichergefäße. Dunkle Gefäße und Balkone heizen sich in der Sonne besonders auf. Die Temperaturen steigen dann an den Wurzeln häufig über 60 °C und Pflanzenzellen sterben ab. Viele Balkonblumen lieben die Sonne, leiden aber unter Gluthitze.

Hitzekünstler

Für Pelargonien, die auch Geranien genannt werden, gilt: Je wärmer und sonniger der Standort, desto besser wachsen und blühen die Pflanzen. Ältere Triebe fungieren wie Speicherorgane. Deshalb sind überwinterte ältere Pflanzen noch robuster. Werden die Blüten beim Verblühen rechtzeitig ausgebrochen, blühen sie gut wieder nach.

Nelken halten mit ihrem grauen Laub größte Hitze aus. Sie sind kleinwüchsig und machen auch mal eine Blühpause. Dafür sind sie winterhart und können im Balkonkasten bleiben. Ein großes Farbspektrum besitzen Portulakröschen *(Portulaca grandiflora)*. Sie können wie Busch-Zinnien *(Zinnia angustifolia)* aus Samen selbst gezogen werden. Der Zauberschnee *(Chamaesyce hypericifolia)* 'Diamond Frost' ist zwar nicht so spektakulär, verträgt alle Standorte, nur Staunässe und eine zu enge Bepflanzung sind sein Verderben.

Immer mehr dauerblühende Stauden halten im Balkonsortiment Einzug. Prachtkerze *(Gaura lindheimeri)*, Duftnessel *(Agastache)* 'Little Adder' oder Bergminze *(Calamintha)* 'Marvette White' blühen von Frühsommer bis Vollherbst.

→ **WANN:** FrSo – SpSo

SOMMERBLUMEN FÜR ANFÄNGER

Acht Sommersaisonblumen, die ganz leicht selbst ausgesät werden können. Sie alle sind – abgesehen von voll gefüllt blühenden oder pollenlosen Sorten – sehr insektenfreundlich

Name	Steckbrief	Beste Anzuchtmethode
Löwenmäulchen *(Antirrhinum)*	Blütentrauben in viele Farben, buschig bis meterhoch	Vorkultur im Haus ab Erstfrühling
Ringelblume *(Calendula)*	Margeritenartige Blütenkörbe in Creme, Gelb und Orange, buschig bis tischhoch	Vorkultur im Haus ab Erstfrühling oder Direktsaat im Freien ab Vollfrühling
Schmuckkörbchen *(Cosmos bipinnatus)*	Anemonenähnliche Blütenschalen in Weiß, Pink, Purpur, filigranes Laub, knie- bis meterhoch	Vorkultur im Haus ab Erstfrühling oder Direktsaat im Freien ab Vollfrühling
Sonnenblume *(Helianthus annuus)*	Bekannte große gelbe bis braune Blütenkörbe, tisch- bis übermannshoch	Direktsaat im Freien ab Vollfrühling
Studentenblumen *(Tagetes)*	Große bis kleine Blüten in Gelb, Orange bis Rotbraun, polsterartig bis tischhoch wachsend	Vorkultur im Haus ab Erstfrühling oder Direktsaat im Freien ab Vollfrühling
Kapuzinerkresse *(Tropaeolum)*	Mützenartige Blüten in Creme, Gelb, Orange, Rot, buschig bis mannshoch kletternd	Vorkultur im Haus ab Erstfrühling oder Direktsaat im Freien ab Vollfrühling
Zinnie *(Zinnia)*	Margeritenähnliche Blütenkörbe in fast allen Farben, buschig bis tischhoch	Vorkultur im Haus ab Mitte Erstfrühling
Wilde Malve *(Malva sylvestris)*	Rosa bis violette Blüten, pollen- und nektarreiche Pflanze	Direktsaat ins Beet

Saisonpflanzen für Insekten

Ich möchte auch im Topfgarten Nahrung für Insekten anbieten. Welche Balkonblumen sind Tankstellen für Bienen, Falter und Co.?

Setzen Sie mal Spinnenblumen in Beete oder Töpfe: Schon eine Pflanze ist ein echtes Insektenparadies.

Schmetterlinge und langrüsselige Hummeln können in den tiefen Schlund so mancher Blüten gelangen, die für Bienen und Wildbienen unerreicht bleiben. Schmetterlinge fliegen auf Vanilleblume, Verbenen, Wandelröschen, Ziersalbeiarten sowie Nelken aller Art. Insektenpflanzen für den kleinen Geldbeutel sind Schmuckkörbchen, Tagetes, Zinnien, Duftsteinrich, Kapuzinerkresse und Ziertabak. Sie lassen sich leicht selbst aussäen. Gern besucht werden Skabiosenarten. Margeriten, einige Bidenssorten, ungefüllte Dahlien und Zauberschnee sind vor allem für kleine Bestäuberinsekten der Hit. Insektenschutz bedeutet Verzicht auf Insektizide. Kaufen Sie idealerweise in zertifizierten Biobetrieben. Insekten können schon auf Spuren von Insektengiften reagieren.

→ WANN: VollFr – FrSo

Ich möchte meine schattige Terrasse schön gestalten. Gibt es Sommerblumen, die auch im Schatten blühen und attraktiv aussehen?

Blütenpflanzen sind in der Regel Sonnenanbeter. Einige Ausnahmen gibt es aber. Zuverlässige Schattenblüher sind die artenreichen Begonien, die eine Vielzahl an Blütenfarben und -formen hervorbringen. Fleißige Lieschen sind schatten- und sonnentauglich. Es gibt sie in den verschiedensten Weiß-, Rot-, Rosa- und Lilatönen. Das gefüllte fleißige Lieschen verträgt keine starke Sonneneinstrahlung. Ihre gefüllten Blüten erinnern an Rosenblüten in Miniformat. Fuchsien gelten als Schattenpflanzen, doch sie brauchen etwas Sonne im Halbschatten, damit sich immer wieder Blüten nachbilden. Ergänzend zu dem Blütenreigen können Sie im Schatten mit Blattschmuckpflanzen Akzente setzen. Die vor allem als Zimmerpflanzen bekannten Buntnesseln *(Plectranthus scutellarioides)* gehören zu den farbenprächtigsten Blattpflanzen.

→ WANN: VollFr – FrSo

Einjährige Herbstblüher

Welche Herbstpflanzen verbreiten farbenfrohe Herbststimmung, und wie kann ich Kübel auch für den Winter attraktiv gestalten?

Ab Mitte September gibt es in den Gärtnereien die Herbstklassiker Chrysanthemen, Astern und Heide. Kombiniert werden sie mit ausdauernden Stauden und Gräsern, die auch den Winter über attraktiv sein können. Beim Wechsel vom Sommerflor zur Herbstbepflanzung ist ein Austausch der Erde und Abstandhalten zwischen den Pflanzen nicht notwendig. Herbstpflanzen legen im Wachstum nicht mehr zu.
Garten-Chrysanthemen zaubern mit den großen Blütenhalbkugeln noch mal richtig Farbe in den Garten. Sie sollten gleichmäßig feucht gehalten werden, an einem sonnigen Platz stehen und einmal wöchentlich eine Gabe Flüssigdünger bekommen. Haben Chrysanthmen einen durchlässigen, nicht zu feuchten Platz im Garten, überstehen sie sogar den Winter.

Topfastern für die Herbstsaison sind Arten der Kissen-Aster oder Kreuzungen davon. Sie sind absolut winterhart. Im Garten werden sie höher und bilden zudem Ausläufer. Moderne Züchtungen der Besenheide entwickeln farbige Knospen, blühen nicht auf und verblühen nicht. Diese Heide ist ökologisch wertlos, weil sie Insekten nichts bietet, ist aber bis in das Frühjahr attraktiv.

Gut kombiniert

Für eine winterliche Kombination sind Stiefmütterchen, Silberdraht *(Calocephalus)*, Blattschmuckpflanzen, wie rotlaubige Purpurglöckchen, Tausendblütenstrauch *(Abelia)* und attraktive Gräser zu empfehlen. Lampenputzergras ist zwar im Herbst ein Hingucker, fällt aber später bei Feuchtigkeit auseinander. Wintergrüne Gräser sind die Seggenarten wie die Bronze-Segge *(Carex comans)*, die Goldrand-Japan-Segge *(C. morrowiii)* und die Japan-Gold-Segge *(C. oshimensis)*. Aber Vorsicht! Im Garten können sich Seggen unkontrolliert ausbreiten. Currykraut und Thymian lassen sich ebenfalls gut kombinieren.

→ **WANN:** SpSo – SpHe

Ohne wenigstens eine dieser drei Pflanzen ist es kein Herbst im Garten: 1 Aster, 2 Heidekraut und 3 Chrysantheme. Auch Kombinationen mit ihnen sind immer stimmig und typisch saisonal.

AUSSAATTABELLE SAISONPFLANZEN

Einjährige Saisonpflanzen werden ab Erstfrühling ausgesät und blühen im Sommer. Bei Zweijährigen erfolgt die Aussaat im Vollfrühling oder Frühsommer und sie blühen im Folgejahr.
Bis zum Vollfrühling, wenn noch Fröste möglich sind, wird grundsätzlich nur im Haus, etwa am Fensterbrett, ausgesät.

Deutscher Name	Bot. Name	Kategorie	Aussaatzeit
Stockrosen	*Alcea rosea*	Zweijährig, Beet	Mai–Juni
Sommerastern	*Callistephus chinensis*	Einjährig, vorwiegend Beet	Vor- und Erstfrühling
Kornblume	*Centaurea cyanus*	Einjährig, vorwiegend Beet	Vor- und Erstfrühling
Saatwucherblume	*Chrysanthemum segetum*	Einjährig, Beet und Balkon	Vor- und Erstfrühling
Glockenrebe	*Cobea scandens*	Kletterpflanze	Erst- und Vorfrühling
Mädchenauge	*Coreopsis*	Ein- und mehrjährig, Beet und Balkon	Vor- und Erstfrühling
Schwefel-Kosmee	*Cosmos sulphurea*	Einjährig, Beet und Balkon	Vor- bis Vollfrühling
Dahlien	*Dahlia* x Cultivar	Knollen mehrjährig, Beet und Balkon	Vor- und Erstfrühling
Bart-Nelken	*Dianthus barbata*	Ein- und mehrjährig, Beet und Balkon	Vollfrühling und Frühsommer

Deutscher Name	Bot. Name	Kategorie	Aussaatzeit
Fleißiges Lieschen	*Impatiens walleriana*	Einjährig, Beet und Balkon	Erst- bis Vollfrühling
Prunkwinde	*Ipomea tricolor*	Einjährig, Kletter-pflanze	Erst- bis Vollfrühling
Duft-Wicken	*Lathyrus latifolius*	Einjährig, Balkon- oder Kletterpflanze	Erst- bis Vollfrühling
Duftsteinrich	*Lobularia maritima*	Einjährig, Beet- und Balkon	Erstfrühling bis Frühsommer
Jungfer im Grünen	*Nigella damascena*	Einjährig, eher Beet	Vollfrühling
Portulakröschen	*Portulaca grandiflora*	Einjährig, Beet und Balkon	Erst- bis Vollfrühling
Sonnenhut	*Rudbeckia hirta*	Ein- oder mehrjäh-rig, Beet und Balkon	Erst- bis Vollfrühling
Vergissmeinnicht	*Myostis sylvatica*	Zweijährig, Beet	Vollfrühling bis Frühsommer
Stiefmütterchen	*Viola x wittro ckiana*	Zweijährig, Beet und Balkon	Vollfrühling bis Frühsommer
Schwarzäugige Susanne	*Thunbergia alata*	Einjährig, Kletter-pflanze	Vor- bis Erstfrühling

Direktsaat von Sommerblumen

Wie kann ich ohne großen Aufwand ein Beet mit einjährigen Blumen anlegen, um viele bunte Sommerblumensträuße binden zu können?

Einjährige Sommerblumen bringen Farbe auf die Beete, schließen Lücken, sind Nahrungsquellen für Insekten und lassen sich zu schönen Sträußen binden. Die Direktsaat spart Arbeit und Platz in der Pflanzenkinderstube im Haus. Um die Keimung unerwünschter Beikräuter zu verhindern, lockern Sie das Saatbeet 2–3 Wochen vor der Aussaat und ebnen es ein. In der feuchten Erde keimen nach und nach schlummernde Unkrautsamen, die Sie einfach einharken. Sind die Unkräuter beseitigt, kann gesät werden. Sind sehr viele Beikräuter zu erwarten, decken Sie die Fläche mit einem unbedruckten Karton ab, verteilen darauf etwa 5 cm unkrautfreie Erde und säen dann ein. Die Saat braucht, damit sie nicht so schnell austrocknet, eine leichte Abdeckung mit unkrautfreier Erde. Achtung bei Wildblumen! Sie sind in der Regel Lichtkeimer, die nicht abgedeckt werden sollten. In jedem Fall darf die Erde in der Keimphase der Blumen nicht austrocknen.

→ WANN: ErFr – FrSo

SOMMERBLUMEN FÜR DIREKTSAAT

Pflanze	Botanischer Name	Blütenfarbe
Jungfer im Grünen	*Nigella damascena*	Weiß, rosa, blau
Bechermalve	*Lavathera trimestris*	Weiß, rosa
Mexikanisches Leinkraut	*Linaria maroccaria*	Gelb, pink, violett, weiß
Bunte Wucherblume	*Chrysanthemum carinatum*	Gelb, weiß, rot
Kornblume	*Centaurea cyanus*	Weiß, rosa, violett, blau
Wilde Möhre	*Daucus carota* ´Dara`	Weiße bis rosa Doldenblüte
Witwenblume	*Scabiosa atropurpurea*	Weiß, gelb, rosa, purpur
Zinnie	*Zinnia elegans*	Gelb, rosa, rot, orange

Trockenblumen

Ich möchte Trockenblumen für Sträuße und zur kreativen Gestaltung ziehen. Welche Arten eignen sich, was muss ich beachten?

Unter den Trockenblumen gibt es einjährige, zwei- und mehrjährige Pflanzen. Strohblumen, Sonnenflügel und Kugel-Amarant sind einjährig und können ab Ende April direkt ins Beet gesät werden. Der Ernteerfolg ist allerdings größer, wenn Sie die Blumen ab Mitte März im Haus vorziehen und ab Mitte Mai im Beet auspflanzen. Haben Sie das Vorziehen verpasst oder keinen Platz im Haus, bekommen Sie Jungpflanzen auch in Gärtnereien und gut sortierten Gartencentern. Wichtig ist ein sonniger Standort mit einem lockeren humosen Boden.

Der beliebte Silberling, auch als Silberpfennig oder Mondviole bekannt, ist zweijährig und wird im Sommer ausgesät. Die Blüten erscheinen dann erst im Folgejahr. Rittersporn, Schleierkraut und Meerlavendel gibt es als einjährige und mehrjährige Varianten. Zum Trocknen werden die Blütenstiele luftig, trocken und dunkel kopfüber aufgehängt. Strohblumen sollten sehr knospig geerntet werden, sie öffnen sich später noch.

→ WANN: ErFr - FrSo

BELIEBTE TROCKENBLUMEN

Pflanze	Botanischer Name	Blütenfarbe
Strohblume	*Xerochrysum bracteatum*	Weiß, gelb, rosa, rot, orange
Kugelamarant	*Gomphrena globosa*	Weiß, rosa, violett, rot
Sonnenflügel	*Helipterum ssp.*	Weiß, rosa, rotviolett
Silberling	*Lunaria annua*	Lila, Samenstand silber
Strandflieder	*Limonium sinuatum*	Weiß, rosa, lilablau
Rittersporn	*Delphinium ssp.*	Weiß, rosa, blau
Schleierkraut	*Gypsophila*	Weiß, rosa
Fuchsschwanz	*Amaranthus caudatus*	Grün, rotviolett, gelb
Jungfer im Grünen	*Nigella damascena*	Weiß, blau, Samenstand hellbraun

Kübelpflanzen überwintern

Exotische Kübelpflanzen wachsen auch bei uns und verschönern Balkon, Terrasse und Innenhöfe. Bei der Pflege gibt es einiges zu beachten. Die Zeiten, an denen man gerne im Freien sitzt, dehnen sich aus, und ein Urlaubsgefühl muss sich längst nicht nur auf wenige Wochen beschränken, in denen man eine Reise unternimmt. Wer mediterranes Flair, fernöstliche Feinsinnigkeit oder tropische Lebensfreude mag, wird sich den Rahmen schaffen wollen, der solches Fernweh lindern kann. Weit mehr als Dekoelemente aus dem Einrichtungshaus oder raffinierte Speisen schaffen entsprechende Pflanzen einen wunderbaren Rahmen dafür, inspirieren und faszinieren zugleich. Viele der exotischen Pflanzen gedeihen jahrelang in ausreichend großen Kübeln und werden von Jahr zu Jahr schöner.

Die grundsätzliche Pflege

Die allermeisten mehrjährig wachsenden Kübelpflanzen aus südlichen Urlaubsgefilden brauchen neben einem angepasst an die Pflanzengröße ausreichend geräumigen Topf mit gutem Substrat einen vollsonnigen Standort; einige blühen aber auch im Halbschatten. Gewässert und gedüngt wird, wenn es sich nicht gerade um Sukkulenten oder mediterrane Kräuter handelt, reichlich. Wird die herbstliche Tag-und-Nachtgleiche unterschritten, wird nicht mehr gedüngt und das Gießen reduziert. Wird es nachts kühler als etwa 12 °C, gehören die Pflanzen ins Haus. Die meisten von ihnen brauchen so viel Tageslicht wie möglich. Da aber die Tageslichtphase nun immer kürzer wird, müssen Sie auch die Temperatur absenken, damit sich keine weichen, krankheitsanfälligen Triebe bilden. Erst wenn im März die Frühlings-Tag und -Nachtgleiche erreicht ist, kann es etwas wärmer werden und die Gießgaben werden gesteigert. Gibt es einen milden Frühling, dürfen die härtesten Kübelpflanzen, etwa Oleander, wieder ins Freie.. Doch aufgepasst: Junge Triebe vertragen keine Kälte. Wird es kühler als etwa 4 °C, müssen die Schönheiten wieder zeitweise ins schützende Haus.

Bilder gegenüberliegende Seite 1: Oleander *(Nerium oleander)* 2: Passionsblume *(Passiflora)* 3: Bougainvillee *(Bougainvillea)* 4: Granatapfel (*Punica*) 5: Zitrone *(Citrus)* 6. Paradiesvogelblume *(Strelitzia)* 7: Echter Jasmin *(Jasminum)* 8: Hibiskus *(Hibiscus)* 9: Bleiwurz *(Plumbago)*

1

2

3

4

5

6

7

8

9

Rasen

Wichtiges Gartenelement: Rasen

Warum ist eine Rasenfläche im Garten eigentlich so wichtig? Komme ich nicht auch ohne diese grüne eintönige Fläche aus?

Freilich gibt es auch Gartenkonzepte, in denen eine Rasenfläche überflüssig ist, weil Stellplätze für Tische, Stühle oder Liegen gepflastert wurden; doch selbst das beste Pflaster versiegelt den Untergrund, und das ist nicht empfehlenswert. Zwar ist ein klassischer Rasen nicht unbedingt ein Eldorado für die heimische Tierwelt, aber auf jeden Fall weit besser als Stein oder Asphalt und stets die umweltfreundlichere Alternative. Kurz gehalten, wiegt Rasen farbstarke Beete und himmelhohe Baumgestalten optisch auf, und allein die Möglichkeit, barfuß auf dem Rasen zu spazieren, steigert die Lebensqualität.
Wenn Kinder im Garten spielen, bietet sich eine große Rasenfläche an, und selbst wenn sie kein ganzes Fußballfeld einnehmen kann, zum Laufen oder wenigstens zum Krocketspielen reicht die Fläche meistens aus. Und sollte sie nur etwas mehr als handtuchgroß sein – Platz, um darauf zu sitzen oder liegen, ist ebenfalls willkommen.

Vor allem wenn Kinder den Garten zum Spielen nutzen dürfen, ist eine Rasenfläche ein Must-have.

Ganz oder gar nicht?

Machen Sie sich keine Gedanken darüber, wenn Ihr Rasen nicht dem Ideal eines »englischen Rasens« entspricht. Nur die wenigsten von uns müssen einen Preis für einen Freiluftteppich ohne Webfehler gewinnen. Erlaubt ist, was gefällt. Längst sind ein paar Gänseblümchen oder ein Pulk Klee kein Makel mehr; viel eher freut man sich daran, dass etwa Hummeln auch noch ein wenig Nahrung finden, nicht wahr? So ändern sich die Sichtweisen mit der Zeit.

Rasen aussäen

Ich möchte eine Rasenfläche neu anlegen. Wann und wie gehe ich vor? Kann ich das selbst machen oder brauche ich einen Profi?

Wer etwas Arbeit nicht scheut, kann selbst einen Rasen anlegen. Einen Rasen legt man aber nicht mal beiläufig an, die Arbeit muss gewissenhaft erledigt werden, damit es zu einem guten Ergebnis kommt.
Der Erfolg hängt dabei auch wesentlich von der Auswahl des Saatguts ab. Finger weg von Rasensamen mit dem Etikett »Berliner Tiergarten« oder Ähnlichem! Diese Grasselektionen wachsen zwar schnell, werden aber hoch wie Viehfutter und selten gewünscht kompakt, um Lücken zu schließen. Rasen braucht volle Sonne. Wenn ein halbschattiger Platz in eine Rasenfläche umgewandelt werden soll, muss eine entprechende spezielle Saatmischung verwendet werden. Wer am Saatgut spart, handelt sich viel Mühe und Ärger ein. Schattenplätze sind für einen Top-Rasen nicht geeignet, früher oder später übernehmen Moospulks diesen Standort; was aber nicht unbedingt schlecht aussehen muss.

Bodenvorbereitung ist das Wichtigste

Die Fläche muss vor der Aussaat am besten mit einer Bodenfräse gründlich gelockert werden und frei von Wurzeln, Steinen oder tief wurzelndem Unkraut sein. Dann wird sie mit einem engzinkigen Rechen sehr sorgfälig eingeebnet, denn Senken lassen sich später nur mühevoll ausgleichen. Säen Sie an einem windstillen Tag mit möglichst bedecktem Himmel aus, am besten im Vollfrühling, wenn keine Fröste mehr zu erwarten sind. Das Saatgut können Sie mit einer Walze festdrücken oder sanft einharken. Bewässert wird unmittelbar danach, idealerweise gegen Abend, mit einem Beregner, der auf eine sanfte Tröpfchenstufe eingestellt ist. In den folgenden Wochen darf vor und nach der Keimung der Boden nie ganz austrocknen. Das erste Mal wird der Rasen gemäht, wenn die Halme zwischen 7–10 cm hoch sind. Dann verschwinden auch diverse Unkräuter, die sich sicher schon haben blicken lassen.

→ WANN: VollFr, FrHe

Vor einer Aussaat von Rasen wird die Fläche 1 abgeräumt, unkraut- und steinfrei gemacht und glatt geharkt. 2 Ein Saatwagen verteilt den Samen gleichmäßig, dann 3 einharken und 4 beregnen.

Rollrasen

Ist es nicht einfacher, einen Rollrasen zu kaufen und die Bahnen zu verlegen wie einen Teppichboden, als Saatgut auszusäen?

Ist der Boden optimal vorbereitet, können die Rasenbahnen abgerollt und lückenlos verlegt werden.

Beides hat seine Berechtigung, die Aussaat und das Auslegen von Rollrasen. Die Arbeitsersparnis ist nicht ganz so groß, wie man es auf den ersten Blick meinen möchte. Eine häufig aufwendige, gute Bodenvorbereitung ist genauso fällig wie bei einer Aussaat, denn einfach Rasensoden auf bestehenden Bewuchs auszulegen, wäre zum Scheitern verurteilt. Die Rasenwurzeln bei Rollrasen sind ja auch ein Stück weit gekappt und müssen sich erst wieder am neuen Standort etablieren. Fertigrasen muss zudem sofort verarbeitet werden, wenn er angeliefert wird. Meist ist er wie ein Teppich zusammengerollt, und ein, zwei Tage können schon ausreichen, dass Partien vergilben und das Ganze lückenhaft wird. Das Ausrollen ist keine Feinarbeit wie das Säen, erfordert aber Kraft. Auch Rollrasen muss nach der Anlage ein paar Wochen aufmerksam bewässert werden, bis er eingewachsen ist und kurze Trockenphasen wegsteckt.

Die Pluspunkte von Rollrasen

Im Vergleich zur Aussaat ist der hohe Preis eines Rollrasens gerechtfertigt, denn es gibt bei diesem Produkt ein paar Pluspunkte, die unter Umständen den Ausschlag geben. Auch beim Fertigrasen gilt unbedingt: Besorgen Sie sich Qualitätsware von einem verlässlichen Anbeiter. Gerade bei wichtigen Elementen einer Gartengestaltung, wie dem Rasen, sollte nichts schiefgehen. Niemand soll die Lust auf einen Rasen verlieren (und womöglich bei einem Misserfolg eine Pflasterfläche anlegen), weil das Ausgangsmaterial dafür nicht taugt. Praktisch beim Rollrasen: Er kann auch im Sommer bis hin zum Vollherbst verlegt werden. Und die Wartezeit bis zum Betreten ist deutlich kürzer. Geben Sie ihm etwa zehn Tage Zeit, sich zu bewurzeln, dann werden bei sanfter Nutzung durch Laufen keine Lücken entstehen. Sollte der Rasen etwa als Fußballspiel-Untergrund vorgesehen sein, ist es besser, mit dem Sport ungefähr einen Monat zu warten.

→ WANN: VollFr – SpHe

Rasen mähen

Wenn ich einen Rasen tipptopp wie gemalt haben möchte – was muss ich dafür tun? Muss ich im Sommer mehrmals wöchentlich mähen?

Durch Mähen wird die Rasenfläche dicht. Die Schnitthöhe wird dem aktuellen Wetter angepasst.

Wer das Ziel verfolgt, eine makellose Rasenfläche zu haben, schafft sich als Allererstes einen Rasenmäher an. Für ein kleines repräsentatives Vorgartenstück reicht auch ein Handmäher ohne Motor. Das sind die einzigen Mäher, die wie eine Schere mit zwei Klingen schneiden – ein besseres Schnittbild kann man nicht bekommen. Die meisten anderen Modelle haben rotierende Messerblöcke, die ausreichend scharf abschneiden, sofern die Rotation schnell genug ist und die Messer nicht allzu schartig. Ob ein Elektromodell mit Schnur oder Akku, ein Benziner oder gar ein Aufsitzmäher, ist eine Frage der Größe der Rasenfläche und der Vorlieben des Rasenpflegenden. Mähroboter gefährden leider mehr als alle anderen Mäher durch ihren ständigen Einsatz die Kleintierfauna eines Gartens gravierend. Wer sie auch noch in der Dämmerung oder nachts laufen lässt, riskiert beispielsweise, Igel zu verletzen. Prinzipiell sollen Mähroboter nur bei Tag laufen.

Mähen, mähen, mähen

Rasenpflege besteht zu 90 % darin, die Fläche mindestens einmal die Woche zu mähen. Die Schnitthöhe richtet sich nach den Wettergegebenheiten. Ist es hinreichend feucht und eher bedeckt, kann bis zu etwa 5 cm tief geschnitten werden. Bei Hitze und trockenem Wetter sollten die Gräser fast doppelt so lang stehen bleiben, so widerstehen sie einem kompletten Austrocknen ein paar Tage länger als kurz geschoren. Fangen Sie den Rasenschnitt auf oder – noch besser – rechen ihn ab. So belüften sie gleichzeit die Rasenfläche. Auf Dauer kann eine Grünschnittschicht, wie ihn Mulchmäher hinterlassen, die Fläche verpappen. Bei Trockenheit wird gewässert und von etwa Mai bis September mit Spezialdünger gedüngt. Wer ausschließlich Gräser sehen möchte, muss sich etwa alle 14 Tage auf die Suche nach anderen Pflanzen machen, die sich durch Samenanflug ansiedeln könnten, und diese mithilfe eines Distelstechers mitsamt den Wurzeln aus dem Boden holen.

→ WANN: ErFr – SpHe

Rasenprobleme

Manchmal tauchen Kahlstellen oder Maulwurfshügel auf oder das Moos nimmt überhand. Wie kann ich die Rasenfläche reparieren?

Zuerst sollten Sie überlegen, was eine plötzliche Lücke im ansonsten dichten Rasenbewuchs verursachen kann. Treten nach Dürre oder zu starker Beanspruchung, z. B. durch häufiges Spielen, Lücken auf, kann einfach im Vollfrühling oder Frühherbst nachgesät werden. Dazu müssen Sie das Erdreich gut lockern, Qualtätssaatgut aufstreuen, etwas andrücken und die Stelle ein paar Wochen absperren und feucht halten.
Sollte sich im Halbschatten Moos ausbreiten, kann man dem engegenwirken durch Ausbringen von speziellem Kalk. Moos wächst vornehmlich in saurem Millieu, und Kalk macht die Bodenreaktion alkalischer, sodass das Moss nicht überleben kann. Das muss vermutlich alle 1–2 Jahre wiederholt werden, damit sich nicht allzu große Lücken dabei auftun, die durch eine Nachsaat geschlossen werden müssen. Im Schatten ist Moos grundsätzlich Gräsern überlegen, und es stellt sich die Frage, ob man es nicht dulden sollte, wenn die Grünfläche nicht allzusehr beansprucht wird.

Soll »Herr Grabowski« umziehen?

Sollten Maulwürfe unter ihrem Rasen wohnen und das durch ihre Hügel anzeigen, können Sie sich überlegen, ob Sie damit leben können. Falls Sie sich an den Maulwurfshügeln stören, dürfen Sie die Tiere keinesfalls durch Gift oder Ähnliches töten, denn sie sind streng geschützt. Eine Vergrämung funktioniert durch Gerüche von Knoblauch, Essig, Alkoholgeruch von leeren Schnapsflaschen, die in die Hügel gesteckt werden, oder in Spiritus getränkte Lappen. Wird dem Maulwurf seine Umgebung unangenehm, sucht er sich nämlich einen anderen Wirkungskreis. Zwar weicht das Tier nicht von heute auf morgen, doch wenn die Geruchsquellen weiträumig an oder in das Gangsystem, das die Haufen markieren, ausgebracht und immer wieder erneuert werden, verliert es die Geduld und wandert ab. Die Hügel werden dann abgetragen und auf Beeten verteilt, die Erde gelockert und Rasen nachgesät..

➜ WANN: ErFr – SpHe

Hier wohnen eindeutig Maulwürfe. Man kann sie dulden oder vergrämen, darf sie aber nicht töten.

Rasenkrankheiten

Gibt es Krankheiten, die die Rasengräser befallen können? Wie kann ich diesen Krankheiten vorbeugen und den Rasen fit machen?

Die gute Nachricht zuerst: Wächst der Rasen an einem sonnigen Platz, auf hinreichend aufgelockertem, nicht allzu saurem Boden und wird ausreichend gewässert sowie gedüngt, kommt es selten zu gravierenden Erkrankungen ganzer Partien. Achten Sie beim Düngen darauf, ein auf Rasen abgestimmtes Produkt zu verwenden.

Die richtige Pflege

Wesentlich bei der laufenden Pflege ist, dass sich kein sogenannter »Rasenfilz« bildet. Dabei handelt es sich beispielsweise um Schnittgut nach dem Mähen, das auf den Flächen liegen bleibt. Zwar wird vieles davon zersetzt und dient dann sogar als Dünger für die Rasenpflanzen, doch stets verbleiben Reste, die sich verkleben können und dann dem Rasen Luft und Licht nehmen. Die Abhilfe ist einfach: Harken Sie nach dem Mähen das Schnittgut mit einem Rechen zusammen, dessen Zinken steil, fest und eng zusammenstehen. Dabei lüften Sie durch die festen Zinken auch immer wieder den Boden, was wiederum Pilze abschreckt und das Gräserwachstum stimuliert.

Ist im Herbst der Dünger zu stickstoffhaltig und hat wenig Kalium, steigt das Risiko von weißgrauem Schneeschimmelbefall, das durch anhaltende Feuchte, Nebel, Tau und eher kühlen Temperaturen zwischen dem Gefrierpunkt und 10 °C noch erhöht wird.

Hat der Rasen zu wenig Nährstoffe im Sommer und ist es dann eher kühl und feucht, findet man rötliche Spitzen an den Halmen, die sich ausbreiten und das Gras vertrocknen lassen. Hier ist die Rotspitzigkeit am Werk. Regelmäßiges Mähen und Düngen beugt dem vor.

Egal ob eine herbstliche Laubschicht, eine vergessene Jacke oder ein Unkrauteimer – alles was länger als einen Tag auf dem Rasen liegt, schwächt, vor allem zwischen Vollherbst und Vollfrühling, die Gräser und leistet Pilzbefall Vorschub.

→ WANN: VoFr – Wi

1 Schneeschimmel zeigt sich im Frühling, vertikutieren und nachsäen schafft Abhilfe.

2 Schleimpilze treten in feucht-warmen Sommern auf und verschwinden meist von selbst.

Rasenflächen gestalten

Gibt es Möglichkeiten oder Tricks, wie man eine Rasenfläche optisch aufwerten kann, z. B. durch den Einsatz von Einfassungen?

Wie ein Teppich definiert sich eine Rasenfläche durch seine Kanten und hebt sich von den anderen gestalterischen Elementen, die man auf einen Blick sieht, ab. Das wertet ihn auf; alles was eine klare Kontur hat oder sogar eingefasst ist, wirkt in unserer Wahrnehmung veredelt. Welche Kantengestaltung Sie dabei vornehmen, ist reine Geschmackssache. Die Gestaltung an sich muss aber konsequent erfolgen. Sticht man Kanten vom Beet ab, muss das etwa zweimal im Laufe eines Jahres wiederholt werden, und nach dem Mähen müssen Sie überstehende Halme trimmen. Das ist zwar mit etwas Mühe verbunden, erhält aber den natürlichen Look einer Gartenpartie mit Rasenfläche.

Ein Rasen kann aber auch mit einer Linie von Kantensteinen eingefasst werden. Dadurch wird es leichter, die Fläche bis zum Rand zu mähen, ohne in Beeterde zu versinken. Ein Überwachsen durch flach sich ausbreitende Halme verhindern Sie dadurch nicht ganz, die Kantenschere oder der Trimmer müssen wieder zum Einsatz kommen.

Steinkonturen können den Garten optisch gut mit anderen gebauten Elementen, etwa des Hauses, der Terrasse oder einer Laube, verbinden, vorausgesetzt, Sie verwenden die gleichen Materialien.

Spiel mit den Formen

Mit Konturen lässt sich wunderbar gestalten. So können Umrisse, die sich an anderer Stelle im Garten befinden, wiederholt werden und das gestalterische Harmonie. Außerdem können Sie die dritte Dimension einbeziehen und etwa Treppenstufenflächen mit Rasen einsäen oder ganze Hügel, z. B. vor einer Mauer, auf einem abschüssigen Grundstück so aufschütten und mit Rasen versehen, dass ein Sonnenliegeplatz entsteht. Rasen bietet weit mehr Möglichkeiten, als nur ein grünes Handtuch zu sein.

→ WANN: VollFr – SpHe

Mit Rasenflächen lässt sich wirkungsvoll gestalten: 1 Konturen durch Randbegrenzungen veredeln den Look. 2 Hänge mit gemähtem Rasen schaffen eine zusätzliche Dimension.

Blumenwiese

Ich mag die Vielseitigkeit von Rasen, aber auch Blumenwiesen zum Anschauen und um den Insekten zu helfen. Was ist besser?

Eine intakte Blumenwiese etabliert sich nur aus Wildpflanzen, die genau zum Standort passen.

Falls es die Fläche hergibt, ist beides gut! Halten Sie bei Ihrem Rasen nur notwenige Wege durch Mähen kurz und schaffen sich eine oder mehrere Schneisen zum Sitzen oder Liegen. Wenn Sie Beete bewirtschaften, legen Sie diese am besten an den Seiten an, an denen sowieso gemäht wird. Falls das nicht machbar ist, mähen Sie stets einen Fußweg breit an der Beetgrenze entlang. Den Rest lassen Sie einfach wachsen. Doch erwarten Sie bitte nicht, dass sich in Kürze eine Idealvorstellung einer Blumenwiese einstellt. Zunächst dominiert das Rasengras, das nur langsam ausdünnt, weil dort keinesfalls mehr gedüngt wird. Und von selbst gedeihen nur Pflanzen, die sich als »Unkräuter« auf dem betreffenden Boden und unter den bestehenden Lichtverhältnissen ansiedeln würden. Das kann sehr schön aussehen, braucht aber seine Zeit. Und eines sollte klar sein: Jede Wiese muss einmal gegen Ende des Frühsommers mit einer Sense gemäht werden.

Blumenwiesenmischungen

Saatguttüten verheißen die Erfüllung von Wiesenwünschen, doch nur selten gerät das Resultat so, wie erhofft. Oft sind in den Mischungen schnell keimende Arten mit eingemischt, die nicht heimisch sind und wenn übehaupt nur eine Saison lang ein gestalterisches Strohfeuer liefern. Auch Wiesen-Margeriten, Kamille, Mohn- oder Kornblumen gedeihen nicht überall. Denken Sie pragmatisch und beobachten die Gegebenheiten Ihres eigenen Wiesenplatzes. Gehen Sie dann in Ihrer direkten Wohnumgebung mit offenen Augen durch die Natur und sammeln Samen von Gewächsen ein, die an einem vergleichbaren Platz, wie Ihr Garten ihn bietet, stehen, wenn sie Ihnen gefallen. Damit »impfen« Sie immer wieder im Laufe eines Jahres oder länger den Boden, indem Sie etwas freikratzen, die Saat ausbringen und angießen. Nach und nach entfaltet sich dann ein Stück Natur, das Sie kein Geld kostet und doch von immensem Wert ist.

→ WANN: VollFr – SpHe

Wasser im Garten

Einen Teich anlegen

Warum ist Wasser im Garten eigentlich so wichtig? Ich würde mir gerne einen kleinen Teich anlegen. Wie gehe ich dabei vor?

Ohne Wasser gibt es kein Leben! Neben der Wasserversorgung der Pflanzen im Garten, sind Wasserstellen auch über die dekorative Wirkung hinaus äußerst wertvoll. Schon ein kleiner Bottich, vielleicht mit einer kleinen Fontäne oder einer Art Quellstein, gibt Kühle an die Umgebung ab und versorgt Vögel und Insekten mit Wasser.

Ein Teich muss nicht derart groß sein, um im Sommer Freude und Kühle zu bereiten.

Sicherheit geht vor!

Legen Sie sich niemals spontan eine Wasserstelle an. Wasserfässer mit Seerosen auf dem Balkon haben beispielsweise ein enormes Gewicht, dem nicht jede Statik standhält. Und egal, wie groß ein Teich ist: Stets sind fachlich einwandfreie Baumaßnahmen mit langlebigen und strapazierfähigen Materialien fällig. Grenzen und Grund des Gewässers müssen dicht sein, Wasserzufluss und -abfluss müssen geregelt werden können, und eine Bohrung auf dem eigenen Grundstück nach Grundwasser ist bei allem, was größer ist als ein Kinderplanschbecken, ratsam. Meist sind auch Vorkehrungen zu treffen, dass weder ein Tier noch ein Kind noch ein Erwachsener im Teich ertrinken kann. Obligatorisch dafür sind flach auslaufende Uferzonen, sie reichen aber nicht völlig aus.
Die Gegebenheiten, die Ihr Garten und Ihre Möglichkeiten zur Pflege dieses Schmuckstücks bieten, sollten Sie also sehr gut durchdenken. Erkundigen Sie sich am besten bei Teichbesitzern, außerdem bei Fachleuten, die Sie umfassend beraten können. Wenn ein Gewässer realisierbar ist, dann können Sie loslegen.

Teichplanung

Vor der Anlage kommt die Planung. Mit einer Checkliste können Sie gut arbeiten. Detailfragen ergeben sich dann aus den konkreten Gegebenheiten.

1. Standort

Ein üblicher Gartenteich sollte idealerweise zu einem Drittel bis zur Hälfte im Schatten liegen und mit der restlichen Wasserfläche in der vollen Sonne.

2. Wasserzufluss und -tiefe

Das Zuführen und das Ablassen von Wasser müssen mühelos möglich sein. Ein Teich sollte an seiner tiefsten Stelle mindestens 1 m Wasserstandshöhe halten.

3. Baumaterial

Ob Sie Lehm, Teichfolie oder ein fertiges Bassin verwenden, liegt in Ihrem Ermessen und den Gegebenheiten. Alles muss aber buchstäblich wasserdicht sein und perfekt verarbeitet werden.

4. Technik

Eine Pumpe mit Filter ist ein Muss für eine gute Wasserqualität. Im Winter muss die Technik, die auf die Wassermenge angepasst wird, frostfrei gelagert werden.

5. Uferzone

Damit Tiere, die ins Wasser fallen, auch wieder ins Trockene kommen, muss eine Flachwasserzone und/oder andere Ausstiegsmöglichkeiten eingerichtet werden.

6. Fontäne

Wasser, das sich an oder über der Oberfläche bewegt, kühlt die Umgebung und nimmt Sauerstoff auf.

7. Bepflanzung

Ob naturnah oder als Bassin angelegt, die Bepflanzung muss der Pflanztiefe angepasst sein und auch dem Gartenstil entsprechen.

8. Werkzeug und Utensilien

Zum Werzeugbestand gehören Kescher, Teichschere mit Teleskop, Gummistiefel oder eine Teichhose.

9. Fische

Wer Fische halten will, muss sich intensiv über die Bedürfnisse der Tiere und die besondere Wasserpflege informieren. Die Technik muss, z. B. durch spezielle Filter, angepasst werden.

Pflanzen für den Teich

Der Teich ist fertig, nun soll er mit schönen Pflanzen bestückt werden. Welche Pflanzen kann ich verwenden, wie gehe ich vor?

Arbeiten Sie sich von der tiefsten Stelle des Teiches an die Ränder vor und planen Sie mehrere Tage Abstand für die einzelnen Bepflanzungsschritte ein. Ein extra Teichboden oder spezielle Teicherde muss nicht sein. Nährstoffe finden etwa Seerosen, die in Pflanzkörbchen stehen, im Wasser genug. Lediglich in der Flachwasser- und Uferzone wird auf die wasserstauende Schicht nährstoffarme Erde aufgebracht, damit Uferpflanzen mit ihren Wurzeln Halt finden.

Zuerst kommen Seerosen, die tiefes Wasser brauchen, an entsprechende Stellen, an denen das Wasser bereits etwa kniehoch steht und sich in der Sonne schon erwärmen konnte. Die Pflanzkörbe werden mit Steinen beschwert. Dann füllt man das Teichwasser so weit auf, dass der Wasserspiegel die obersten Blätter der Seerosen etwa zwei Handbreit bedeckt. Warten Sie, bis die nun wachsenden Blätter den Wasserspiegel erreicht haben, und füllen dann ähnlich viel Wasser auf wie beim ersten Mal. Das hilft den Pflanzen, sich zu entwickeln, und vermeidet Temperaturschocks beim Auffüllen durch Wasser, das, aus den Leitungen kommend, meist kälter ist als bereits im Teich. Sowie der Wasserpegel die Flachwasser- oder Uferzonen erreicht und den Bodengrund bedeckt, werden die dafür vorgesehenen Pflanzen dort eingesetzt. Auch hier gibt das Wachstum der Seerosen den Zeittakt vor. Zum Abschluss werden noch Stauden oder Gehölze jenseits der Teichfolie oder Ähnlichem gesetzt.

Wasserstand beachten

Erkundigen Sie sich genau, welche Pflanzen in welchem Wasserstand gedeihen. Bei Seerosen gibt es Sorten, die eine Wassertiefe von 1 m benötigen, um gut zu gedeihen, und andere, die kleiner bleiben und mit wenigen Dezimetern Wasser über den Wurzeln auskommen. Mini-Seerosensorten eignen sich sogar für kleine Bottiche.

→ WANN: VollFr – FrSo

Pflanzen für verschiedene Wassertiefen: 1 Seerosen brauchen je nach Sorte Wassertiefen zwischen 30 und 100 cm, 2 Schwanenblumen zwischen 40 und 10 cm, 3 Sumpf-Iris zwischen 10 und 0 cm.

Teichpflege

Wie gehe ich bei der Teichpflege vor? Das Wasser soll klar bleiben und die Pflanzen gut gedeihen.

Im Herbst werden abgestorbene Pflanzenteile aus dem Teich gefischt, damit sie sich dort nicht zersetzen.

Glasklares Wasser, sodass man 1 m tief auf den Grund schauen kann, wird es bei einem Naturteich nicht geben. Eine leichte Trübung bedeutet aber keinesfalls, dass Algen überhandgenommen haben und eine lebensfeindliche Situation eingetreten ist. Dennoch ist ein zu starkes Algenwachstum zu verhindern, denn der Teich wird dadurch nicht nur zum unansehnlichlichen Pfuhl, der Sauerstoffgehalt des Wassers nimmt auch ab, und das ist für alle Teichbewohner ungünstig.

Algenwuchs wird durch Nährstoffe im Wasser und hohe Wassertemperaturen beschleunigt. Es sollten also keine Nährstoffe in den Teich eingetragen werden. Pflanzen werden nicht gedüngt, sie entnehmen dem Wasser alles, was sie brauchen. Die richtige Bepflanzung, auch durch Unterwasserpflanzen, ist die beste Kläranlage. Abgestorbene Pflanzenreste werden stets sofort mit dem Kescher aus dem Wasser gefischt. Sollten Fische im Wasser leben, können deren Ausscheidungen und Futterreste allerdings ein echtes Problem werden. Hier müssen Sie besonders gute Filteranlagen installieren. Halten Sie den Fischbestand dennoch klein oder verzichten Sie ganz darauf. Fontänen und andere Wasserspiele kühlen das Wasser etwas ab und tragen reichlich Sauerstoff ein. Bewegtes Wasser vermindert auch das Aufkommen von Mücken, weil sich deren Larven in stillen Gewässern besser entwickeln.

Teich im Herbst aufräumen

Im Herbst schneiden Sie alle Uferpflanzen, deren Laub im Winter im Wasser faulen könnte, ab und geben den Grünschnitt auf den Kompost. Schilf ist so fest, dass er den Winter über stehen bleiben kann und erst im Frühling zurückgeschnitten wird. Absterbende Unterwasserpflanzen werden beim Großreinemachen im Herbst aus dem Teich gefischt; sie überdauern als Wurzel. Schalten Sie die Pumpe im Spätherbst ab und lagern Sie sie frostfrei in einem Eimer mit Wasser. Im Erstfrühling wird sie wieder angeschlossen und in Betrieb genommen.

→ WANN: VollFr – ErFr

Nutzgarten

Leckeres kann auch schön sein, oder nicht? Obst- und Gemüsegärten oder -beete haben ihren eigenen Reiz und sind keineswegs nur »nützlich«!

Gemüse

Fruchtfolge und Mischkultur

In meinem kleinen Gemüsegarten bringe ich keine vernünftige Fruchtfolge unter. Kann ich trotzdem erfolgreich Gemüse anbauen?

Eine vernünftige Fruchtfolge hat sich im feldmäßigen Anbau seit Jahrtausenden bewährt. Selbstverständlich wird sie auch heute noch praktiziert. Fruchtfolge heißt, dass Pflanzen verschiedener Familien nacheinander angebaut werden. Im biologischen Anbau wäre eine Fruchtfolge Kleegras im ersten Jahr, im zweiten ein Starkzehrer wie Kopfkohl, dann eine Hackfrucht, also Kartoffeln, und dann Getreide. Dabei werden die Nachteile unnatürlicher Reinbestände gemildert. Die vorhandenen Nährstoffe im Boden können besser ausgenutzt werden und einem Humusabbau wird vorgebeugt.

Schutz vor Krankheiten

Der Hauptgrund für die Einhaltung der Fruchtfolge ist jedoch, dass kulturspezifische Krankheiten und Schädlinge sich nicht ungehindert ausbreiten können. Wird beispielsweise Möhre nach Möhre angebaut, bildet sich ein Möhrenfliegenbestand und der Krankheitsdruck ist enorm. Steht im nächsten Jahr jedoch Kohlrabi auf dem Feld, kann die Möhrenfliege, die im nächsten Jahr aus dem Boden kommt, nichts damit anfangen. Das Möhrenfeld einige Kilometer weiter kann sie aber nicht finden. Der Befallsdruck bleibt also gering. Vor allem bodenbürtige Krankheiten und Schädlinge können mit Fruchtfolgen erfolgreich unterdrückt werden.

Ein sehr gutes Beispiel ist die Kohlhernie, eine Pilzkrankheit, die an Kohlpflanzen be-

Eine klassische Mischkultur: Möhren und Zwiebeln 1. *Phacelia* ist eine hervorragende Gründüngung 2. Kohlhernie entsteht, wenn auf derselben Fläche mehrmals hintereinander Kohl angebaut wurde 3.

ziehungsweise an den Kohlwurzeln auftritt. Diese verdicken dann unnatürlich und die Feinwurzeln sterben ab. Die Pflanzen welken und wachsen nicht mehr. Das ist der Grund dafür, dass Kreuzblütler, zu denen der Kohl gehört, nur alle vier Jahre auf dem gleichen Feld angebaut werden.

Tipps für den Garten

In kleinen Gemüsegärten ist es tatsächlich schwierig, die Fruchtfolge akribisch einzuhalten. Mit Mischkulturanbau können Sie aber einiges wettmachen. Hierbei werden z. B. Möhren und Zwiebeln auf einem Beet gemeinsam angebaut. Sie sind gute Beetpartner und sollen sich durch Wurzelausscheidungen gegenseitig vor Krankheiten schützen. Es gibt viele solcher Pflanzenkombinationen, die Sie unbedingt ausprobieren sollten.

Bei Starkzehrern wie Blumenkohl sollten Sie aber schon darauf achten, dass Sie jedes Jahr ein neues Plätzchen finden. Bei Petersilie darf keinesfalls drei Jahre vorher ein Doldenblütler wie Möhre oder Sellerie auf dem Beet gestanden haben. Das würde er übelnehmen und nicht wachsen. Tomaten hingegen können jahrelang auf dem gleichen Platz angebaut werden, ohne dass es zu Problemen kommt.

Was aus der Landwirtschaft übernommen werden kann, ist die Gründüngung. Besonders geeignet dafür ist *Phacelia* oder Bienenfreund. Die Pflanzen gehören einer ganz anderen Familie an wie unsere Gemüsepflanzen, passen als Fruchtfolge also immer. Die Aussaat gelingt von Mai bis September. Gründüngung sorgt außerdem für Humusaufbau. Im Winter friert *Phacelia* ab und wird dann im Frühjahr einfach in den Boden eingearbeitet.

GUT ZU WISSEN

Beim Gärtnern in Mischkultur werden verschiedene Gemüse auf einem Beet miteinander kombiniert. Stehen die richtigen Partner zusammen, kann sich das auch positiv auf den Ertrag auswirken.

Die Mischkultur ist eine alte Methode, natürliche Systeme nachzubilden. Bei der Mischkultur werden die verschiedenen Gemüsearten in Reihen nebeneinander oder auch gemischt in einer Reihe angebaut. Einige wachsen in die Tiefe, andere breiten sich am Boden aus und manche Pflanzen nutzen luftige Höhen. Wurzelgemüse lässt sich mit Blattgemüse kombinieren, rankende Pflanzen wie Kletterbohnen erklimmen hochwachsend Arten wie Mais, der als Pflanzenstütze dient. Im Gegenzug liefern die Bohnen wertvollen Stickstoff.

Aussaat im Freiland

Ich möchte gerne mein Gemüse im Garten aussäen. Worauf muss ich achten, um von Anfang an gesunde Pflanzen zu kultivieren?

Zuerst müssen Sie ein Saatbett herrichten. Lockern Sie dazu die Erde mit Grubber und Hacke und arbeiten Sie diese gründlich durch. Klumpen sollten keine mehr vorhanden sein, Steine lesen Sie aus, Unkräuter müssen natürlich auch entfernt werden. Nun rechen Sie die Oberfläche glatt. Sie benötigen eine möglichst feine, ebene Fläche. In Mulden würde das Wasser zusammenlaufen. Nun ziehen Sie Reihen. Der Reihenabstand variiert je nach Gemüse und steht auf der Samenpackung, genauso wie der Abstand der Pflanzen in der Reihe. Alternativ ist vermerkt, wie viele Meter Sie mit dem Saatgut aus einer Packung säen können. Nun drücken Sie den Samen mit einer Latte oder mit der Handkante auf die Erde. Das ist sehr wichtig, damit der Samen Bodenschluss bekommt. Durch diesen sogenannten Bodenschluss bekommt er Kontakt mit dem Kapillarwasser im Boden, das er zum Keimen braucht. Bedecken Sie als Nächstes den Samen mit einer etwa 1 cm hohen Erdschicht. Diese Schicht drücken Sie nicht an. Wenn Sie wollen, können Sie angießen. Das ist aber nicht zwingend notwendig. Am günstigsten ist die Aussaat, wenn eine gute Bodenfeuchtigkeit vorhanden ist. Vor allem im Frühjahr hat sich eine Vliesauflage bewährt. Denn neben Feuchtigkeit benötigt der Samen Wärme.

Samen gehen nicht auf

Keimt das Saatgut nicht, kann das verschiedene Ursachen haben. Manche Gemüsesamen haben eine Keimzeit von bis zu drei Wochen. Eventuell dauert es noch bis zur Keimung. Oder das Saatgut war zu alt. Schauen Sie vor der Aussaat auf das Haltbarkeitsdatum. Wenn Sie unsicher sind, ob genügend Samen keimen, legen Sie vor der Aussaat ein paar Körner in ein Schälchen auf feuchtes Küchenpapier und stellen dies warm auf. Wenn nur die Hälfte keimt, ist das Saatgut nicht mehr in Ordnung.
Haben Sie in einen sehr schweren, tonigen Boden gesät? Dann kann es sein, dass die oberste Bodenschicht austrocknet und

Durch ein leichtes Klopfen auf die Samentüte fallen die Samenkörnchen nacheinander in die Reihe 1. Die Samen mit etwas Erde bedecken und festklopfen 2. Radieschen markieren die Reihe 3.

steinhart wird. Diese Schicht kann der Keimling nicht durchdringen. Bei der nächsten Aussaat decken Sie die Reihe mit Sand oder Blumenerde ab, dann passiert das nicht mehr. Um das zu kontrollieren, graben Sie die Reihe vorsichtig auf. Wenn Sie die Keimlinge verkrümmt unter der Oberfläche finden, haben Sie den Grund herausgefunden. Nachzuschauen, was der Samen macht, ist übrigens ein probates Mittel. Vor allem bei größeren Samen sehen Sie sofort, was los ist. Manchmal sind die Samen verfault, befallen von Bakterien oder Pilzen. Manchmal sind sie einfach noch nicht so weit und brauchen noch ein paar Tage. Auch die Bohnenfliege könnte schuld sein. Sie legt ihre Eier auf den Boden, die Maden fressen dann die Keimlinge, und das nicht nur bei Bohnen, sondern auch bei vielen anderen Gemüsearten. Das passiert vor allem bei kühlem Wetter und verzögerter Keimung. Hier hilft eine Vliesauflage, die die Eiablage verhindert. Gefährlich sind auch Schnecken. Eine Wegschnecke frisst in einer Nacht eine ganze Keimlingsreihe, und Sie glauben, es sei nichts aufgegangen. Bei Buschbohnen kommt es immer wieder vor, dass ganze Partien mit Krankheitserregern verseucht sind. Die fallen dann zu 100 % aus und verfaulen im Boden.

GUT ZU WISSEN

Manche Samen, wie die von Radieschen, keimen schon nach ein paar Tagen, andere, wie die von Pastinaken, brauchen 2–3 Wochen. Das ist ungünstig, wenn z. B. der Boden aufgehackt werden muss.

Bei langsam keimenden Samen, wie Möhren, kommt es häufig vor, dass Unkräuter sich auf dem Beet breitmachen, bevor die Keimlinge aus der Erde spitzen. Eigentlich ist dann Hacken angesagt, aber man will natürlich auch nicht in die Reihen hineinhacken. Da hilft ein Trick: Legen Sie alle 10 cm einen Radieschensamen, z. B. in die Möhrenreihe. Die gehen schon nach wenigen Tagen auf und Sie können dank der Markiersaat zwischen den Reihen hacken. Bevor die Möhren groß werden und Platz brauchen, sind die Radieschen geerntet.

Gemüse pflanzen

Ich habe einiges Gemüse im Haus vorgezogen, anderes als Jungpflanzen gekauft. Jetzt möchte ich auspflanzen. Wann geht das?

Das hängt von der Gegend ab, in der Sie wohnen. Im Rheingraben können Sie früher auspflanzen als im Mittelgebirge. Hat die Bodentemperatur 10 °C erreicht, kann es losgehen. Das wird im April der Fall sein. Infrage kommen dann Kohlarten, Salate, Lauch, Fenchel, Schnittlauch und Petersilie. Sellerie pflanzen Sie erst im Mai. Die ersten Sätze sind immer gefährdet durch Kälteeinbrüche. Die Pflanzen halten zwar leichte Fröste aus, sie sind dann aber gestresst und wachsen erst mal nicht so recht weiter. Vor allem Salate und Petersilie können vom Bodenpilz Phytium angegriffen werden. Die Pflanzen bekommen gelbe Blätter und wachsen gar nicht mehr. Einen Befall erkennen Sie daran, dass die Wurzeln rostbraun verfärbt sind. Eine Abhilfe oder Minderung des Schadens können Sie durch das Abdecken mit einem Vlies bewirken. Auch bei den Kohlarten müssen Sie aufpassen. Exakt zur Vollblüte des Löwenzahns oder der Kastanie erscheint die Kohlfliege. Deren Maden fressen die Feinwurzeln im Boden. Die Pflanzen kümmern dann und sterben meist ab. Wenn Sie die Pflanzen aus dem Boden ziehen, fällt Ihnen der Schaden sofort ins Auge. Durch die Auflage eines Kulturschutznetzes halten Sie die Kohlfliegen ab. Ab dem Vierblattstadium sind die Pflanzen nicht mehr ganz so stark gefährdet. Ein Netz brauchen Sie auch für den Lauch ab Mitte August.

Fruchtgemüse pflanzen

Fruchtgemüse wie Paprika, Gurke, Tomate oder Zucchini sind frostempfindlich. Erfahrungsgemäß kommt es zu den Eisheiligen Mitte Mai oft noch zu Nachtfrösten. Diese Gemüsearten werden deshalb immer erst nach den Eisheiligen gepflanzt. Vergessen Sie nicht, bei oder nach der Pflanzung die Setzlinge mit etwas Dünger zu versorgen.

→ WANN: ErFr – VoHe

Zum Schutz vor Kälte werden Jungpflanzen mit einem Vlies abgedeckt 1. Paprika kann erst nach den Eisheiligen Mitte Mai ausgepflanzt werden 2.

PFLANZZEITEN VON GEMÜSE

Gerade Fruchtgemüse wie Kohlarten und Paprika, aber auch Lauch, Tomaten und andere Gemüse werden am besten vorgezogen und später ausgepflanzt. Halten Sie die richtigen Zeiträume ein.

Gemüse	Jan	Feb	Mär	Apr	Mai	Jun	Jul	Aug	Sep	Okt	Nov	Dez
Blumenkohl				●	●	●	●	●				
Brokkoli				●	●	●	●	●				
Chinakohl								●				
Salate				●	●	●	●	●	●			
Fenchel				●	●	●	●	●				
Grünkohl							●	●				
Gurke					●							
Kartoffel				●	●							
Knoblauch									●			
Kohlrabi				●	●	●	●	●				
Kopfkohl				●	●							
Lauch				●	●	●	●					
Pak Choi					●	●	●	●				
Paprika					●							
Rosenkohl					●							
Tomate					●							
Zucchini					●	●						
Zuckerhut							●					
Schnittlauch					●	●						

Pflanzen im Gewächshaus

Ich habe mir ein neues Gewächshaus zugelegt. Welches Gemüse kann ich wie anbauen, wann loslegen?

Im Gewächshaus gedeihen auch empfindliche Pflanzen. Achten Sie auf eine gute Lüftung.

Das Jahr im ungeheizten Gewächshaus beginnt im März. Wenn Sie früher beginnen und es kommen noch ein paar kalte Nächte, nehmen die Pflanzen das sehr übel und stocken wochenlang in ihrer Entwicklung. Pflanzen Sie weit, 40 x 40 cm sind angemessen. Das hat folgenden Grund: Wenn die Frühjahrskulturen noch nicht geerntet sind und die Pflanzung der Sommerkulturen ansteht, können Sie dazwischenpflanzen.

Als Sommerkulturen kommen meist Paprika, Gurken und Tomaten infrage. Tomaten und Paprika können Sie Mitte bis Ende April setzen, bei der Gurke wartet man bis in den Mai. Die Zeiten sind abhängig vom Eindeckungsmaterial und Isolierungsgrad.

Gemüse anbauen

Bei veredelten Tomaten darf die Veredelungsstelle nicht unter die Erde. Unveredelte können Sie tiefer pflanzen. Bei Gurken verfahren Sie ebenso. Tomaten halten bis 1 °C aus, die Gurke mag es nicht unter 10 °C. Die Abstände betragen 70 cm in der Reihe, Reihenabstand 100 cm. Wenn Sie zu eng pflanzen, trocknen die Pflanzen schlecht ab und werden krank. Bei Paprika genügt ein Abstand von 50 cm. Sie können die Pflanzen an Stäben oder Spiralstäben aufleiten. Einfacher ist es jedoch, Sie spannen Drähte mit 2 mm Durchmesser längs durch das Gewächshaus. Daran binden Sie starke Schnüre, die Sie am Fuß der Pflanzen locker befestigen. Sie dürfen später nicht einwachsen. Die Pflanzen winden Sie dann vorsichtig um die Schnur, sie halten ohne weitere Befestigungen. Gurken und Tomaten können Sie selbstverständlich nebeneinander anbauen.

Wenn Sie Andenbeeren anbauen wollen, bedenken Sie, dass diese sehr viel Platz beanspruchen. Eine Möglichkeit wäre, sie ein- oder zweitriebig zu ziehen. Als weiteres Sommergemüse passt die Aubergine ins Gewächshaus. Einen Versuch ist es wert, allerdings ist die Kultur bei schwankenden Temperaturen schwierig.

Stopfen Sie das Gewächshaus nicht zu voll. Sie handeln sich dadurch eine Vielzahl von Pilzkrankheiten ein.

→ WANN: ErFr – VollFr

Aussaaten im Gewächshaus

Ich möchte das Gewächshaus gut nutzen und viel Gemüse anbauen. Oft überschneiden sich aber Ernte und Aussaat. Wie gehe ich vor?

Sie können mit den Aussaaten bereits im März beginnen. Geeignet sind Radieschen. Hier sollten Sie eine Treibsorte, also eine frühe Sorte, wählen. Sie wachsen schneller als Sommersorten, müssen aber zügig geerntet werden, sonst werden sie pelzig. Gut für eine schnelle Ernte ist auch Schnittsalat. Den säen Sie in Reihen und können die jungen Blättchen dann abschneiden. Spinat ist ebenfalls für eine frühe Aussaat geeignet. Zwischen Saatreihen sollten 15 cm Abstand bestehen. Diese Pflanzen halten zwar etwas Frost aus, wachsen aber auch im Gewächshaus zügiger, wenn die Reihen mit einem Vlies geschützt werden.

1 Achten Sie auf genügend Abstand. 2 Winterportulak.

Gute Planung

Mit dem Einzug des Sommergemüses wird nichts mehr gesät, diesen Pflanzen wäre es nun zu warm, sie gedeihen im Freiland besser. Die nächsten Aussaaten betreffen die Wintersalate. So können Sie die Erntesaison verlängern und beinahe das ganze Jahr das Gewächshaus nutzen. Infrage kommen Spinat, Feldsalat und Winterpostelein. Bei Winterpostelein sind mehrere Ernten möglich, weil der Salat nachwächst.

Leider sind zum Aussaattermin Ende August meist noch die Sommerkulturen im vollen Ertrag. Nehmen Sie deshalb Aussaatschalen, befüllen diese mit Aussaaterde und säen Ihre Salate in Reihen. Pro Zentimeter dürfen ruhig fünf Korn liegen. Nach vier Wochen haben Sie ansehnliche Pflanzen. Nun pikieren Sie immer zirka fünf Pflanzen im Abstand von 10 x 10 cm ins leere Gewächshaus.

→ WANN: ErFr – VollFr

Vorziehen auf der Fensterbank

Ich möchte spezielle Sorten von Fruchtgemüsen ziehen. Was muss ich beachten, wenn ich sie selber auf der Fensterbank anziehen will?

Spezielle Sorten sind oft teuer. Wenn Sie einige Grundsätze beachten, können Sie die Sorten aus Samen selbst ziehen.
Sie nehmen ein Kunststoffdöschen mit Deckel, möglichst durchsichtig. Hinein kommen einige Lagen Toilettenpapier, niemals aber Küchenrollen. Aus Letzterem können Sie die Keimlinge nicht mehr herausnehmen, da sie sich im langfaserigen Papier verhaken. Das Toilettenpapier befeuchten Sie und stellen es an einem warmen Ort auf. Gurken, Tomaten und Paprika sind Warmkeimer und wollen schon 24–26 °C. Hier keimen sie innerhalb weniger Tage, deshalb müssen Sie jeden Tag nachschauen. Sobald die Keimblätter da sind, werden die Keimlinge vorsichtig entnommen und in Töpfe mit Blumenerde verpflanzt.

Keimlinge brauchen genügend Licht, um gut zu wachsen 1. Sind die zwei ersten echten Blätter da, wird pikiert 2.

Lichtintensität

Nun werden die Pflanzen an ein Südfenster möglichst nahe ans Fensterglas gestellt. Keine Sorge, die Pflanzen verbrennen nicht, im Gewächshaus stünden sie tatsächlich noch exponierter. Ein Wintergarten wäre natürlich auch gut geeignet. Schon wenige Zentimer hinter der Scheibe nimmt die Lichtintensität deutlich ab. Das menschliche Auge nimmt das nicht wahr, Pflanzen schon. Sie werden dünn und stakelig.

Wenn die Pflänzchen 10 cm groß sind, können Sie mit einem handelsüblichen Blumendünger wöchentlich düngen. Paprika säen Sie Anfang Februar, Tomaten Mitte März, Gurken Mitte April.

→ WANN: VoFr – ErFr

Frühbeet anlegen

Ich möchte früh im Jahr Radieschen und Salat ernten. Das gelingt mit einem Frühbeet. Worauf muss ich bei der Anlage achten?

Frühbeete sind deutlich preisgünstiger als Gewächshäuser und benötigen viel weniger Platz. Zudem erwärmen sie sich im Frühling viel schneller und die Pflanzen wachsen besser.
Wie groß ein Frühbeet sein sollte, hängt vor allem auch von der Größe Ihrer Familie und Ihren Bedürfnissen ab: Wollen Sie nur ein paar Radieschen ziehen oder mit einer umfangreichen Jungpflanzenanzucht starten. Die Mindestgröße für ein Frühbeet liegt bei ca. zwei Quadratmetern. Damit lässt sich schon einiges anfangen. Achten Sie auf transparente Wände, hier ist der Lichteinfluss und damit das Wachstum deutlich besser. Sehr bewährt haben sich Hohlkammerplatten, mit Wandstärken von 10 mm. Sie können das Frühbeet dann eher bestücken, denn die Platten wirken isolierend. Wenn Sie Jungpflanzen in Töpfen ziehen, gedeihen sie im Frühbeet viel besser als auf der Fensterbank. Durch den hohen Lichteinfluss werden sie zudem viel kompakter. Zur Jungpflanzenproduktion ist aber jeder sonnige Platz geeignet, Sie könnten das Frühbeet sogar auf den Balkon stellen. Ein großer Vorteil von Frühbeeten ist ja deren Flexibilät in Bezug auf den Standort.

Platz und Lüftung

Wichtig ist, dass Sie einen vollsonnigen Platz auswählen. Am besten scheint die Sonne von morgens bis abends auf das Frühbeet. Das wird nicht immer möglich sein, Sie sollten hier aber möglichst wenig Kompromisse eingehen, da jeglicher Schatten die Pflanzenentwicklung verzögert. Da das Luftvolumen in einem Frühbeet relativ gering ist, überhitzt es auch schnell, wenn Sie mal zu lüften vergessen. Es wäre deshalb günstig, wenn Sie ein Fenster mit einer automatischen Lüftung versehen, das auf Wärme reagiert. Meist sind diese Fenster wartungsfrei.

→ WANN: VoFr - ErFr

Ist es warm, muss die Bedeckung vom Frühbeet geöffnet werden 1. In speziellen Behältern können Sie ein Frühbeet auf dem Balkon nachahmen 2.

Nährstoffmangel bei Gemüse

Mein Gartengemüse möchte ich gut mit Nährstoffen versorgen. Welche Mangelsymptome können auftreten und wie kann ich sie beheben?

Beim Gemüse treten hauptsächlich Stickstoff- und Kalziummangel auf. Dabei ist Stickstoffmangel die weitaus häufigere Erscheinung, wenn sie auch oft nicht als solche erkannt wird. Allgemeine Anzeichen sind ungenügendes Wachstum, geringe Erträge, helle, eventuell auch gelbe Blätter. Typisch für Stickstoffmangel ist, dass zuerst die älteren Blätter vergilben. Eine Vergilbung der Blätter muss bei einem Stickstoffmangel aber nicht unbedingt auftreten. Kohlrabi, Radieschen und Rettich werden aber schnell holzig. Brokkoli und Blumenkohl bilden nur ganz kleine Blumen aus. Bei Gurken werden die Blätter klein und die Erträge gehen zurück. Doch wie diagnostiziere ich den Mangel genau?

Stickstoffmangel

Es ist wichtig zu wissen, wie viel Stickstoff die Kultur pro Quadratmeter braucht. Es wird dabei zwischen Schwach-, Mittel- und Starkzehrern unterschieden. Ganz allgemein kann gesagt werden, dass Pflanzen, die klein bleiben, wenig Stickstoff brauchen, Pflanzen, die groß werden, viel Stickstoff.

Schwachzehrer: Radieschen, Mairübe, Feldsalat

Mittelzehrer: Salate, Kohlrabi, Möhre, Lauch, Zwiebel, Rote Bete, Spinat

Starkzehrer: Tomate, Gurke, Zucchini, Kohlarten

Schwachzehrer benötigen 5 g Stickstoff pro Quadratmeter, Mittelzehrer 15 g und Starkzehrer 30 g. Allein mit einer Kompostgabe werden Sie die Stickstoffversorgung der Gemüse nicht sicherstellen, denn Kompost enthält so gut wie keinen Stickstoff, und das, was er beinhaltet, gibt er nur sehr langsam wieder her. Das Gemüse muss über andere Dünger mit Stickstoff versorgt werden. Dabei ist es der Pflanze egal, ob sie Mineraldünger oder organischen Dünger nehmen. Wenn Sie mit Kompost arbeiten, versorgen Sie die Pflanzen schon mit Phosphor, Kalium und Magnesium. Jetzt können Sie mit reinem Stickstoffdünger arbeiten.

Hornspäne enthalten 14 % Stickstoff. 100 g davon haben also 14 g Stickstoff, damit

Stickstoffmangel an Kohlrabi 1. Blütenendfäule bei Tomaten 2. Kranzfäule an Endivienblättern 3.

können Sie einen Quadratmeter Salat ernähren. Kalkstickstoff enthält 20 % Stickstoff. Für einen Quadratmeter Zucchini benötigen Sie dementprechend 150 g Kalkstickstoff. Die Angaben dazu, wie viel Nährstoffe im Dünger enthalten sind, finden Sie immer auf der Verpackung. Wenn Sie keinen Kompost einarbeiten, wäre es aber sinnvoll, einen Mehrnährstoffdünger zu verwenden, da die Pflanzen dann vollversorgt sind.

Kalziummangel

Auch bei Kalzium kann es zu Mangelerscheinungen kommen. Dabei ist es aber nicht so, dass dieses Mineral im Boden fehlen würde, hier handelt es sich um die Aufnahme und Verteilungsprobleme. Am auffälligsten ist der Mangel bei Tomaten. Der Fachbegriff lautet Blütenendfäule, wobei es sich eigentlich nicht um eine Fäule handelt. Bei der Blütenendfäule sind die Früchte an der Spitze schwarz eingetrocknet und hart. Sie kommt hauptsächlich im Gewächshaus vor und ist meist die Folge von falschem Gießen. Die Pflanzen werden zwar oft, aber nur mit relativ wenig Wasser gegossen Der Boden ist dann nur 5–10 cm tief durchfeuchtet und die Wurzeln bleiben in diesem Horizont. Aus dieser geringen Schicht können die Wurzeln nicht genügend Kalzium aufnehmen. Sie müssen in 30–40 cm Tiefe gelangen.

GUT ZU WISSEN

Es gibt noch andere Ursachen für das Auftreten von Kalziummangel. Was ist noch gefährlich? Und wie sieht es bei Endivien, China- und Kopfkohl aus? Welche Mangelerscheinungen gibt es hier?

Werden Tomaten in schwarzen Töpfen kultiviert, wachsen die Wurzeln in Richtung Topfwand. Wenn die Sonne auf den Topf scheint, kann die Erdschicht dahinter bis zu 50 °C warm werden. Die Feinwurzeln sterben ab und können kein Kalzium mehr aufnehmen.
Bei Endivien entsteht die Kranzfäule, hier stirbt ein ringförmiger Kreis von Blättern ab. Bei Kopf- und Chinakohl bildet sich dieser Ring abgestorbener Blätter, der Innenbrand, im Kopfinneren. Bei sehr starkem Wachstum kommt die Kalziumverteilung in der Pflanze zum Stocken.

Tomaten anbauen

Tomaten zählen zu meinem Lieblingsgemüse. Was muss ich eigentlich beachten, wenn ich das Fruchtgemüse erfolgreich anbauen möchte?

Zuerst müssen Sie entscheiden, welche Tomatensorten Sie gerne kultivieren möchten. Es gibt eine ungeheure Vielfalt an Formen und Farben. Angefangen von den sehr aromatischen Kirschtomaten, gefolgt von den etwas größeren Datteltomaten, den länglichen Romatypen, der klassischen Hellfrucht beziehungsweise Stabtomaten oder den Fleischtomaten.

Tomaten kultivieren

Im Freiland können Sie frühestens Mitte Mai pflanzen. Die Pflanzen dürfen keinesfalls Frost abbekommen, niedrige Temperaturen oder gar Minusgrade überleben sie nicht. Wählen Sie einen Reihenabstand von 1 m, in der Reihe pflanzen Sie mit 70 cm Abstand. Im Freiland und ohne Schutz ist es sinnvoll, Sorten zu wählen, die widerstandfähig gegen Braunfäule sind. Die Pflanzen brauchen Stäbe mit ca. 2 m Länge, an denen sie angebunden werden. Aber Vorsicht, binden Sie die Knoten nicht zu eng, damit dem Stamm noch Platz für das Dickenwachstum bleibt, ohne eingeschnürt zu werden. Während der gesamten Standzeit ist ein Entgeizen nötig. Darunter versteht man das Entfernen der Seitentriebe aus den Blattachseln. Diese werden herausgebrochen, wenn sie etwa 10 cm lang sind. Wichtig ist außerdem die Düngung. Tomaten zählen zu den Starkzehrern, eine Pflanze benötigt 20 g Stickstoff, am besten als Mehrnährstoffdünger. Die erste Gabe erfolgt bei der Pflanzung, die zweite und dritte jeweils vier Wochen später.

Tomaten im Gewächshaus

Wenn Sie Ihre Tomaten im Gewächshaus pflanzen, können Sie Anfang bis Mitte April starten, je nach Größe und Isolierung des Hauses. Auch hier ist es wichtig, dass die Pflanzen frostfrei bleiben. Wenn Sie über mehrere Jahre im Gewächshaus kultivieren, kann es sinnvoll sein, veredelte Pflanzen zu verwenden. Bei der Veredelung wird die

Tomatenpflanzen brauchen eine gute Stütze, damit sie nicht umknicken 1. Die Früchte werden nach und nach reif 2. Für den Anbau im Topf eignen sich Balkontomaten 3.

Edelsorte auf eine besonders widerstandsfähige Wurzel gepfropft. Dies verhindert Schäden durch Pilzkrankheiten und Bodenälchen, die im Gewächshaus vorkommen können. Da veredelte Pflanzen teuer sind, bietet es sich an, diese zweitriebig zu kultivieren. Dabei wird der erste Seitentrieb nicht abgebrochen. Dieser wird genau wie ein Haupttrieb an einem eigenen Stab aufgeleitet.

Die Abstände und Pflegemaßnahmen sind die gleichen wie im Freiland. Große Aufmerksamkeit ist dem Gießen zu widmen. Jeden Tag ein bisschen Wasser ist falsch. Der Boden muss durchdringend feucht, aber nicht nass sein. Das wird mit 20–30 l Wasser je Kubikmeter Boden zweimal die Woche erreicht.

Bei einer Pflanzung im Gewächshaus ist es wichtig, auf die Widerstandsfähigkeit gegen die Samtfleckenkrankheit zu achten. Die Pilzkrankheit verursacht einen samtartigen Belag auf der Blattunterseite, worauf das Blatt abstirbt. Samtflecken treten nur im Gewächshaus auf. Eine weitere Pilzkrankheit ist die Kraut- und Braunfäule. Im Freiland ist es hilfreich die Pflanzen in Töpfen unter einem Vordach regengeschützt aufzustellen. Im Gewächshaus kommt die Nässe nicht über den Regen, sondern über die Taubildung, wenn es nachts abkühlt. Deswegen sollten die Tomaten möglichst schnell abtrocknen. Eine gute Lüftung ist hierfür die beste Vorbeugung gegen diese Krankheit. Ab Juli sollten Tür und Lüftung die ganze Nacht offen bleiben.

→ WANN: ErFr - SpHe

GUT ZU WISSEN

Tomaten werden nicht nur von Krankheiten heimgesucht, es gibt auch einige Schädlinge, die ihnen das Leben schwer machen können. Glücklicherweise gibt es aber Bekämpfungsstrategien.

Problematisch können beispielsweise Blattläuse und weiße Fliegen werden. Auf ihren zuckerhaltigen Ausscheidungen siedeln sich Schwärzepilze an, welche Blätter und Früchte beeinträchtigen. Gegen diese Schädlinge gibt es Produkte auf Kaliseifenbasis in gut sortierten Gartencentern und -märkten. Sie müssen aber darauf achten, dass Sie die Tiere auch direkt treffen, sonst wirkt das Mittel nicht. Da diese natürlichen Präparate biologisch ungefährlich sind, müssen Sie keine Wartezeiten bezüglich der Ernte einhalten.

Gurken kultivieren

Gurken sollen unbedingt in meinem Gemüsegarten wachsen, unter welchen Sorten kann ich auswählen und wie funktioniert der Anbau?

Gurken wachsen auch im Garten, sie sind aber ideal für die Kultur im Gewächshaus geeignet.

Was darf es sein: Wählen Sie zwischen Fingergurken mit 10 cm Länge, Brotzeitgurken, die 20 cm lang werden, oder den klassischen Schlangengurken. Dann kaufen Sie am besten veredelte Pflanzen, die jeweils auf einen Kürbis gepfropft sind. Der Vorteil: Die Kürbiswurzeln bleiben gesund und die ganze Pflanze welkt nicht.
Ziehen Sie die Gurkenpflanze aus Samen, achten Sie auf jungfernfrüchtige Sorten. Diese haben keine Kerne. Jetzt spannen Sie im Gewächshaus auf 2 m Höhe einen 2 mm starken Draht. Daran binden Sie eine Schur, die Sie unten an der Gurke befestigen. Wickeln Sie den Gurkentrieb um die Schur und lassen Sie ihn bis zum Spanndraht wachsen. Wichtig ist, dass Sie alle Fruchtansätze bis auf Kniehöhe entfernen. Die Pflanze muss erst Blattmasse entwickeln, bevor sie viele Früchte ernähren kann. Die Seitentriebe werden ebenfalls entfernt. Wenn der Trieb den Spanndraht erreicht hat, darf er auf der anderen Seite herunterwachsen. Jetzt dürfen die Seitentriebe, die aus den Blattachseln entstehen, eine Blüte bilden. Hinter der Blüte kappen Sie den Trieb.

Pflegemaßnahmen

Da eine Gurkenpflanze kontinuierlich wächst, sollten Sie wöchentlich düngen. Als Alternative können Sie auch Hornspäne verwenden, die als Langzeitdünger über die gesamte Kulturdauer reichen.
Gurken mögen keine große Hitze. Im Hochsommer sollten Sie die Pflanzen auf jeden Fall schattieren. Eine gute Möglichkeit, sie herunterzukühlen, ist, Erde und Pflanzen im Gewächshaus an besonders heißen Tagen mehrmals mit Wasser zu besprühen. Keine Sorge, wenn die Pflanze nach einer Stunde wieder trocken ist, besteht keine Krankheitsgefahr. Gefahr droht eher durch nächtliche Taubildung. Lüften Sie daher ab Juli auch nachts. Die lange nächtliche Feuchte fördert z. B. auch den Falschen Mehltau. Gurken, Tomaten und Paprika können Sie übrigens auch gleichzeitig im Gewächshaus anbauen.

→ WANN: ErFr - SpHe

Kohlarten gedeihen nicht

Beim Kohlrabi, später beim Blumenkohl und Brokkoli, werden die Blätter grau, die Pflanzen gehen teilweise ein. Was ist da los?

Der Übeltäter heißt hier Kohlfliege. Sie hat die Größe einer Stubenfliege und erscheint pünktlich zur Kastanienblüte oder Vollblüte des Löwenzahns. Nun legt sie ihre weißen, 2 mm langen Eier an die Wurzelhälse der Kohlpflanzen. Sie sind gut zu sehen, wenn man sie sucht. Die Kohlfliege fliegt bis zum Herbst. Aus den Eiern schlüpfen die Maden, die dann die Wurzeln abfressen oder Gänge in Radieschen und Rettichen verursachen. Beim Chinakohl fressen die Larven in den fleischigen Blattrippen. In diese Öffnungen dringen Nassfäulebakterien ein, die die ganze Pflanze zerstören.

1 Die Maden der Kohlfliege richten einigen Schaden an. 2 Typische Fraßschäden.

Abhilfe schaffen

Je kleiner die Kohlpflanzen sind, desto gefährdeter sind sie. Eine sichere Diagnose ist möglich, wenn Sie eine welke Pflanze aus dem Boden ziehen. Sehen Sie abgefressene Wurzeln und kleine weiße Maden, ist die Kohlfliege am Werk. Die Fliegen wehren Sie mit Kulturschutznetzen über dem Gemüse ab. Das machen übrigens auch Profigärtner. Die Netze müssen Sie an der Seite gut befestigen. Bei Blumenkohl und Brokkoli schützen die Netze gleichzeitig gegen die Raupen des Kohlweißlings, die sich oft innerhalb der Blüte verstecken.

Wenn Radieschen holzig werden, liegt das oft daran, dass Treibsorten gesät wurden. Achten Sie jetzt auf Sommersorten. Bei Blumenkohl und Brokkoli müssen Sie bedenken, dass sie 30 g Stickstoff pro m^2 brauchen, sonst entwickeln sie sich nicht. Das entspricht ca. 200 g Hornspänen pro m^2.

→ **WANN:** ErFr – FrSo

Salate anbauen

Brauche ich für jede Jahreszeit im Garten eine andere Salatsorte oder kann ich das ganze Jahr die gleiche Sorte anbauen?

Salat darf in der Küche nicht fehlen. Er ist anspruchslos und wächst auch in einem ausreichend großen Kasten.

Wenn Sie eine Ganzjahres-Kopfsalatsorte verwenden, geht das. Frühjahrs- und Herbstsorten würden beim Anbau im Sommer rasch auswachsen. Aber testen Sie doch im Sommer mal einen anderen Salat, beispielsweise einen Bataviasalat. Das ist eine Mischung aus Kopf- und Eissalat, die nicht fault. Im Juli ist auch Anbauzeit für Zuckerhut, der dann bis Weihnachten hält. Beliebt ist außerdem der Eichblatt- oder Pflücksalat. Bei diesem werden die unteren Blätter geerntet, nach oben wächst er nach. So haben Sie immer die Portion, die Sie gerade brauchen. Soll es mit der Ernte schnell gehen, ist Schnittsalat genau die richtige Wahl. Er bildet keine Köpfe, geerntet werden die jungen Blätter. Einen zarteren Salat werden Sie nicht bekommen.

Salat anbauen

Bedecken Sie die Samen nur ganz dünn mit Erde, Salat ist ein Lichtkeimer. Wenn Sie Jungpflanzen kaufen, sollten diese so hoch wie möglich gepflanzt werden. Die Blätter berühren den Boden dann möglichst spät, und Grauschimmel, der die Köpfe kurz vor der Ernte welken lässt, wird so vermieden. Sind die Salatjungpflanzen in Erdpresstöpfen, sollten diese nach dem Pflanzen noch halb aus der Erde schauen. Der Abstand von Pflanze zu Pflanze beträgt 30 cm. Wird im März oder April gepflanzt, ist eine Abdeckung mit einem Vlies ratsam. Der Salat hält zwar Kälte aus, wird aber anfällig für Pythium. Das ist ein Pilz, der die Wurzeln beeinträchtig. Die Pflanze wächst dann nicht mehr.

Schwierig wird es, wenn Ackerschnecken sich im Garten wohlfühlen. Oft ist die einzige Möglichkeit, dem Befall vorzubeugen, der Einsatz von biologisch unbedenklichem Schneckenkorn, das vor dem Pflanzen ausgestreut wird. Die kleinen Schnecken verstecken sich später unterm oder im Salat und kommen nicht mehr hervor.

Bei großer Trockenheit gießen Sie. Zweimal 20 l pro Quadratmeter und Woche reichen bei einem normalen Gartenboden aus.

→ WANN: ErFr – FrHe

Kartoffeln anbauen

Mein Hausgarten ist sehr groß, ich habe genug Platz für viel Gemüse. Kann ich auch Kartoffeln anbauen und wie funktioniert das?

Bei der Kartoffel ist es wichtig, recht früh im Jahr zu beginnen, denn nur so kommen Sie der Kraut- und Braunfäule zuvor. Zuerst benötigen Sie Saatkartoffeln oder Bio-Kartoffeln. Diese sind nicht mit einem Keimhemmmittel behandelt. Zum Vorkeimen legen Sie die Knollen einlagig in eine Kiste und stellen diese bei 10–15 °C möglichst hell auf, z. B. auf der Fensterbank. Das Licht ist sehr wichtig, damit sich kompakte Keime bilden, die beim Pflanzen nicht abbrechen. Sind die Keime etwa 3 cm lang, pflanzt man die Kartoffeln 10 cm tief in die Erde. Der Reihenabstand beträgt 70 cm, in der Reihe 30 cm. Sie können die Reihe gerne mit etwas Kompost abdecken. Der Boden sollte nicht staunass, tonig und schwer sein, Kartoffeln haben es lieber sandig, leicht und humos. Zudem sollte der Boden mindestens 8 °C warm sein.
Wenn das Kraut 20 cm hoch ist, häufeln Sie mehrmals an, bis ein Damm von 20–25 cm Höhe erreicht ist. Alternativ können Sie die Dämme auch direkt nach dem Pflanzen anhäufeln. Das Kartoffellaub ist frostempfindlich. Sie sollten es deshalb bis Mitte Mai mit einem Vlies schützen.

→ WANN: ErFr - VoHe

GUT ZU WISSEN

Es gibt unglaublich viele Kartoffelsorten. Im Garten kann man die große Vielfalt ausprobieren, und wenn der Platz nicht reicht, bauen Sie die Knollen doch in Kübeln auf dem Bakon an.

Wer keinen Garten hat oder noch mehr Sorten anbauen möchte, kann Kartoffeln auch im Kübel kultivieren. Dieser muss aber für den Wasserabzug ein Loch haben. Für einen 10-l-Eimer reicht eine Kartoffel. Füllen Sie 15 cm Kompost oder Blumenerde in den Kübel. Legen Sie die vorgekeimte Kartoffel darauf und füllen 20 cm Kompost darüber. Wenn sich die Triebe zeigen, füllen Sie Kompost nach, bis der Kübel randvoll ist. Kartoffeln lieben sonnige Standorte. Treten ab Juni Kartoffelkäfer auf, werden sie am besten gleich abgesammelt.

Paprika und Chili

Meine Paprika bildet nur eine Frucht aus und hört dann auf zu wachsen. Was mache ich falsch? Wie kann ich den Ertrag steigern?

Paprika und Chili sind Sonnenliebhaber und wärmeliebend. Am besten gedeihen sie im Gewächshaus. Möglich ist auch der Anbau in Töpfen auf der Terrasse oder vor einer Südwand. Dort profitieren die Pflanzen nachts von der gespeicherten Wärme. Ist der Standort kühl und schattig oder der Sommer insgesamt verregnet, werden die Früchte bis zum Herbst nicht reif.

Bei sogenannten Block-Paprika müssen Sie die ersten drei Blüten entfernen. Mit den ersten nur wenigen Blättern kann die Pflanze nur mühsam eine erste Frucht ernähren. Für weiteres Wachstum ist keine Kraft mehr vorhanden. Nach dem Ausbrechen der Blüten haben sich aber so viele Blätter gebildet, dass Fruchtbildung und Wachstum im Gleichklang sind.

Für den Hausgarten sehr zu empfehlen sind Spitzpaprika, beispielsweise die Sorten 'Toscana' oder 'Pinoccio'. Bei ihnen brauchen keine Blüten ausgebrochen zu werden, die Ernte ist trotzdem gut. Spitzpaprika ist auch nicht so wärmebedürftig. Sowohl Block- als auch Spitzpaprika sollten Sie mit Stäben gegen Umfallen oder Ausbrechen stützen, da die Fruchtgewichte recht hoch sein können.

Die Scharfen: Chilis

Chilis haben im Prinzip die gleichen Bedürfnisse wie Paprika. Sie wollen es sonnig und warm. Nur dann werden sich viele Früchte mit entsprechender Schärfe entwickeln. Je nach Sorte ist der Schärfegrad sehr unterschiedlich. Der Chililiebhaber wird verschiedene Sorten testen und von seiner Lieblingsorte Samen entnehmen. Da sich Chilis sehr langsam entwickeln, sollten Sie die Samen im nächsten Jahr bereits im Februar aussäen.

Chilis und Paprika können Läuse sehr zusetzen. Versuchen Sie, die Tiere mit einem mittelstarken Wasserstrahl herunterzuspritzen, das funktioniert sehr gut.

→ WANN: VoFr – SpHe

Spitzpaprika bevorzugen Sonne, Wärme und eine nährstoffreiche Erde, so wie alle Paprikapflanzen 1. Chilis sind nicht nur essbar, sondern auch sehr dekorativ 2.

Zucchini und Kürbis

Ich baue gerne Zucchini und Kürbisse im Garten an. Was muss ich bei der Kultivierung beachten und wie schmecken sie am besten?

Nur die kleineren Zucchinifrüchte sind noch ganz zart und können roh in den Salat kommen.

Zucchini und Kürbis sind frostempfindlich. Sie sollten erst in der zweiten Maihälfte gepflanzt werden. Da Zucchini zu den Starkzehrern zählen, verlangen sie hohe Düngegaben. Auch der Platzbedarf ist beträchtlich: Für eine Pflanze benötigen Sie einen Quadratmeter. Zucchini verträgt auch Halbschatten, Kürbis sollte eher einen vollsonnigen Standort erhalten. Beide Arten eignen sich hervorragend zum Bepflanzen Ihres Kompostes. Vom Zucchini gibt es auch eine Kletterform, die bis zu 2 m Höhe erreichen kann. Die Pflanzen benötigen aber eine robuste Kletterhilfe, damit die schweren Früchte sie nicht nach unten ziehen.

Wenn sich die ersten Früchte bilden, kann es sein, dass diese von der Spitze her faulen. Das liegt an der fehlenden Befruchtung. Denn die Pflanzen haben männliche und weibliche Blüten, die gleichzeitig geöffnet sein müssen. Am Blühbeginn ist das nicht immer der Fall. Wenn Sie zwei Pflanzen nebeneinandersetzen, ist die Wahrscheinlichkeit größer, dass immer Blüten beiderlei Geschlechts geöffnet sind. Zucchiniblüten sind auch essbar und frittiert ein Leckerbissen. Ernten Sie die Früchte bei einer Größe von 20 cm. Dann schmecken sie am besten. Sind die Früchte bitter, dürfen sie nicht verspeist werden. Durch einen »genetischen Rückfall« werden sie nämlich giftig.

Kürbisvielfalt

Bei Kürbissen unterscheidet man die kleinen Zierkürbisse, Schnitzkürbisse und die essbaren Speisekürbisse. Beliebter Speisekürbis ist der Hokkaidokürbis, Uchiki Kuri. Mit einem Gewicht bis 1,5 kg hat er eine Größe, die in der Küche noch gut zu verarbeiten ist. Zudem muss dieser Kürbis nicht geschält werden. Hokkaidokürbisse sind erntereif, wenn der Stiel braun verkorkt. Wenn sie monatelang gelagert werden sollten, müssen sie an einem trockenen Ort bei 25 °C zwei Wochen nachreifen. Das heilt kleine Verletzungen aus und er bleibt dann sehr lange haltbar.

→ WANN: ErFr – SpHe

Hülsenfrüchte

Ich liebe Bohnen, Erbsen und auch die leckeren Zuckererbsen. Was muss ich beim Anbau von den gesunden Hülsenfrüchten wissen?

Hülsenfrüchte haben eine Besonderheit. Auf ihren Wurzeln leben Bakterien, die Luftstickstoff sammeln und den Pflanzen zur Verfügung stellen. Das Gemüse braucht deshalb kaum gedüngt zu werden, es reichert sogar den Boden mit wertvollem Stickstoff an.

Bei der Bohne wird zwischen Busch- und Stangenbohne unterschieden. Um Stangenbohnen anzubauen, stellen Sie drei oder mehr bis zu 3 m lange Stangen wie ein Zelt gegeneinander. Um jede Stange herum säen Sie jeweils 5–7 Bohnen. Stangenbohnen sind ertragreicher und wohlschmeckender als Buschbohnen. Zudem haben Sie einen längeren Erntezeitraum.

Buschbohnen sind einfacher im Anbau. Mitte bis Ende Mai sät man sie aufs Gartenbeet, der Reihenabstand beträgt 40 cm, in der Reihe 2 cm. Die Bohne braucht eine Bodentemperatur über 16 °C. Hilfreich kann sein, wenn Sie die Saat mit einem Vlies abdecken. Dieses wehrt auch die Bohnenfliege ab, deren Larven bei kühler Witterung die Keimlinge im Boden fressen.

Erbsen anbauen

Erbsen hingegen müssen Sie früher aussäen. Sie bilden ab einer gewissen Tageslänge Blüten aus und wachsen nicht mehr weiter. Wenn Sie im Mai anstatt im März aussäen, ist diese Tageslänge schnell erreicht und die Pflanzen blühen schon als Jungpflanzen. Der Ertrag bleibt dann gering.

Sehr beliebt sind Zuckerschoten, die mitsamt der Hülse gegessen werden, ehe sich die Erbsen ausbilden. Sie sind sehr süß und stehen vor allem bei Kindern hoch im Kurs. Erbsen brauchen ein Stützgerüst oder Rankhilfen. Eine der besten Sorten ist 'Zuccola'. Bei dieser Sorte können sich die Erbsen bis zur halben Größe entwickeln, bevor sich die harte Pergaminschicht in der Hülse entwickelt. Das Erntefenster ist daher bedeutend länger.

→ WANN: VollFr – FrSo

Leguminosen bilden eine Symbiose mit Knöllchenbakterien, die deutlich an den Wurzeln erkennbar sind 1. Eine Delikatesse in asiatischen Gerichten sind Zuckerschoten 2.

Wurzelgemüse aussäen

Bisher habe ich außer Möhren noch kein Wurzelgemüse angebaut. Was gibt es denn da noch und was muss ich beim Anbau beachten?

Zu den bekanntesten Wurzelgemüsen zählen Möhre, Pastinaken, Sellerie, Rote Bete, Schwarzwurzel und Topinambur. Wurzelgemüse sind Mittelzehrer, brauchen also nicht sehr viele Nährstoffe. Sie sind wenig krankheitsanfällig und pflegeleicht.

Möhren können Sie von März bis Juni in Reihen säen. Markieren Sie die Reihen gut, die Samen brauchen oft bis zu drei Wochen, bis sie keimen. Bei zu dichter Saat vereinzeln Sie die Pflanzen, sodass nur noch eine Pflanze alle 2 cm steht. Um einem Befall der Möhrenfliege vorzubeugen, verwenden Sie die Sorten 'Flyaway' oder 'Ingot'. Ihnen fehlt ein Inhaltsstoff, den die Fliege zu ihrer Entwicklung braucht. Pastinaken werden wie Möhren kultiviert. Das Wurzelgemüse schmeckt etwas würziger als Möhren, hat eine längere Kulturzeit und ist äußerst robust. Außerdem ist die Pastinake völlig winterhart und braucht nicht eingelagert zu werden. Sie hat in den letzten Jahren sehr an Beliebtheit gewonnen. Schwarzwurzeln belegen das Beet das ganze Jahr über. Die Wurzeln sind bis zu 40 cm lang und schwierig zu ernten. Sie müssen einen tiefen Graben neben den Wurzeln ausheben und diese dann vorsichtig heraushebeln, damit sie nicht abbrechen. Auch das Schälen ist etwas mühsam.

Knollengemüse

Auch Topinambur erfreut sich zunehmender Beliebtheit. Die Knollen legen Sie im Frühling im Abstand von 50 cm. Sie sollten eine Gartenecke für sich haben, denn sie werden bis zu 3 m hoch und neigen zum Wuchern. Sie eignen sich deshalb auch gut als Sichtschutz. Auch sie sind frosthart, die Knollen werden im Winter bei offenem Wetter geerntet. Sie sollten schnell verbraucht werden, sie sind nur wenige Tage haltbar.

Sellerie pflanzen Sie nicht vor Mitte Mai. Rote Bete säen Sie im März bis Juni oder pflanzen im Mai.

➔ WANN: ErFr – FrSo

1 Sellerieknolle. 2 Rote Bete gibt es in verschiedenen Farben und Formen. 3 Pastinakenwurzeln. 4 Karottenwurzeln.

Zwiebelgewächse anbauen

Von Knoblauch, Zwiebeln und Lauch kann ich nicht genug bekommen. Was muss ich beim Anbau von Zwiebelgewächsen beachten?

Wenn sie Zwiebeln anbauen wollen, greifen Sie auf Steckzwiebeln zurück. Eine Aussaat ist nur sinnvoll, wenn Sie Gemüsezwiebeln anbauen wollen. Stecken Sie die Zwiebeln im März im Abstand von 10 x 20 cm so in die Erde, dass die Spitze gerade noch herausragt. Zwiebeln sind pflegeleicht und brauchen kaum Dünger. Wenn das Laub im Juli/August umknickt, ist Erntezeit. Trocknen Sie die Zwiebeln an einem luftigen, trockenen Ort nach, bis das Laub beim Berühren raschelt.

Lauch planzt man im April/Mai. Der Reihenabstand beträgt 40 cm, in der Reihe sollten sie 20 cm Abstand zwischen den Pflanzen einhalten. Ziehen Sie einen kleinen Graben von 15 cm Tiefe und pflanzen den Lauch hinein. Wenn Sie diesen Graben im Laufe der nächsten Wochen auffüllen, wird der Lauch lange, helle Schäfte hervorbringen. Lauch leidet oft unter Thripsen. Die sehr kleinen Insekten verstecken sich tief im Schaft. Wenn Sie im Sommer dafür sorgen, dass Wasser in den Schäften steht, verhindern Sie die Thripsvermehrung. Sie können den ganzen Sommer über ernten, seine optimale Größe hat er im Oktober erreicht. Zum Lagern graben Sie ihn aus, kürzen die Blätter um zwei Drittel und packen ihn Stange an Stange im Frühbeet oder einem geschützten Ort zusammen.

Geschmack pur: Knoblauch

Knoblauch können Sie im Oktober oder im März/April pflanzen. Der Pflanzabstand beträgt 10 x 30 cm. Die Herbstpflanzung ist etwa vier Wochen früher erntereif. Wie bei den Zwiebeln ist der Zeitpunkt gekommen, wenn das Laub gelb wird. Warten Sie mit der Ernte zu lange, zerfallen die Knollen. Wenn Sie schon Knoblauch angebaut haben, können Sie die Brutzwiebeln verwenden, die sich statt einer Blüte bilden. Diese pflanzen Sie im Frühjahr. Im Juli ernten Sie dann die sogenannten Rundlinge, die Sie im Herbst erneut pflanzen.

→ WANN: ErFr – SpHe

Knoblauchzehen werden etwa 4–5 cm tief in die Erde gesteckt 1. Durch das Anhäufeln der Lauchstangen mit Erde wird der Weißanteil höher 2.

Spinnmilben an Gurke

Bei meinen Gurken vergilben und vertrocknen im Sommer die Blätter und die Pflanze stirbt. Kann man etwas dagegen machen?

Spinnmilben treten auch im Gewächshaus auf. Entfernen Sie vergilbte Blätter.

An Gewächshausgurken kommt es im Sommer regelmäßig zu Spinnmilbenbefall, im Freiland nur in sehr heißen Sommern. Die Tiere sind nur 1 mm groß und gelblich gefärbt. Sie leben auf der Blattunterseite von Gemüse, wie Gurken, und saugen die Zellen leer. Erscheinen kleine, gelbliche Flecken auf der Blattoberseite, sind höchstwahrscheinlich Spinnmilben die Verursacher. Sie werden aber so gut wie nie erkannt. Die Blätter werden dann schnell gelb, später braun. Nun sind an den Blattstielen und an der Spitze der Pflanzen bereits Gespinste zu sehen. Bei heißer Witterung kann die Pflanze innerhalb einer Woche absterben.

Was tun gegen den Befall?

Zuerst erkennt man Spinnmilben nicht; sieht man erste Kennzeichen, ist eine Bekämpfung nicht mehr erfolgreich. Deshalb ist es wichtig, den Spinnmilben das Leben schwer zu machen. Die Tiere lieben es heiß und trocken; beschatten Sie bei einer Hitzeperiode das Gewächshaus gleich, indem Sie beispielsweise ein Tuch über das Dach legen. Dann erhöhen Sie die Luftfeuchte, indem Sie die Gurken mehrmals am Tag tropfnass spritzen. Keine Sorge, untertags besteht keine Gefahr einer Pilzinfektion. Vergilbte Blätter werden gleich entfernt. Bei einem leichten Befall können Sie die Blattunterseiten dreimal im Abstand von zwei Tagen mit einem Kaliseifenpräparat tropfnass spritzen. Erwachsene und aus Eiern schlüpfende Tiere werden dezimiert.

→ WANN: FrSo – VoHe

Tipp

DAS GEHT AUCH:

Ist eine Pflanze mit Spinnmilben befallen, sollten Sie alle empfohlenen Bekämpfungsstrategien einsetzen. Wenn möglich sollten Sie die Pflanzen separieren. Das geht vor allem bei Gurken und anderen Pflanzen, die in Töpfen kultiviert werden. Auf diese Weise wird die Übertragungsgefahr reduziert.

GEMÜSE KULTIVIEREN

Gemüse	Kategorie	Aussaatzeit	Auspflanzen
Tomaten	Fruchtgemüse	März - April	Mitte Mai
Auberginen	Fruchtgemüse	März	Mitte Mai
Paprika	Fruchtgemüse	Feb. - März	Mitte Mai
Kürbis/Gurken/Zucchini	Fruchtgemüse	Ende April - Juni	Ende Mai
Wassermelonen	Fruchtgemüse	April - Mai	Ende Mai
Brokkoli	Kohl	März - Juni	Mai
Chinakohl	Kohl	Juni - Juli	Juli - Aug.
Kohlrabi	Kohl	März - Juni	April - Anfang Aug.
Rot- und Weißkohl	Kohl	März - April	Mai - Juni
Rosenkohl	Kohl	Mitte März - April	April - Mai
Wirsing	Kohl	März - Juni	März - Juli
Grünkohl	Kohl	März - April	Mai - Juni
Blumenkohl	Kohl	März - Mai	April - Juli
Pak Choi	Kohl	März, Juli, August	Juli - Aug.
Möhren	Doldenblüher	April - Mai	-
Knollensellerie	Doldenblüher	März	Mai
Pastinake	Doldenblüher	März - April	-
Stangensellerie	Doldenblüher	März - Mai	Mai - Ende Juni
Fenchel	Doldenblüher	März - Mitte Juli	April - Aug.
Rote Bete	Gänsefußgewächse	April - Juni	April - Juni
Mangold	Gänsefußgewächse	März - Juni	-
Spinat	Gänsefußgewächse	Feb - April, Aug.-Sept.	-
Feldsalat	Korbblütler	Aug. - Sept.	-

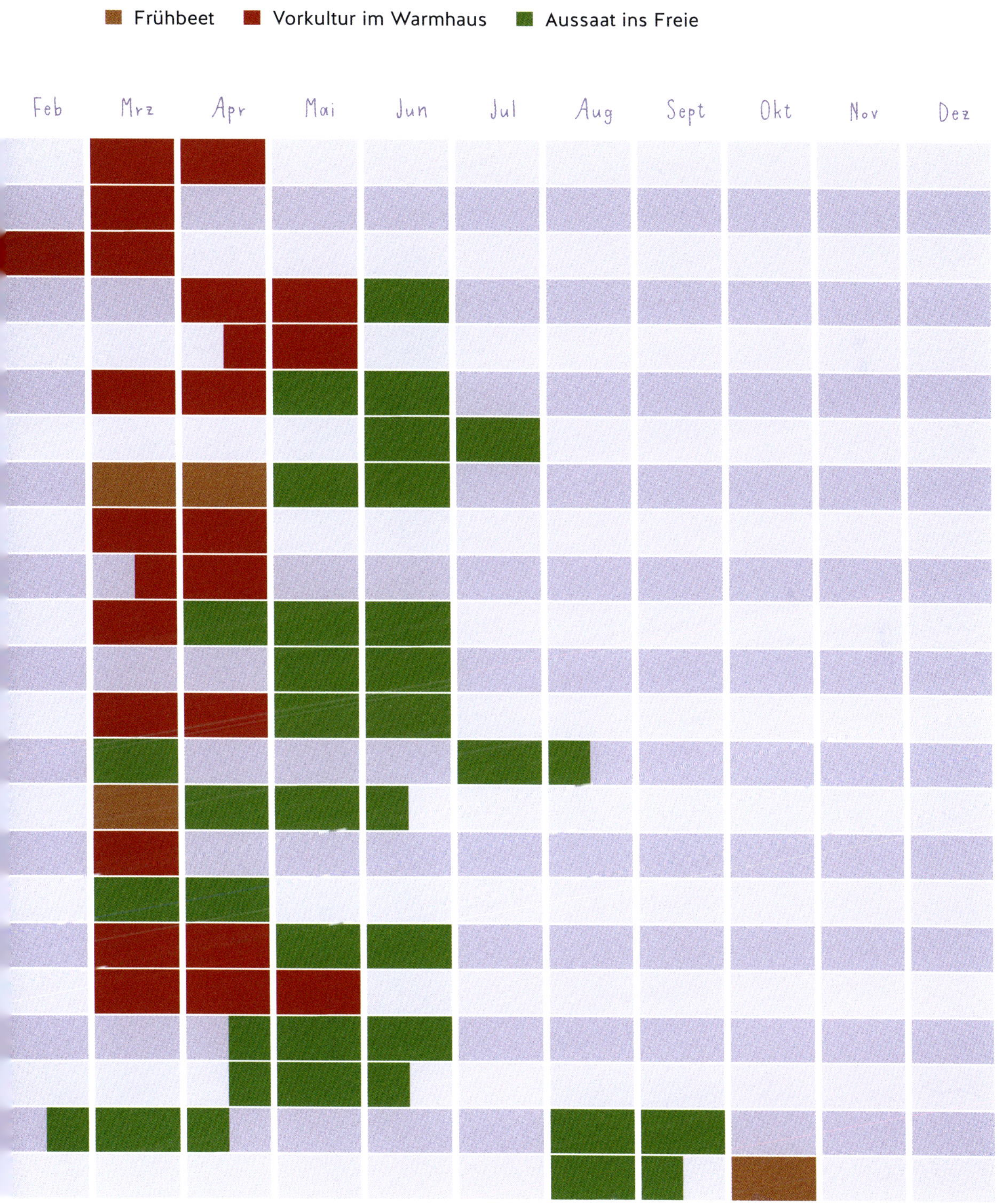
Frühbeet
Vorkultur im Warmhaus
Aussaat ins Freie
Feb
Mrz
Apr
Mai
Jun
Jul
Aug
Sept
Okt
Nov
Dez

GEMÜSE KULTIVIEREN

Gemüse	Kategorie	Aussaatzeit	Auspflanzen
Kopfsalat	Korbblütler	März - Juni, Aug.	–
Schnittsalat	Korbblütler	März - Aug.	–
Endivien	Korbblütler	Juni - Juli	Juli - Mitte August
Zuckerhut/Ziccorie	Korbblütler	Juni - Juli	Mitte Juli - Mitte August
Radicchio	Korbblütler	Juni - Juli	Mai - Ende August
Chicorée	Korbblütler	Mai - Juli	–
Schwarzwurzel	Korbblütler	März - April	–
Radieschen	Kohl	Feb. - Aug.	–
Winterrettich	Kohl	Juni - Juli	–
Sommerrettich	Kohl	April - Mai	–
Dicke Bohne	Leguminose	Feb - März	–
Erbsen	Leguminose	März - April	–
Zuckererbsen	Leguminose	März - April	–
Buschbohnen	Leguminose	Ende April bis Juli	–
Stangenbohnen	Leguminose	April - Mai	–
Lauch	Lauchgewächse	März - April, Mai - Juni	April - Juli
Zwiebeln (stecken)	Lauchgewächse	März - April	–
Zwiebeln (säen)	Lauchgewächse	Feb. - April	–
Schalotten	Lauchgewächse	Feb.-März, Sept.-Okt.	März - April
Kartoffeln	Nachtschattengewächse	März - Mai	–
Knoblauch	Lauchgewächse	März- April, Okt.	–
Zuckermais	Süßgräser	April - Mai	Mitte Mai - Mitte Juni

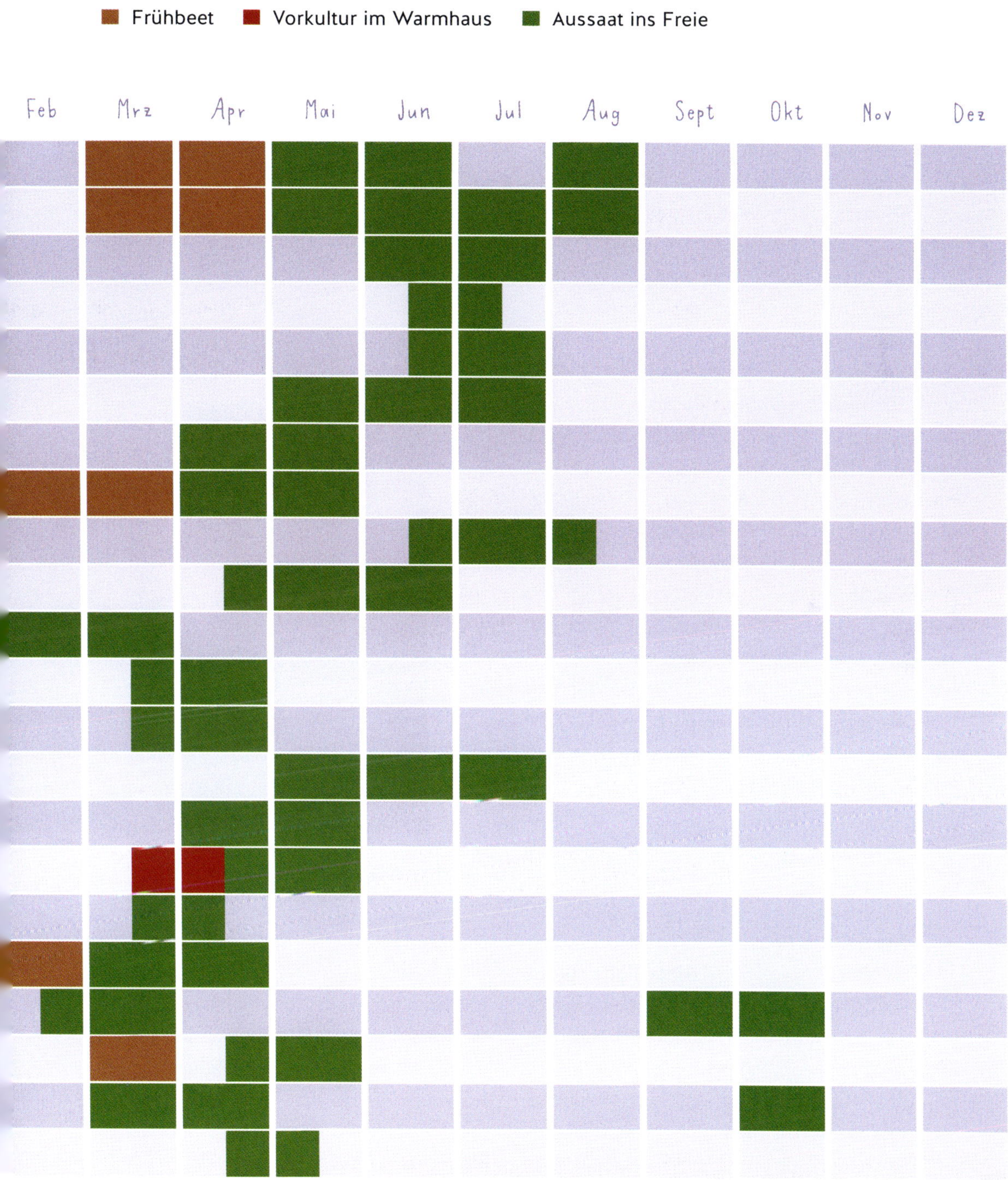
Frühbeet
Vorkultur im Warmhaus
Aussaat ins Freie
Feb
Mrz
Apr
Mai
Jun
Jul
Aug
Sept
Okt
Nov
Dez

Tomatenkrankheiten

Meine Tomaten im Freiland bekommen braune Blätter, die Stängel und Früchte werden schwarz und die Pflanze stirbt. Was ist das?

Nicht nur im Freiland, auch im Gewächshaus bekommen Tomaten braune Blätter, schwarze Stängel und Früchte, im Gewächshaus geht es nur langsamer. In sehr heißen Sommern kommt es außerdem noch zu einem anderen Krankheitsbild. Die Pflanze verfärbt sich bronzefarben und stirbt ab. Im ersten Fall handelt es sich um die Kraut- und Braunfäule, ein Pilz, der auch bei Kartoffeln auftritt und auf Tomaten überspringen kann. Die bronzefarbene Verfärbung an Tomaten im Gewächshaus stammt von der Tomatenrostmilbe, einem neu eingeschleppten Schädling. Eine Bekämpfung der Tomatenrostmilbe ist schwierig. Vorbeugend können Sie in heißen Sommern das Haus schattieren.

1 Typisches Schadbild der Braunfäule. 2 Durch die Tomatenrostmilbe geschädigte Blätter.

Bekämpfung

Grundsätzlich ist es schwer, im ungeschützten Freiland Tomaten zu kultivieren. Sehr vortelhaft wäre eine Überdachung, sei es ein Vordach oder ein Terrassendach. Für das Freiland gibt es resistente Sorten, die aber nicht unbedingt in allen Punkten überzeugen. Auch biologische Kupfermittel sind keine Lösung, Diese müssten unmittelbar vor Befallsbeginn ausgebracht werden. Den Zeitpunkt zu erkennen, ist für Laien kaum möglich.

Im Gewächshaus dürfen die Pflanzen nicht zu eng stehen. Ab Juli ist auch nachts zu lüften. Ziel ist es, die Pflanzen möglichst lange trocken zu halten und Taubildung zu vermeiden. Denn der Pilz keimt ab einer Blattnässedauer von fünf Stunden.

➜ **WANN:** HoSo – VoHe

Lauchminierfliege

Das Laub meiner Steckzwiebeln verkrümmt sich extrem und stirbt dann ab, in den Zwiebeln sind Fraßgänge. Hängt das zusammen?

Beide Symptome werden verursacht von der Lauchminierfliege, die im Jahr zwei Generationen hervorbringt. Die erste tritt von April bis Mai auf und befällt vor allem Steckzwiebeln. Lauch ist um diese Zeit meist noch nicht gepflanzt. Die zweite Generation fliegt von September bis Frostbeginn. Sie verursacht die Fraßgänge im Lauch. Die Fliege kann recht gut beobachtet werden, denn sie sitzt im Bestand immer an den höchsten Pflanzenteilen und fliegt erst fort, wenn Sie ganz nahe herangehen. Einen Befall erkennen Sie am Reifungsfraß. Das sind 2 mm große runde Fraßstellen, von denen ungefähr zehn hintereinander aufgereiht sind. Auch sie befinden sich an den höchsten Pflanzenteilen im Bestand. Die kleinen weißen Larven fressen sich im Inneren der Zwiebelschlotte bis an den Zwiebelboden und verpuppen sich dort. Es kommt zu Verkrümmungen, die Zwiebel stirbt ab. Wenn ein Befall erkennbar ist, kann das Zwiebellaub noch geerntet und verarbeitet werden.

1 Kulturschutznetze sind ein probates Mittel gegen die Lauchminierfliege.
2 Schädigende Larven.

Kulturschutznetz hilft

Die zweite Generation im September befällt den Lauch. Auch hier sind die Fraßpunkte sehr gut sichtbar an den obersten Pflanzenteilen. Die Larven fressen sich meist durch den Lauchschaft, wobei sie rostbraune Gänge hinterlassen, die das Gemüse völlig entwerten. Die Verpuppung erfolgt ebenfalls im Schaft. Dort sind die braunen Tönnchenpuppen gut sichtbar. Eine direkte Bekämpfung ist nicht möglich. Erfolgreich ist der Einsatz von Kulturschutznetzen.

→ WANN: ErFr – VollFr, VoHe – Wi

Gemüse fault

Einzelne Gemüsepflanzen werden im Garten plözlich welk und faulen. Woran kann das liegen und wie kann ich es verhindern?

1 Typisches Symptom der Weißstängeligkeit. 2 Bei Gurken werden auch die Früchte befallen.

Eine weit verbreitete Pilzkrankheit, die fast jede Gemüseart befallen kann, ist Sclerotinia, die Weißstängeligkeit. Sie kommt im Freiland wie auch im Gewächshaus vor. Wenn der Kopfsalat kurz vor der Ernte zusammenfällt, sollten Sie den Strunk betrachten. Wenn Sie ein weißes, watteartiges Pilzgeflecht entdecken, handelt es sich um diese Krankheit. Im Pilzgeflecht entwickeln sich dann schwarze, bis zu 1 cm große Dauerkörper, die Sklerotien. Wenn Sie hingegen einen grauen Schimmelbelag vorfinden, handelt es sich um Grauschimmel. Diese Pilzkrankheit ist weit weniger lästig.

Bekämpfungsstrategien

Bei Tomaten und Gurken entwickelt sich Sclerotinia an Stängeln, bei Sellerie und Möhren am Blattansatz und bei Zucchin im Stängelansatz. Bei den meisten Gemüsearten sitzen die Krankheitserreger irgendwo in Bodennähe. Sclerotinia ist immer eindeutig durch das weiße Pilzgeflecht und die Dauerkörper zu identifizieren. Wenn diese in den Boden oder auf den Kompost gelangen, bilden sie eine Infektionsquelle und können jahrelang überdauern. Die Erkrankungen schaukeln sich dann auf, die Infektionen werden immer mehr. Nach einigen Jahren ist dann auf diesen Beeten oder im Gewächshaus kein Anbau mehr sinnvoll. Eine direkte Bekämpfung ist nicht möglich. Wichtig ist, dass die Sklerotien erkannt und gefunden werden. Bei Gurken und Tomaten sind sie oft innen im Stängel. Befallene Teile müssen im Restmüll entsorgt werden. Die Krankheit kann auch im Lager oder Kühlschrank entstehen.

Erdflöhe

Meine Kohlpflanzen haben kleine Löcher, die gesäten Radieschen sterben einfach ab. Was oder wer kann solche Symptome verursachen?

Erdflöhe sind ziemlich lästige kleine Tiere, die sich gerne über Gemüseblätter hermachen.

Fraßlöcher bei Kohlpflanzen können Erdflöhe verursachen, die schnell zum Problem werden. Erdflöhe sind kleine Käfer mit 2–3 mm Länge. Versucht man sie zu berühren, springen sie in einem weiten Bogen weg. Sie erscheinen im Frühjahr, sobald die ersten Kohlpflanzen auf dem Beet stehen. Erdflöhe wandern aus Hecken zu, wo sie in der Laubschicht überwintert haben. Nun fressen sie kleine, 1–2 mm große Löcher in die Blätter verschiedener Kohlpflanzen oder auch von Radieschen. Dabei schaben sie das Gewebe ab, wobei der typische Fensterfraß entsteht. Bei sonnigem, heißem Wetter kann es zu einem Massenauftreten kommen, vor allem, wenn im Vorjahr Rapsfelder in der Nähe waren. Sämlinge von Radieschen und Rettich sind besonders gefährdet, da nur wenige Flöhe den Vegetationspunkt zerbeißen und der Keimling dann abstirbt. Aber auch Kohljungpflanzen leiden sehr unter den Erdflöhen, besonders ab Juni, wenn neben der Altgeneration bereits die neue vorhanden ist.

Bekämpfung

In einschlägigen Werken sind viele Vorschläge zu finden, wie man die Käfer in den Griff bekommen kann. Dabei geht es um gründliches und häufiges Hacken der Beete, weil der Käfer eine harte Bodenoberfläche mag, damit er besser springen kann. Es geht weiter mit regelmäßigem Gießen, denn Erdflöhe scheuen die Feuchtigkeit. Auch das Bestäuben der Pflanzen mit Urgesteinsmehl wird empfohlen oder das Ausstreuen von Asche unter den Pflanzen. In Versuchen hat sich aber leider herausgestellt, dass diese Maßnahmen relativ wirkungslos sind. Was dagegen hilft, ist ein Erdflohnetz. Das ist ein Kunststoffgewebe mit einem Maschendurchmesser von 0,8 mm, das auf die Pflanzen gelegt wird. Dies kann er nicht durchdringen. Das Netz wird unmittelbar nach der Saat oder der Pflanzung aufgelegt und an den Rändern mit Steinen oder Latten befestigt. Gleichzeitig bietet es auch Schutz gegen die Kohlfliegen.

→ WANN: ErFr - VoHe

Obst im Garten

Obstarten

Ich möchte einen Obstbaum im Garten pflanzen. Ich weiß aber noch nicht, wo genau und welche Obstart. Worauf muss ich achten?

Das Obstgehölz sollte einen Wurzelraum bis zu 150 cm Tiefe zur Verfügung haben. Nur so kann sich der Baum auch in Trockenzeiten ausreichend mit Wasser versorgen. Stellen Sie sicher, dass an dieser Stelle nicht gerade Bauschutt vergraben liegt. Ebenso wichtig ist, dass keine Bodenverdichtung vorliegt. Anzeichen dafür könnten sein, dass der Boden nach Regen lange feucht bleibt oder sich sogar Pfützen bilden, die erst nach Stunden verschwinden.

Der richtige Standort

Von großem Vorteil ist auch ein vollsonniger Standort. Sonne kommt der Qualität der Früchte sehr zugute. Nur bei Vollsonne entwickeln sie ein gutes Aroma und eine sortentypische Farbe. Außerdem trocknet der Baum nach Regen schneller ab. Die allermeisten Pilze sind auf Feuchtigkeit angewiesen. Ein sonniger Standort beugt also vielen Pilzkrankheiten vor oder verlangsamt wenigstens ihre schnelle Ausbreitung. Überlegen Sie auch, wie groß der Baum an der gewählten Stelle überhaupt werden soll und wie viel Platz Sie dafür eigentlich zur Verfügung haben. Eine weitere Überlegung könnte sein, ob das Gehölz eine formale Funktion haben sollte. Vielleicht wollen Sie einen Sichtschutz zum Nachbarn oder den Straßenlärm abschirmen oder nur einen Hausbaum, in dessen Schatten Sie sitzen können.

Bei einem Spindelbusch können Sie schon in drei Jahren mit einer Ernte rechnen 1. Haben Sie viel Platz zur Verfügung, wählen Sie großkronige Bäume 2. Williams Christ Birne 3.

Ernten – aber wann?

Ein wichtiges Entscheidungskriterium ist die Frage: Wie schnell möchte ich Obst haben? Wenn Ihre halbwüchsigen Kinder gerne Kirschen essen wollen, dann ist es keine Option zu sagen: »Ja, Kinder, ich pflanze einen Kirschbaum, und in zehn Jahren gibt es Früchte.« Da lohnt es sich, auf die schlanken Spindelbäume zurückzugreifen, die schon nach drei Jahren erste Früchte zur Verfügung stellen. Sie können übrigens alle Obstarten als schlanke Spindeln erziehen. Und diese Spindelbäume haben noch einen weiteren unschlagbaren Vorteil: Sie können die Früchte besser schützen als bei einem großen Baum. Gerade die Kirsche wird, wenn sie nicht gleich von den Vögeln gefressen wird, von der Kirschfruchtfliege befallen. Dann sind die Früchte vermadet. Kleine Bäume können Sie aber einnetzen.

Ernte und Haltbarkeit

Ein weiteres wichtiges Kriterium ist die Menge an Früchten. Es macht wenig Sinn, einen großen Baum mit Frühäpfeln zu pflanzen, die nur kurz haltbar sind. So viele will niemand essen, außerdem lassen sie sich nicht gut verarbeiten. Spätäpfel sind dagegen lange haltbar, können eingelagert, getrocknet, gepresst oder versaftet werden. Als Kompromiss könnten Sie auf ein paar Äste des Spätapfels eine frühe Sorte pfropfen. Nur erfahrene Obstgärtner schaffen das alleine, der Gartenbauverein kann aber behilflich sein. Auch bei der Birne spielt die Haltbarkeit eine große Rolle. Eine 'Williams Christ' hat vollreif ein herrliches Aroma und gibt einen guten Schnaps, ist aber nur wenige Tage haltbar. 'Gräfin von Paris' schmeckt frisch gepflückt, kann aber auch bis Weihnachten gelagert werden.

GUT ZU WISSEN

Die Zeiten ändern sich, das gilt auch für den Obstanbau. Lange Trockenphasen, Hitze, Sturm und Hagel setzen den Gehölzen zu. Der richtige Standort ist heutzutage wichtiger denn je.

Auch die klimatischen Verhältnisse spielen bei der Auswahl einer Obstart eine Rolle. In sehr niederschlagsreichen Gebieten ist es beispielsweise nicht ratsam, Steinfrüchte wie Kirschen zu pflanzen. Sie werden jedes Jahr mit der Schrotschusskrankheit zu tun bekommen. Durch diese Pilzkrankheit werden die Blätter zerstört und die Früchte bekommen schwarze Flecken und werden ungenießbar.

Durch die steigenden Temperaturen wandern verstärkt Schadinsekten, wie verschiedene Schildlausarten oder die aus Asien stammende Marmorierte Baumwanze.

Richtige Baumgröße

Beim Kauf eines Baumes steht auf dem Etikett auch die Bezeichnung »Unterlage« und ein Name darauf. Was versteht man denn darunter?

Wenn Sie wenig Platz haben, wählen Sie eine schwachwachsende Unterlage. Dann können Sie kleine, frühtragende Bäumchen erziehen.

Wenn Sie einen Obstbaum kaufen, ist das fast immer eine Veredelung, da Pflanzmaterial von Obstbäumen durch »Veredelung« gewonnen wird. Bei dieser besonderen Methode wird das Edelreis der gewünschten Sorte auf einen Wildling (die Unterlage) transplantiert. Bei Apfel, Birne und Kirsche wird die spätere Größe der Bäume ausschließlich über die Wahl der Unterlage bestimmt. Sie müssen also entscheiden, wie groß der Baum werden darf, und dann die dementsprechende Unterlage wählen. Bei Äpfeln sind die Unterlagen M9 und M26 geeignet für schlanke Spindeln, diese tragen bereits im 2. Jahr und werden nur 3 m hoch und 2 m breit. Bereits nach fünf Jahren ist die Erziehung dann abgeschlossen. Spindelbüsche müssen Sie aber selber zu Spindeln erziehen, was aber nicht sehr schwer ist. Diese sind für sehr kleine Gärten gut geeignet.

Büsche und Bäume

MM106 und M7 eigen sich für Buschbäume mit einer Stammhöhe von 0,6–0,8 m. Ein Busch wird deutlich größer als eine Spindel, ungefähr doppelt so groß, trägt aber auch recht früh. Auch er ist für kleine Gärten geeignet. M25 benötigen wir für einen Halbstamm. Die Stammhöhe beträgt hier 1,2–1,4 m. So ein Halbstamm braucht bis zu zehn Jahre, bis er zum ersten Mal trägt. Und er benötigt reichlich Platz. Als Grundfläche können Sie mit 8 x 8 m rechnen.

Am stärksten wächst der Sämling. Darauf entsteht der Hochstamm mit einer Stammhöhe von 1,8 m. Mit einem Platzbedarf von 10 x 10 m ist er eigentlich nur für die freie Landschaft geeignet oder für parkähnliche Gärten.

Bei der Kirsche sind die schwachwachsende Unterlagen Gisela 3, Gisela 5 oder Colt zu nennen. Sie brauchen in der Baumschule aber nicht die Unterlagen zu erfragen, Sie sollten nur sagen, was Sie genau vorhaben und wie groß der Baum werden soll, beziehungsweise wie viel Platz Sie haben. Der Baumschuler wird Ihnen dann die richtige Pflanze heraussuchen.

Früchte ausdünnen

Mein Apfelbaum trägt reichlich. Die Früchte bleiben aber leider klein und schmecken nicht. Wie kann ich daran etwas ändern?

Diese Äpfel erreichen nie eine Spitzenqualität. Der Baum kann so viele Früchte nicht optimal ernähren.

Wenn zu viele Früchte an den Ästen eines Apfelbaums hängen, ist der Baum völlig überfordert. Im Sommer werden ja schon die Blüten für das nächste Jahr angelegt. Dazu hat der Baum aber bei einem überreichen Fruchtbehang keine Reserven mehr, und dann bleibt die Blüte im nächsten Jahr aus. Diesen Vorgang nennt man Alternanz, er ist eigentlich ein natürliches Phänomen. Die Nährstoffversorgung ist dann auch nicht ausreichend, um die Früchte gut zu versorgen, deshalb bleiben sie klein und sauer. Um die Alternanz zu brechen, müssen Sie deshalb die Früchte am Baum ausdünnen. Optimal wären 5 Früchte pro Meter Fruchtholz. Anders gesagt, zwischen jede Frucht muss eine Männerfaust passen. Ob ein Ausdünnen nötig ist, sehen Sie schon im Juni, wenn die Früchte Walnussgröße haben. Wenn dann zwei oder mehrere Früchte als Fruchtbüschel an den Zweigen hängen, schneiden Sie die Früchte einfach heraus oder reißen sie weg. Dabei lassen Sie aber nur einen, den größten Apfel aus dem Fruchtbüschel, am Baum. Durch diese Maßnahme erreichen Sie, dass der Baum jedes Jahr trägt und gleichmäßige, wohlschmeckende Früchte hervorbringt und der Ertrag nicht jedes zweite Jahr ausfällt. Die Bildung von Fruchtbüscheln erfolgt verstärkt auf kleinkronigen Bäumen auf einer schwachwachsenden Wurzel. Diese Arbeit ist deshalb auch ohne Leiter gut zu bewerkstelligen.

Zwetschgen, Kirschen & Co.

Zwetschgen und Kirschen müssen nicht ausgedünnt werden. Die Bäume können alle Früchte ernähren, die an den Zweigen hängen, selbst wenn sie abzubrechen drohen. Ganz wichtig ist das Ausdünnen aber bei Pfirsichen und Nektarinen. Es gilt das gleiche Prinzip wie beim Apfel, es dürfen nur Einzelfrüchte am Baum verbleiben. Hier können Sie loslegen, sobald die Früchte Haselnussgröße haben. Pfirsiche neigen, wenn sie der Blütenfrost verschont, sehr häufig zur Mehrfrüchtigkeit.

→ WANN: FrSo – HoSo

Einen Obstbaum erziehen

Ich habe mir einen Apfelhochstamm gekauft, der etliche einjährige Triebe für die Krone hat. Was muss ich jetzt damit machen?

Obstbäume, vor allem Hochstämme, liefern nicht nur schmackhafte Früchte, sie stellen mit den Jahren auch eine markante Gestalt dar. Die meisten Baumobstarten bilden ihr ergiebigstes Fruchtholz an kurzen Seitentrieben zweijähriger Langtriebe. Die Vitalität beginnt ab dem dritten Jahr nachzulassen, obwohl sich nach wie vor viele neue Blütenknospen bilden. Der Schnitt dient daher nicht nur dem Aufbau eines stabilen Gerüstes, sondern, je nach Alter und Obstart, auch der Fruchtholzerneuerung.

Eine Rundkrone wird mit einem Mitteltrieb und drei Seitengerüsttrieben aufgebaut. Diese Gerüsttriebe verbleiben lebenslänglich im Baum. Die Erziehung kann, je nach Obstart, bis zu zehn Jahre dauern.

Der ideale Baum besteht beim Kauf aus einer geraden Mitte und 5–6 einjährigen Seitentrieben. Definieren Sie zuerst die Gerüsttriebe und entfernen dann alle übrigen Triebe. Die drei Seitengerüsttriebe sollen in einem Winkel von 45°–60° zum Mitteltrieb abstehen und gleichmäßig im Kreis verteilt sein. Zur Anregung und Stärkung kürzen Sie sie ein. Starke Triebe schneiden Sie um ein Drittel, schwache um die Hälfte zurück. Die obersten Knospen weisen jeweils nach außen. Dadurch fördern Sie eine breite, gut belichtete Krone. Den Mitteltrieb kürzen Sie so ein, dass er einen Winkel von 90°–120° zu den Seitengerüsttrieben bildet.

Erziehung

Die Gerüsttriebe werden die ersten 6–8 Jahre jährlich im einjährigen Zuwachs um etwa ein Drittel eingekürzt. Ist das Wachstum schwach oder sind die Spitzen durch Läusebefall verkrüppelt, können Sie zur Anregung auch bis zu zwei Drittel einkürzen. Konkurrenztriebe zu den Gerüsttrieben sowie steile oder nach innen wachsende Triebe entfernen Sie vollständig.

→ WANN: VoFr

Einen Obstbaum mit Rundkrone erziehen Sie mit einem Gerüst aus Mitteltrieb und drei Seitentrieben 1. Diese werden bei der Pflanzung und in den Folgejahren 2 eingekürzt.

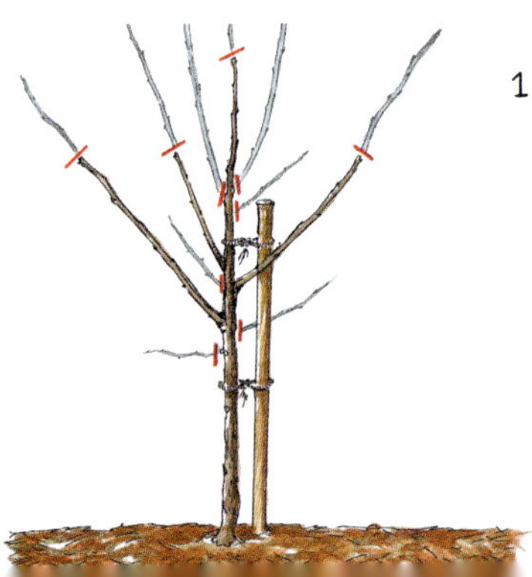
1

2

Einen Obstbaum vital halten

Ich habe mehrere alte Obstbäume. An den älteren wurde schon über zehn Jahre nicht mehr geschnitten. Lohnt sich ein Schnitt?

Noch während der Erziehung des Obstbaums wird die Pflege der Fruchttriebe wichtig. Beginnen 3- bis 5-jährige Triebe zu vergreisen, lenken Sie überhängende Triebe auf schräg nach oben, außen wachsende zweijährige Jungtriebe um. Fruchttriebe, die den halben Durchmesser des Gerüsttriebs überschreiten, entfernen Sie nahe am Gerüst. Apfel bildet häufig flache Jungtriebe direkt aus dem alten Holz, die sich zur Erneuerung des Fruchtholzes eignen und so belassen werden.

Verjüngung

Gerüsttriebe verzweigen sich mit der Zeit an der Spitze besenartig und sinken nach unten. Licht fehlt im Kroneninneren und das Fruchtholz vergreist.

Kontrollieren Sie bei solchen Bäumen zuerst, ob das Gerüst noch erkennbar ist. Wenn nicht, legen Sie das Gerüst neu fest und entfernen alle Konkurrenztriebe. Vermeiden Sie dabei Schnittwunden über 10 cm Durchmesser. Entfernen Sie alle weiteren steil in die Krone wachsenden Triebe. Zum Schluss verschlanken Sie die Enden der Gerüsttriebe, indem Sie überhängende, verzweigte »Besen« auf einen weiter innen, steiler stehenden Jungtrieb umlenken. Zu lange Fruchttriebe lenken Sie auf weiter innen stehende, mindestens zweijährige Triebe um. Sehr starke Fruchttriebe werden zugunsten junger Triebe, die direkt dem Gerüst entspringen, gekappt.

Entfernen Sie bei einem sehr vergreisten Baum bis zu einem Drittel der Krone, bilden sich nach einer Verjüngung in den nächsten zwei Jahren viele Neutriebe. Davon werden im Sommer etwa die Hälfte bis zwei Drittel entfernt. Vor allem steil und nach innen wachsende Triebe lichtet man aus. Flach nach außen wachsende verbleiben als zukünftiges Fruchtholz. Bei extrem alten oder ungepflegten Bäumen ist der Verjüngungs- oder Korrekturschnitt auf zwei oder drei Jahre zu verteilen.

→ WANN: VoFr, HoSo

Entfernen Sie bei der Rundkrone steile und nach innen wachsende Triebe 1, verzweigtes Fruchtholz auf 2-jährige Triebe umlenken 2. Eine Verjüngung 3 auf mehrere Jahre verteilen. .

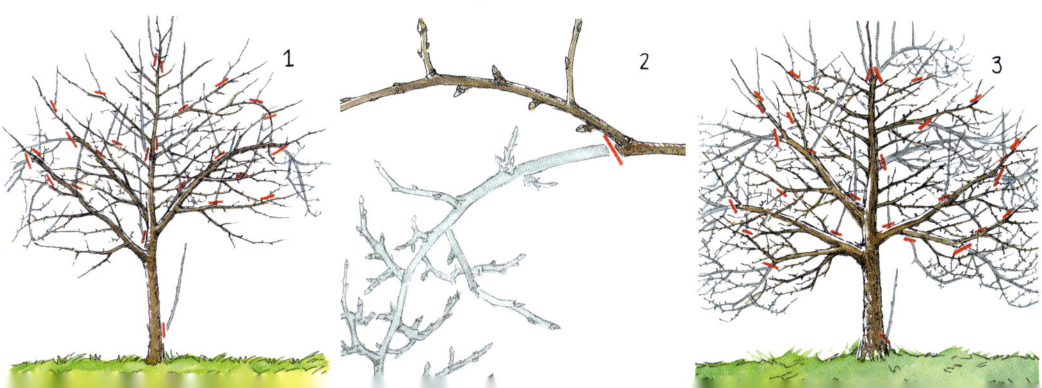

Einen Spindelbaum schneiden

Ich habe zwei schwachwüchsige Apfelbäumchen geschenkt bekommen. Sie brauchen einen Pfahl. Wie muss ich sie jetzt pflegen?

Spindelbäume wachsen auf schwachwachsendenn Unterlagen, benötigen etwa drei Quadratmeter Fläche und sind sehr gut für kleine Gärten geeignet. Sie benötigen lebenslang einen Stützpfahl und vertragen 80 cm um den Stamm herum keine Konkurrenz. Gießen ist bei Trockenheit notwendig, Schutz vor Mäusen ebenso. Spindelbäume besitzen einen geraden Mitteltrieb als Gerüst, von dem flache Fruchttriebe abzweigen. Der Schnitt strebt eine unten breitere, oben schmale Tannenbaumform an, sodass auch die Basis gut belichtet wird und nicht vergreist. Um die Vitalität zu erhalten, ist ein jährlicher Schnitt notwendig. Spindeln tragen schon nach zwei Jahren, werden aber meist nur 15 Jahre alt.

Ideale Bäume besitzen beim Kauf 4–7 gleichmäßig verteilte, flache Seitentriebe und eine Stammhöhe von etwa 60 cm. Sie werden nicht eingekürzt! Der Mitteltrieb sollte, ausgehend vom obersten Seitentrieb, nicht länger als 50–60 cm sein. Nur längere kürzt man ein, starke Konkurrenztriebe im folgenden Sommer.

Weiterer Schnitt

Beim Schnitt wird der Mitteltrieb verschlankt und steile Triebe entfernt. Sehr lange oder überhängende Fruchttriebe lenken Sie auf flach und weiter innen wachsende, mindestens zweijährige Jungtriebe um. Überschreitet der Durchmesser eines Fruchttriebes den halben Durchmesser des Mitteltriebes, wird er in der unteren Hälfte auf einen 10 cm langen, in der oberen auf einen 5 cm kurzen Zapfen am Mitteltrieb entfernt. Der Zapfen regt Neuaustriebe an dieser Stelle an. Bilden sich an der Schnittstelle Jungtriebe, belassen Sie einen schräg nach außen und oben wachsenden. Verzweigte Mitteltriebe lenken Sie auf einen steil stehenden, zweijährigen Jungtrieb um. Weitere Jungtriebe an der Spitze und Triebe unterhalb der Veredelung werden entfernt.

→ **WANN:** VoFr, HoSo

Entfernen Sie bei der Spindel jährlich steile und steil stehende Triebe 1. Überhängende, verzweigte Fruchttriebe werden auf jüngere umgelenkt 2, Steiltriebe an der Spitze entfernt 3.

Sauerkirsche und Pfirsich

Sauerkirsche und Pfirsich blühen kaum noch und tragen keine Früchte. Liegt es daran, dass ich lange nicht geschnitten habe?

Beide Obstarten fruchten an einjährigen Trieben: Pfirsich an Trieben von 20–30 cm, die Sauerkirsche an 10–40 cm Länge. Sauerkirsche und Pfirsich benötigen daher jährlich einen scharfen Schnitt zur Blütezeit, um neues, vitales Fruchtholz zu fördern.

Bei Pfirsich besitzen kurze Triebe auf ganzer Länge runde Blütenknospen, die Spitze nur eine spitze Blattknospe. Sogenannte »wahre« Fruchttriebe besitzen hingegen an jedem Knospenansatz zwei Blütenknospen und dazwischen eine Blattknospe. Diese Blattknospe ist in der Lage, die wachsenden Früchte an ihrer Seite zu ernähren. Bei falschen Fruchttrieben bleiben die Früchte aufgrund der fehlenden Blätter klein.

Richtig erziehen

Pfirsichbäume werden aus vier Seitengerüsttrieben erzogen, der Mitteltrieb komplett entfernt. Bei der Pflanzung kürzen Sie die Seitengerüsttriebe um ein Drittel ein, die oberste Knospe weist nach außen und muss eine Blattknospe sein. Die ersten vier Jahre werden die Gerüsttriebe jährlich um 30–50 cm verlängert. Kurze, nur mit Blüten besetzte oder mehrjährige Fruchttriebe und starke, ins Kroneninnere ragende Triebe schneiden Sie auf einen 2 cm kurzen Zapfen zurück. Schneiden Sie direkt am Gerüsttrieb, trocknen die Wunden oft ein und Jungtriebe bleiben aus. Wahre Fruchttriebe kürzen Sie nicht ein. Pro 10 cm Gerüsttrieblänge bleiben drei wahre Fruchttriebe stehen. Entfernen Sie jährlich insgesamt bis zu zwei Drittel der einjährigen Triebe.

Sauerkirschen werden als Rundkrone mit einer Mitte und vier Seitentrieben als Gerüst erzogen. Die Gerüsttriebverlängerungen kürzen Sie die ersten fünf Jahre um die Hälfte ein. Vorrangiges Ziel beim jährlichen Erhaltungsschnitt ist es, Jungtriebe nahe am Gerüst zu produzieren. Die Pflege vom Fruchtholz und der Zapfenschnitt entsprechen dem des Pfirsichs.

→ WANN: FrSo, HoSo

Bei Pfirsich bleiben nur wenige wahre Fruchttriebe stehen 1. Das einjährige Blütenholz der Sauerkirsche 2 wird beim Schneiden kräftig verjüngt 3.

Säulenbäume schneiden

Ich habe einen Garten übernommen, in dem einige Säulenapfelbäume stehen. Wie soll ich sie pflegen oder eventuell schneiden?

Säulenbäume wachsen mit einem senkrechten, bis zu 4 m hohen Mitteltrieb, aus dem kurze Seitenverzweigungen entspringen. Diese Kurztriebe bilden das Fruchtholz.

Achten Sie beim Kauf darauf, dass die Sorten auf mittelstark wachsende Unterlagen veredelt sind; nur dann sind sie ohne Pfahl standfest. Auf schwachwachsene Unterlagen veredelt, vergreisen sie schnell.

Bei Säulenäpfeln müssen lediglich hin und wieder entstehende Konkurrenztriebe zur Mitte entfernt werden. Die Seitentriebe benötigen kaum Erhaltungsschnitt. Vergreist der Baum nach zehn Jahren, lenken Sie ihn auf zwei Drittel der Höhe auf einen Seitentrieb um. Von den im kommenden Sommer entstehenden aufrechten Jungtrieben belassen Sie nur einen als neue Mitte. Stark verzweigte oder verkahlte Fruchttriebe kürzen Sie im Frühsommer auf einen 10 cm langen Zapfen bis an den Mitteltrieb ein. Von den entstehenden Jungtrieben werden lange oder nach innen wachsende vollständig entfernt. Kurze Triebe, die sich in die Gesamtform einfügen, lassen Sie stehen, sie bilden das neue Fruchtholz. Bilden sich Steiltriebe, die eine Konkurrenz zur Mitte ausbilden, lenkt man sie im Sommer auf einen gerüstnahen, flachen Seitentrieb um.

Säulensorten

Echte Säulensorten gibt es vor allem bei Apfel. Weil sie jedoch für kleine Gärten oder als Topfpflanzen ideal sind, werden auch andere Obstarten mit annäherndem Säulenwuchs angeboten. Birne, Zwetschge oder Süßkirsche gibt es meist nicht als echte Säulen, sie wachsen lediglich kompakter und straffer als andere Sorten. Nach einiger Zeit bilden sie lange Seitentriebe, die die Form durchbrechen und mehr Pflege brauchen. Solche Triebe werden im Frühsommer um zwei Drittel eingekürzt. Eine flach stehende Fortsetzung lassen Sie stehen, die übrigen lichten Sie aus.

→ WANN: HoSo

Starke und steil stehende Seitentriebe kürzen Sie auf Zapfen ein 1. Eine zu hohe Mitte lenken Sie auf einen Seitentrieb um 2, eingekürzte Seitentriebe treiben willig wieder aus 3.

1

2

3

Spalierbäume erziehen

Vor zwei Jahren habe ich ein Apfelbäumchen als Spalier gepflanzt. Jetzt gibt es viele lange Triebe, die Form ist entstellt.

Bei einem Spalier wird das Obstgehölz flächig erzogen. Durch mehrmaligen Sommerschnitt verhindern Sie die Bildung von Langtrieben und wandeln diese in blütentragende Kurztriebe um. Lediglich Triebe, die das dauerhafte Gerüst bilden sollen, dürfen in die Länge wachsen. Spaliere erziehen Sie mit einem dauerhaften Gerüst aus einer oder mehreren Etagen in einem Abstand von 60 cm zueinander. Diesjährige Triebe für das Gerüst binden Sie schräg an das Gestell an, damit sie sich kräftigen. Im nächsten Frühjahr binden Sie sie flach an und kürzen sie um ein Viertel ein.
An den aus dem Gerüst wachsenden Fruchttrieben kürzen Sie ab Juni den Neuzuwachs ein. Sobald sich am wachsenden Trieb zehn Blätter gebildet haben, kürzen Sie ihn auf 4–6 Blätter ein. Treiben die obersten Knospen erneut durch, kürzt man sie noch einmal auf zwei Blätter zurück oder bricht sie aus. An ihrer Basis bilden die Triebe Blütenknospen. Der gesamte Fruchttrieb wird im nächsten Frühjahr daher bei Blühbeginn bis auf die Blüten eingekürzt. An der Spitze der Mitte erscheinende Steiltriebe entfernen Sie im Sommer bis auf einen vollständig. Ist das Gerüst vollendet, schneiden Sie die Enden wie das übrige Fruchtholz auch.

Sommerschnitt an Spalieren

Formale Spaliere sind nur durch konsequenten mehrmaligen Sommerschnitt zu erhalten. Der Schnitt im Frühjahr hat dagegen eine untergeordnete Bedeutung. Lediglich bei überalterten Spalieren, deren Fruchtholz stark verzweigt und vergreist ist, kann er als Anregung durchgeführt werden. Lichten Sie dabei Verzweigungen nahe am Gerüst auf Seitentriebe aus und fahren im Sommer wie oben beschrieben fort. Da die unteren Bereiche eher vergreisen als die oberen, kann es sein, dass Sie unten zusätzlich im Frühjahr schneiden, oben aber nur im Sommer. Gezielt düngen und wässern bei Trockenheit erhält die Vitalität.

→ WANN: VoFr, FrSo – HoSo

Der mehrmalige Sommerschnitt 1 wandelt Lang- in Kurztriebe um, im folgenden Frühjahr kürzen Sie diese bis auf die Blüten ein 2. Vergreiste Fruchttriebe regen Sie mit einem Frühjahrsschnitt an 3.

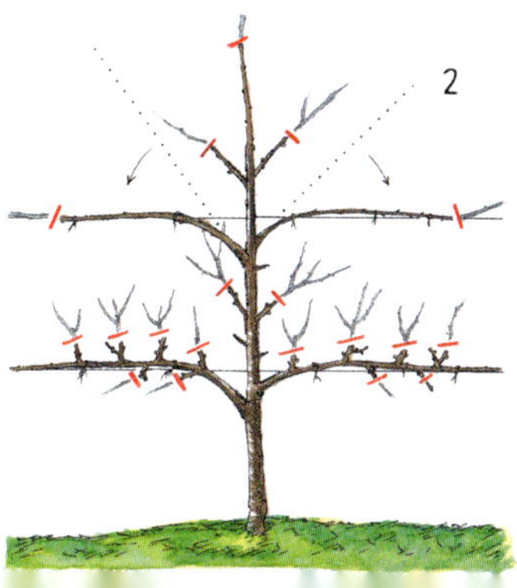

Kirsche und Zwetschge schneiden

Ich habe eine Zwetschge und eine Süßkirsche, die zusehends überaltern. Kann ich sie revitalisieren und wie schneide ich sie?

Bei beiden Steinobstarten entsprechen Pflanz- und Erziehungsschnitt im Frühjahr dem der Rundkrone (siehe Seite 238). Die Gerüsttriebe von Süßkirschen kürzen Sie bis zum sechsten Jahr ein. Sie blühen an zweijährigen Trieben, einjährige Langtriebe fruchten nicht. Das Fruchtholz ist sehr langlebig, selbst kurze Spieße blühen. Voraussetzung ist, dass Licht in das Kroneninnere gelangt. Daher fällt der Schnitt bei der Süßkirsche zurückhaltender aus als bei anderen Obstarten.

Erhaltungs- und Verjüngungsschnitte führen Sie ausschließlich im Sommer nach der Ernte durch. Dabei entfernen Sie steil stehende Triebe und Konkurrenztriebe der Gerüsttriebe.

Süßkirschen treiben oft in Quirlen aus, lichten Sie diese regelmäßig aus. Bei überalterten Süßkirschen lenken Sie im Sommer überhängende, verzweigte Gerüst- und Fruchttriebe auf weiter innen stehende, jüngere Seitentriebe um. Vermeiden Sie große Wunden am Gerüst.

Zwetschge, Mirabelle & Co.

Etliche Sorten von Zwetschge, Mirabelle und Reneklode bilden das beste Fruchtholz an zwei- bis dreijährigen Trieben. Einjährige Langtriebe tragen nur bei einigen neueren Sorten Blüten. Nach etwa drei Jahren beginnen die Fruchttriebe zu vergreisen. Lenken Sie verkahlte und vergreiste Fruchttriebe frühzeitig auf tiefer, näher am Gerüst stehende junge Seitentriebe um. Zwetschgen bilden oft Steiltriebe aus. Diese und nach innen wachsende entfernen Sie am besten jährlich.

Bei großen Schnittwunden kommt es zum Eintrocknen und Befall mit Holzpilzen. Ein regelmäßiger Schnitt und kleine Wunden unter 5 cm wirken diesem Umstand entgegen. Erhaltungs- und Verjüngungsschnitte sind im Sommer verträglicher, auch wenn Sie bei spät reifenden Sorten einige Früchte entfernen.

→ WANN: VoFr, HoSo

Im Sommer werden bei der Süßkirsche vergreiste Verzweigungen auf jüngere Triebe umgelenkt 1. Zwetschgen bleiben vitaler mit kleinen Wunden und mehr Schnitten 2.

1

2

Apfelwickler

Meine Äpfel haben ab Juni kleine Löcher und fallen vom Baum. Im Sommer beginnen sie zu faulen. Was kann ich dagegen tun?

Wenn die Äpfel im Sommer an den kleinen Löchern zu faulen beginnen, kann sich das zu einem großen Schaden entwickeln. In den Früchten findet man einen kleinen Wurm beziehungsweise eine Larve. Ein nur 1 cm großer Falter, der Apfelwickler, legt zuvor seine Eier auf die Früchte. Die schlüpfenden Larven bohren sich ein und verursachen die Löcher. Die Löcher sind dann gleichzeitig Eintrittspforten für den Moniliapilz, der wiederum die Fäulnis verursacht. Nach zwei Wochen verpuppt sich die Larve am Baum. Ein Wicklerweibchen legt bis zu 60 Eier. Es können bis zu drei Generationen pro Jahr auftreten, die aber zeitlich nicht getrennt sind. Ein Befallsdruck herrscht deshalb bis zur Apfelernte.

Bekämpfung

Die Bekämpfung der Apfelwickler ist nicht einfach, weil der Befallsdruck sehr lange anhält. Im Erwerbsanbau gilt die Vorschrift, die erste Generation völlig auszuschalten. Im Hausgarten wird das nicht möglich sein, weil die Falter das ganze Jahr über von den Nachbargärten zufliegen.
Einen hundertprozentigen Erfolg erzielen Sie, wenn Sie den Baum mit einem engmaschigen Rundnetz schützen. Diese Netze gibt es fertig zu kaufen, Sie brauchen dazu aber einen kleinen Baum, eine sogenannte schlanke Spindel, die Sie als solche erziehen müssen, ansonsten ist es schwierig, ein Netz über den Baum zu legen. Leimringe sind ungeeignet, auch Apfelwickler-Fallen sind nicht unbedingt hilfreich. Sie fangen nur ein paar Männchen und dienen lediglich der Kontrolle. Es gibt jedoch ein Granulosevirus gegen den Apfelwickler. Das ist ein biologisches Insektizid, das verhindert, dass die Larven sich in die Frucht einbohren. Es muss ausgebracht werden, wenn die erste Einbohrstelle im Juni zu finden ist.

→ WANN: VoFr – HoSo

An solchen Einbohrlöchern erkennen Sie den Apfelwicklerbefall 1. Die Maden und später Fäulnispilze machen die Früchte ungenießbar 2.

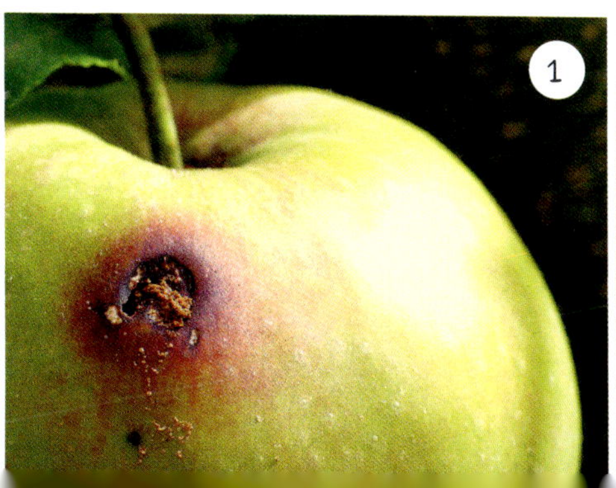

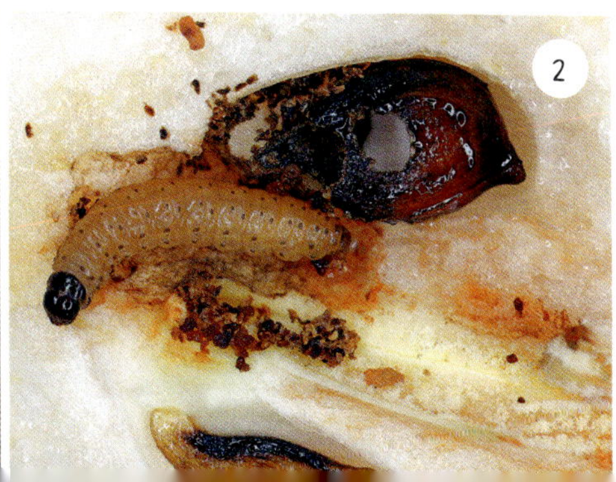

Kräuselkrankheit an Pfirsich

Die Blätter meines Pfirsichs verkrümmen sich schon beim Austrieb im April. Was verursacht den Schaden und was kann ich tun?

Wenn sich die Blätter verkräuseln, weißlich bis rötlich verfärben und schließlich absterben und herunterfallen, ist die Kräuselkrankheit am Werk, eine Pilzerkrankung, die alle Pfirsiche befällt. Der Pilz überwintert auf den Knospenschuppen. Wenn im Frühling die Knospen zu schwellen beginnen, dringt er in die Knospe ein und infiziert die Blätter. Die Blätter wachsen zwar wieder nach, aber die Früchte können nicht mehr richtig ernährt werden und fallen auch ab.
Die neuen Blätter bleiben befallsfrei, weil der Pilz ab 16 °C inaktiv wird. Die Kräuselkrankheit schwächt aber den Baum und fördert den Gummifluss. Im nächsten Jahr hat der Pfirsich dann kaum Blüten und Früchte. Mit den Jahren wird er so geschwächt, dass er möglicherweise ganz abstirbt.

1 Verkrümmte Blätter deuten auf die Kräuselkrankheit hin. 2 Die Bäume können verkahlen.

Bekämpfung

Nur zugelassene Mittel gegen die Kräuselkrankheit dürfen zur Bekämpfung eingesetzt werden. Die erste Bekämpfung erfolgt, wenn die Tagestemperatur 10 °C erreicht. Das kann schon im Januar der Fall sein. Die zweite Behandlung erfolgt zehn Tage später, es muss aber wieder zehn Grad haben. Ab dieser Temperatur strecken sich die Knospenschuppen und der Pilz kann in die Knospen und Blattanlagen eindringen. Das gilt es zu verhindern. Behandeln Sie ein letztes Mal, wenn grüne Blattspitzen zu sehen sind. Resistente Sorten gibt es offiziell nicht, die weißfleischige Sorte 'Benedicte' soll aber relativ widerstandsfähig sein.

→ WANN: Wi – ErFr

Madige Kirschen

Zu Beginn der Ernte sind meine Kirschen noch in Ordnung. Später sind weiße, eklige Würmer in den Früchten. Was kann ich tun?

Einen Kirschbaum einzunetzen, ist die beste Abwehrmaßnahme gegen die Kirschfruchtfliege.

Diese Würmer sind die Maden der Kirschfruchtfliege. Diese lästige Fliege legt jeweils ein Ei in die Kirsche, wenn sich die Früchte von grün auf gelb verfärben. Aus den Eiern schlüpfen die Maden, die in der Kirsche ihre Entwicklung vollenden. Anschließend bohren sie sich aus und verpuppen sich im Boden in wenigen Zentimetern Tiefe. Sie schlüpfen im nächsten Jahr, einige erst im übernächsten Jahr. Sollte die erste Generation beispielsweise durch Frost vollständig ausfallen, wäre im übernächsten Jahr noch eine Fliegenpopulation vorhanden. Eine Fliege legt bis zu 50 Eier, oft sind die Früchte bis zu 100 % vermadet.

Gegenmaßnahmen

Nicht befallen werden sehr frühe Sorten wie 'Burlat'. Sie sollten aber wissen, dass die frühen Sorten von Vögeln schon gefressen werden, bevor sie rot sind. Der Einsatz von Pflanzenschutzmitteln ist im Hausgarten verboten, beziehungsweise es sind keine Mittel zugelassen. Der Einsatzzeitpunkt wäre auch nur sehr schwer zu ermitteln. Auf keinen Fall sollten Sie Gelbtafeln aufhängen, sie bewirken keine Befallsreduktion, können im Gegenteil noch weitere Fliegen anlocken. Nun wäre eine Idee, den Boden unter dem Baum ab Mitte Mai mit einem Netz abzudecken. Die schlüpfenden Fliegen bleiben unterm Netz und verenden. Das klingt gut, hat sich in der Praxis aber nicht bewährt. Der Grund lieg darin, dass auch Vogel-, Hecken- und Traubenkirschen Wirte der Kirschfruchtfliege sind. Und wenn so ein Wirt in der Nähe steht, wird der Baum gleich neu besiedelt. Sehr bewährt hat sich dagegen die Einnetzung mit Rundnetzen, die es zu kaufen gibt. Eingesetzt werden können sie aber nur bei einem kleinen Baum. Deshalb müssen Sie eine schlanke Spindel erziehen. Das geht aber schnell, schon im dritten Jahr können Sie ernten. Die Einnetzung beginnen Sie, wenn die Kirschen noch grün sind. Das Netz hält gleichzeitig die Vögel fern.

→ WANN: VollFr – HoSo

Schrotschusskrankheit

Die Blätter von meinem Kirschbaum bekommen braune Flecken und Löcher. Die Früchte werden teilweise schwarz. Was ist jetzt zu tun?

1 Nekrosen sind erste Symptome der Schrotschusskrankheit, 2 später werden daraus runde Löcher.

Die sogenannte Schrotschusskrankheit wird von einem Pilz verursacht. Eine Infektion erfolgt im zeitigen Frühjahr, bei den noch sehr jungen Blättern. Da die Sporen, die am Baum überwintern, durch den Regen von oben nach unten gespült werden, sind die unteren Baumpartien meist viel stärker befallen. Der Pilz verursacht Nekrosen, d. h., es entstehen runde Flecken mit abgestorbenem Gewebe. Die abgestorbenen Gewebeteile fallen später heraus, sodass es zu den typischen schrotschussähnlichen Merkmalen kommt. Stark befallene Blätter fallen ab. An Früchten entstehen schwarze, eingesunkene Bereiche, die Frucht wird ungenießbar. Der Pilz befällt nur junge Blätter, im Juni ist daher nicht mehr mit Infektionen zu rechnen. Sind die Bäume mehrere Jahre hintereinander befallen, werden sie geschwächt, Gummifluss kann auftreten.

Wenige Möglichkeiten

Pflanzenschutzmittel sind im Hausgarten gegen Schrotschuss nicht mehr zugelassen. Die Blätter trocken zu halten, ist eher eine theoretische Überlegung. Auch bei starker Auslichtung hilft dies in feuchten Frühjahren nichts. Leider sind alle Kirschsorten und auch die Sauerkirschen anfällig für die Schrotschusskrankheit. Bestimmte alte Sorten zeigen hohe Resistenzen, eine Alternative gibt es nicht, außer, keinen Kirschbaum zu pflanzen. Wenn Sie in einer niederschlagsreichen Gegend wohnen, sollten Sie den Kirschbaum durch eine andere Obstart ersetzen.

→ **WANN:** ErFr – FrSo

Krankheiten an Tafeltraube

Mein Wein bekommt weiße Flecken, die Beeren sind ungenießbar. Manche Blätter sind blasig aufgetrieben. Wie schaffe ich Abhilfe?

An Reben können leider viele Krankheiten und Schädlinge auftreten. In den allermeisten Fällen kann der Schaden auf drei Ursachen zurückgeführt werden: Auf den Echten und den Falschen Mehltau sowie die Rebenpockenmilbe.

Der Echte Mehltau tritt oft schon im Frühjahr auf, wird aber meist lange nicht erkannt. Die Blätter verfärben sich bei einem Befall dunkelgrau und bleiben kleiner. Auch die Trauben werden dunkel und platzen auf. Der Echte Mehltau liebt Trockenheit, der Falsche Mehltau bevorzugt dagegen lange Nässeperioden. Dieser Pilz bildet auf der Blattunterseite einen weißen Pilzrasen. Auch hier werden die Trauben befallen und ungenießbar. Als Behandlungsmöglichkeit sind Spritzungen mit Schwefel möglich, die aber frühzeitig beginnen müssen und wöchentlich zu wiederholen sind. Das ist reativ aufwendig, zumal der Schwefel auch alle Insekten abtötet, die sich gerade am Weinstock aufhalten. Außerdem können Sie leider sowieso davon ausgehen, dass die Krankheit jedes Jahr wieder auftritt. Die beste Lösung des Problems ist, den kranken Weinstock zu entfernen, auch wenn er noch so schön ist. Es gibt schon lange ganz hervorragende, wohlschmeckende, sehr resistente Sorten. Eine solche Sorte sollten Sie pflanzen.

Rebenpockenmilbe

Für Unruhe sorgt oft auch ein Befall mit der Rebenpockenmilbe. Diese winzig kleinen Tiere überwintern in den Knospen. Beim Austrieb besiedeln sie die Blätter, die dann blasig aufgetrieben aussehen. Auf der Blattunterseite entsteht ein weißer Filzbelag, in dem die Tiere leben. Die Milben schaden dem Wein aber nicht wirklich, eine Bekämpfung ist nicht nötig. Wenn nur wenige Blätter befallen sind, können Sie diese abzupfen. Alternativ können Sie drei Austriebsspritzungen mit einem Pflanzenschutzmittel auf Rapsölbasis vornehmen.

→ WANN: VoFr - VoHe

Echter Mehltau tritt an der Blattoberseite auf 1, Falscher Mehltau an der Blattunterseite 2. Die Rebenpockenmilbe verursacht blasenartige Aufwölbungen an den Blättern 3.

Rindenbrand bei Obstgehölzen

Mein im Herbst gepflanzter Obstbaum hat schön ausgetrieben. Dann wurden die Blätter welk und der Baum war innerhalb von Tagen abgestorben.

Rindenbrand wird durch Bakterien verursacht. Die Krankheit kann bis zum Absterben des Baums führen.

Pseudomonas-Rindenbrand tritt bei Gehölzen auf, solange die Rinde noch glatt und relativ dünn ist. Pseudomonaden sind Bakterien, die auf der Rinde natürlicherweise vorkommen. Durch kleine Risse oder Verletzungen der Rinde können sie an die Bastschicht, das Kambium, gelangen. Dem Baum gefällt das gar nicht, deshalb schottet er in der Vegetationsperiode das befallene Gewebe ab und die Bakterien sind gestoppt. In der Vegetationsruhe kann der Baum keine Gegenmaßnahmen einleiten. Die Bakterien sind aber auch in dieser Zeit aktiv. Gelangen sie im Herbst oder Winter durch Verletzungen wie Schnittmaßnahmen oder Frostrisse auf das Kambium, können sie sich dort vermehren. Im nächsten Jahr reagiert der Baum dann mit dem plötzlichen Absterben. Eine direkte Bekämpfung gibt es nicht. Ein weißer Anstrich des Stammes kann aber Frostrisse und damit das Eindringen der Bakterien verhindern. An der gleichen Stelle kann ein neuer Baum gepflanzt werden, Rosengewächs nach Rosengewächs geht nicht ohne Weiteres.

Pseudomonas ist nicht zu verwechseln mit dem Schwarzen Rindenbrand, der von dem Pilz *Diplodia* verursacht wird. Dabei reißt die Rinde der Länge nach auf, das Kambium stirbt teilweise ab und die befallene Partie färbt sich mehr oder weniger schwarz. Diese recht neue Krankheit wurde bisher nur an Kernobst nachgewiesen. Sie tritt vor allem in heißen, trockenen Sommern auf. Gutes Wässern der Bäume ist also angesagt.

→ WANN: VoFr – FrSo, Wi

Tipp

RINDENBRAND

können Sie erkennen, wenn Sie die Rinde anschneiden und das Kambium ist dunkel verfärbt. Nach den Befallsstellen müssen Sie aber suchen. Dunkle Verfärbungen an Stämmen und Ästen, die an Rissen oder Verletzungen auftreten, sind aber auch an unbeschädigten Stellen zu finden.

Walnussfruchtfliege

Meine Walnüsse haben immer öfter schwarze Flecken auf der Schale oder sind ganz schwarz gefärbt. Was kann ich dagegen tun?

1 Maden der Walnussfruchtfliege richten großen Schaden an. 2 Symptome der Marssonina-Krankheit.

An der schwarzen Schale ist meist die Walnussfruchtfliege schuld. Die Fliege hat die Größe einer Stubenfliege und legt ihre Eier in die grüne Nussschale. Da eine Fliege bis zu 400 Eier legen kann, reichen schon wenige Fliegen, um eine ganze Ernte zu vernichten. In der Nussschale schlüpfen die Maden und fressen sich durch den grünen Mantel. Die Schale wird dann schnell schwarz und breiig und lässt sich kaum noch von der Nuss lösen. Nach ungefähr vier Wochen haben die Maden ihre Entwicklung abgeschlossen und lassen sich zu Boden fallen. Sie verpuppen sich in wenigen Zentimetern Tiefe und schlüpfen im nächsten Jahr. Wenn der Befall im Juni erfolgt, können sich die Nüsse nicht mehr entwickeln, die Kerne bleiben klein. Schwarze Schalen können auch von der Marssonina-Pilzkrankheit stammen, die mit den Symptomen der Walnussfruchtfliege verwechselt werden kann, oder von einer Bakterienkrankheit.

Bekämpfung

Sie sollten zuerst die Schadursache klären. Finden Sie Maden, ist die Fliege die Verursacherin. Sie sollten dann alle herunterfallenden Nüsse sofort in den Restmüll geben. Zudem breiten Sie eine schwarze Folie von Mitte Juni bis Ende September auf dem Boden im Traufbereich des Baumes aus. Die Folie verhindert das Auffliegen der Insekten aus dem Boden und später dann das Eingraben und Verpuppen der Larven. Unter der schwarzen Folie bilden sich hohe Temperaturen, die die Fliegen abtöten.

→ WANN: FrSo – VoHe

Beeren und Trauben

Erdbeeren

Was muss ich beim Anbau von Erdbeeren im Garten beachten, damit die Pflanzen lange gesund bleiben und viele Früchte tragen?

Erdbeeren brauchen einen sonnigen Standort und lockere und humusreiche Erde. Schwere und tonige Böden sind nicht geeignet. Hier sind Wurzelkrankheiten vorprogrammiert. Pflanzen Sie die Erdbeeren in einem Reihenabstand von 50 cm, innerhalb der Reihe beträgt der Abstand 30 cm. Wenn Sie im Frühling pflanzen, sollten Sie die Blüten ausbrechen, damit sich die Pflanzen gut entwickeln können. Sie können aber auch Anfang August gepflanzt werden, dann gibt es schon im nächsten Jahr eine Ernte. Pflanzen Sie nicht so tief, dass das Herz der Pflanzen in die Erde kommt, sonst fault die Pflanze. Im zeitigen Frühjahr können Sie ein Vlies über die Pflanzen legen, um sie zu verfrühen. Bei Blühbeginn müssen Sie dieses aber wieder entfernen, sonst werden die Blüten nicht befruchtet. Am Ende der Blütezeit kommt Stroh oder Holzwolle unter die Blüten, damit die Früchte keinen Bodenkontakt haben und nicht faulen.

Pflege

Wenn alle Früchte geerntet sind, schneiden Sie die Ausläufer und die älteren Blätter ab, die Erde wird gelockert, die Pflanzen gedüngt und bei Trockenheit gewässert. Die Pflanze treibt dann neue, kräftige Blätter und legt vor allem die Blüten für das nächste Jahr an. Wenn Sie die Pflanzen gut pflegen, können sie 3–4 Jahre beerntet werden. Bei Kindern sehr beliebt sind die Monats-

Von einer Erdbeerwiese kann man den ganzen Sommer über Früchte ernten 1. Mit Stroh unterlegt, bleiben die Früchte sauber 2. Erdbeerfrüchte reifen nacheinander und werden regelmäßig gepflückt 3.

erdbeeren. Sie stammen von den Walderdbeeren ab und sind sehr robust. Die immertragenden Beerenstauden produzieren vom Juni bis in den Herbst hinein aromatische kleine Früchte. Monatserdbeeren eignen sich zum Anbau in Kübeln und Töpfen, sogar auf sonnigen Balkonen. Empfehlenswert ist eine Pflanzung.

Wurzelfäule

Werden die Erdbeerpflanzen immer mickriger, die Früchte immer kleiner und sie schmecken auch nicht mehr so richtig gut, kann eine Pilzkrankheit schuld daran sein. Wenn Sie viele Jahre Erdbeeren im Garten anbauen, wird sie früher oder später unweigerlich auftreten. Bei dieser Krankheit handelt es sich um die Phytophthora-Wurzelfäule. Der Verlauf beginnt schleichend, ohne dass Sie es anfänglich bemerken. Doch dann befällt der Pilz immer mehr Wurzeln und tötet sie ab. Dadurch ist natürlich die Wasser- und Nährstoffaufnahme gestört. Die Folgen sind Minderwachstum und kleine Früchte. Sie können die Diagnose selbst sehr leicht stellen: Ziehen Sie einfach eine Pflanze aus dem Boden. Sie werden keine weißen Wurzeln oder Wurzelspitzen vorfinden, sondern nur noch schwarze Stumpen. Einfach ein neues Beet anlegen ist leider keine Lösung, denn die Krankheit haben Sie schon länger auf Ihrem Beet. Die Pilze erzeugen laufend Dauersporen, die bis zu zehn Jahre lebensfähig sind. Sie überleben auch die Kompostierung. Mit Ihren Schuhen und den Gartenwerkzeugen haben Sie die Sporen im gesamten Garten verteilt. Wenn Sie unbedingt Erdbeeren wollen, brauchen Sie ein Hochbeet, das Sie aber keineswegs mit Erde aus dem eigenen Garten befüllen dürfen.

→ WANN: VoFr - SpHe

GUT ZU WISSEN

Was ist eigentlich eine Erdbeerwiese? Ich habe schon einige Male davon gehört, kann mir aber gar nicht vorstellen, wie man eine solche Wiese anlegt oder das Erdbeerfeld beernten kann.

Um eine Erdbeerwiese anzulegen, eignen sich nur die Sorten 'Florika' oder 'Spadeka'. Diese Sorten sind extrem robust und können so viele Jahre am gleichen Platz stehen, ohne dass Pflegearbeiten durchgeführt werden müssten. Durch die Einkreuzung von Walderdbeeren sind Monatserdbeeren sehr aromatisch. Wählen Sie ein Beet aus und pflanzen Sie alle 30 cm eine Pflanze. Mit der Zeit bildet sich ein dichter Teppich. Trittsteine im Pflanzenbestand erleichtern die Ernte.

Himbeeren und Brombeeren kultivieren

Himbeeren und Brombeeren sollen unbedingt im Garten wachsen. Was muss ich in Bezug auf Standort, Pflanzung und Pflege wissen?

Himbeeren sind Pionierpflanzen und von Natur aus robust und pflegeleicht. Sie gedeihen auch im Halbschatten, die Fruchtqualität ist in der vollen Sonne aber besser. Wählen Sie einen Abstand von 50 cm zwischen den Pflanzen. Ein so großer Abstand ist wichtig, damit die Sträucher luftig stehen und gut abtrocknen können. Damit beugen Sie nämlich Pilzkrankheiten vor.

Himbeeren pflanzen und pflegen

Das Pflanzloch für Himbeeren sollte doppelt so groß sein wie der Wurzelballen. Überlegen Sie, ob Sie nicht eine Wurzelsperre einbauen wollen. Die Himbeere macht Ausläufer, die Sie vielleicht nicht im Staudenbeet haben wollen. Pflanzen Sie nicht zu tief, das mag das Gehölz nicht; 5 cm Erde über den Knospen sind genau richtig. Die beste Pflanzzeit ist der Herbst, dann können die Himbeeren noch anwachsen und im nächsten Jahr gibt es bereits Früchte. Die Himbeere ist ursprünglich ein Waldbewohner und dankbar für eine Mulchauflage, die dafür sorgt, dass das sehr flache Wurzelwerk bleibt. Als Mulchmaterialien eignen sich Kompost, Grasschnitt, Rindenmulch oder was im Garten so vorhanden ist. Wenn man von Himbeeren spricht, ist meistens die Sommerhimbeere gemeint. Beliebte Sorten sind 'Willamette' mit sehr ausgeprägtem Aroma, 'Schönemann' und 'Rubaca'. Alle Sorten sind sehr robust und wenig anfällig für Krankheiten. 'Rubaca' ist allerdings sogar resistent gegen die Phytophthora-Wurzelfäule, die immer wieder vorkommt.

Brombeeren für den Garten

Brombeeren haben einen noch geringeren Anspruch an den Boden als Himbeeren. Sie müssen vollsonnig stehen, sonst reifen die Früchte nicht aus und bleiben ohne Aroma. Pflanzen Sie unbedingt stachellose Sorten, die sehr gut zu ernten sind. Pflanzzeit ist von Frühjahr bis zum Herbst, da die Pflanzen im Container angeboten werden. Brom-

An einem Spalier nach oben geleitet, hält man Brombeeren im Zaum 1. Himbeeren sollten einzeln gepflückt und abgelegt werden 2. Larve eines Himbeerkäfers 3.

beeren sollten drei Fingerbreit tiefer, als sie im Topf standen, gesetzt werden. Das regt die Neubildung der Triebe an. Nach dem Pflanzen schneiden Sie die Ruten auf 30 cm zurück. Wie bei Himbeeren sollten Sie auch bei Brombeeren über eine Wurzelsperre nachdenken, denn sie sind stark ausläuferbildend. Bei Sorten mit waagerechten Ästen werden ein Gerüst oder Drähte zum Aufbinden benötigt, der Platzbedarf beträgt dann 4 m. Aufrecht wachsende Sorten wie 'Navaho' werden im Abstand von etwa 1 m zueinander gesetzt.

Wachsen die Brombeeren am Spalier, müssen Sie die Triebe konsequent erziehen, denn sonst ergibt sich ein unentwirrbares Chaos. Nehmen Sie die fünf stärksten Triebe und leiten sie an der einen Seite des Gerüstes auf. Alle anderen schneiden Sie bodennah ab. Diese Triebe bilden Seitentriebe aus den Blattachseln, die Sie im September auf eine Handbreit einkürzen. Das sind die Fruchttriebe für das nächste Jahr. Im nächste Jahr gehen Sie genauso vor, leiten die Triebe aber an der anderen Seite des Gerüstes auf. Durch die räumliche Trennung der Jung- und Fruchtruten behalten Sie den Überblick, die Früchte bekommen die maximale Belichtung und bestes Aroma. Nach der Ernte können Sie die abgetragenen Ruten entfernen. In Gebieten mit strengen Wintern machen Sie das aber besser im nächsten Frühjahr.

→ WANN: VoFr - SpHe

GUT ZU WISSEN

Bei Himbeeren kann man wählen zwischen Sommer- und Herbstsorten. Der Unterschied liegt in der Erntezeit. Aber es gibt noch weitere Merkmale, Vor- und Nachteile. Es lohnt sich, den Unterschied zu kennen.

Sommerhimbeeren tragen im Sommer ihre Früchte. Die abgetragenen Ruten werden dann meist direkt nach der Ernte abgeschnitten. Der Nachteil: Himbeerkäferlarven entwickeln sich in den Früchten. Herbsthimbeeren reifen im Herbst. Nach der Ernte werden alle Triebe bodennah abgeschnitten. Der Nachteil: Weil sie so spät reifen, ziehen sie die Kirschessigfliegen magisch an. Auch wenn sie das Jahr über nicht in Erscheinung treten, reifen die Herbsthimbeeren, sind sie da. Überlegen Sie also gut, welches Risiko Sie eingehen möchten.

Johannis- und Stachelbeeren

Johannis- und Stachelbeeren dürfen im Nutzgarten nicht fehlen. Was ist bezüglich Standort und Pflege der Sträucher zu bedenken?

Bei Johannisbeeren werden die ältesten, wenig tragenden Triebe bodennah abgeschnitten.

Sowohl Johannis- als auch Stachelbeeren sind recht anspruchslos, was Klima und Boden angeht. Sie gedeihen auch im Halbschatten, Ertrag und Geschmack sind in der Vollsonne aber besser. Als Abstand zu andern Sträuchern oder Pflanzen wählen Sie 150 cm. Die Beerensträucher bekommen Sie im Container, Sie können also vom Frühjahr bis in den Herbst pflanzen. Der beste Zeitpunkt zum Pflanzen ist aber das Frühjahr, wenn der Boden noch feucht ist.

Bei den Johannisbeeren gibt es rote, rosa, weiße und schwarze Sorten. Das Reifespektrum der Sorten reicht von Mitte Juni bis Ende August.

Johannis- und Stachelbeeren sind als Strauch und als Stämmchen erhältlich, wobei die Stämmchen zwar sehr hübsch aussehen, zeitlebens aber einen Stützpfahl benötigen. Während die Sträucher jahrzehntealt werden können, haben die Stämmchen meist nur eine kurze Lebensdauer. Bevor Sie pflanzen, rauen Sie die Pflanzballen seitlich mit einer Schere oder einem Messer auf. Die Pflanzen wachsen dann besser an.

Johannis- und Stachelbeeren sind Flachwurzler. In Trockenperioden sollten Sie deshalb gießen, um eine reiche Ernte zu erhalten. Ein Johannisbeerstrauch hat im Vollertrag 7–10 Triebe. Wenn es mehr werden, schneiden Sie die ältesten bodennah ab. Meist erkennen Sie diese, weil sie schon Flechten auf der Rinde haben.

Stachelbeeren

Bei der Sortenwahl von Stachelbeeren sollten Sie zum einen auf stachellose Sorten achten, zum anderen auf solche, die resistent gegen den Amerikanischen Stachelbeermehltau sind. Was den Schnitt der Stachelbeere angeht, so reichen 6–8 Triebe am Strauch aus. Schneiden Sie auch hier die ältesten, erkennbar an der dunklen Rinde, bondennah ab. Zusätzlich schneiden sie die Seitentriebe, die nach innen wachsen, ab. Ansonsten ist für eine gute Ernte nicht viel ztu tun.

→ WANN: VoFr – SpHe

Heidelbeeren

Ich versuche seit Längerem, Heidelbeeren anzubauen. Diese bekommen aber immer gelbe Blätter und verkümmern. Woran liegt das?

Die meisten Gartenböden sind für Heidelbeeren ungeeignet, weil sie neutral oder kalkhaltig sind. Heidelbeeren brauchen aber einen sauren Boden.
Beim Pflanzen gehen Sie so vor: Sie graben ein 40 cm tiefes Pflanzloch mit 100 cm Durchmesser. Den Rand dichten Sie mit Folie ab, nicht aber den Boden. Das Pflanzloch befüllen Sie nun mit einer Rhododendronerde. Die ist schon fertig gemischt und bestens geeignet. Mischen Sie in das Substrat eine Handvoll Hornspäne. So haben die Pflanzen einen guten Start und Vorrat an Stickstoff. Ansonsten düngen Sie mit Rhododendrondünger.
Pflanzen Sie mindestens zwei Pflanzen, möglichst von verschiedenen Sorten, nebeneinander; für einen guten Ertrag ist das die beste Maßnahme. Es gibt eine Vielzahl an Sorten, deren Reifezeit von Juli bis Septemeber variiert. Vermeiden Sie aber sehr späte Sorten. Diese wurden in den letzten Jahren vermehrt von der Kirschessigfliege befallen.
Mit dem Gießen von Leitungswasser sollten Sie vorsichtig sein. Es ist oft recht kalkhaltig, und das bekommt den Pflanzen nicht sehr gut. Der Kalk reichert sich im Substrat an, die Heidelbeere kann dann keinen Dünger mehr aufnehmen und kränkelt. Nehmen Sie besser Wasser aus der Regentonne.
Heidelbeeren können Sie auch recht gut in Kübeln anbauen. Diese sollten aber mindestens einen Durchmesser von 50 cm haben.

Anbauhinweise

Heidelbeeren vertragen Halbschatten, bei voller Sonne werden aber Qualität und Geschmack der Beeren noch besser. Spezielle Schädlinge gibt es bei Heidelbeeren nicht. Nur Vögel können zum Problem werden. Wehren Sie diese mit einem blauen Vogelschutznetz ab. Ein blaues Netz wird von den Vögeln erkannt, sie verheddern sich nicht darin.

→ **WANN:** VoFr – SpHe

Heidelbeeren bevorzugen saure Erde. Füllen Sie ins Pflanzloch deshalb Rhododendronerde 1. Kleinwüchsige Heidelbeeren gedeihen auch in kleineren Kübeln 2.

1

2

Kirschessigfliege

Die Beerenfrüchte, manchmal auch Kirschen und Weintrauben, werden matschig und ungenießbar. Sind die kleinen Fliegen schuld?

Ja, das stimmt. Die kleinen Fliegen werden Kirschessigfliegen genannt. Sie sind bis zu 3 mm groß und gehören zur Familie der Taufliegen. Die Kirschessigfliege trat erstmals 2011 in Deutschland auf und stammt aus Südostasien. Anders als die einheimischen Taufliegen braucht sie kein angefaultes Obst. Ihr Legestachel kann auch gesunde Fruchtschalen durchdringen. Die Fliegenmaden, oft mehrere in einer Frucht, bewirken, dass diese rasch weich und matschig wird.

Gefährdet sind alle Beeren, Kirschen und Reben. Äpfel und Birnen sind nicht bedroht. Die Fliegen überwintern an geschützten Stellen in Hecken. Im Frühling und Sommer nutzen sie die Früchte von Wildkräutern zur Vermehrung. Je später das Jahr, desto größer ist die Gefahr, die von ihnen ausgeht. Denn ein Weibchen legt insgesamt bis zu 600 Eier in die Früchte. Bei 25 °C dauert ein Generationszyklus nur zehn Tage. Die Kirschessigfliege kann sich also in kürzester Zeit explosionsartig vermehren, wodurch sie ein enormes Gefahrenpotenzial darstellt. Besondere Gefahr besteht bei länger anhaltendem, feuchtwarmem Wetter.

Tolerierbar

Es gibt allerdings auch Jahre ohne Befall, in manchen tritt nur ein leichter Befall erst spät im Jahr auf. Anders als ursprünglich befürchtet, ist ein Auskommen mit der Kirschessigfliege anscheinend möglich. Ein Wegfangen mit Fallen ist sinnlos, Pflanzenschutzmittel sind nicht zugelassen. Sie werden mit der Kirschessigfliege leben müssen. Abgewehrt wird sie allerdings durch ein Kulturschutznetz mit der Maschenweite 0,8 mm. Dieses muss die Pflanze aber dicht umschließen, was nicht immer ganz einfach sein wird. Zudem müssen Sie das Netz anbringen, bevor die ersten Früchte reif werden.

→ WANN: VollFr - VoHe

Fliege 1 und Larve der gefährlichen Kirschessigfliege 2.

Johannis- und Stachelbeeren schneiden

Meine Beerensträucher tragen nicht mehr gut. Die Johannisbeeren haben nur noch kurze Trauben, Stachelbeeren bringen kleine Früchte.

Johannisbeeren und Stachelbeeren erziehen Sie als Sträucher mit 10–12 Gerüsttrieben im Alter von 1–4 Jahren.

Rote Johannisbeeren haben das beste Fruchtholz an einjährigen, 10–15 cm langen Seitentrieben, Schwarze an einjährigen Trieben mit 20–40 cm Länge. Beim Schnitt lassen Sie je 10 cm Gerüsttrieblänge im Frühjahr einen einjährigen Fruchttrieb stehen, der nicht eingekürzt wird. Alle anderen Seitentriebe entfernen Sie auf einen 2 cm kurzen Zapfen. Aus ihm wachsende Triebe ergeben nächstjährige Fruchttriebe. Verzweigungen im oberen Bereich der Gerüsttriebe lenken Sie auf einen tiefer stehenden, einjährigen Trieb um. Ersetzen Sie jedes Jahr zwei ältere Gerüsttriebe durch einjährige, kräftige Bodentriebe. Die übrigen lichten Sie aus. Ist ein Strauch überaltert, entfernen Sie über zwei Jahre alle Gerüsttriebe bodeneben und bauen den Strauch neu auf.

Stachelbeeren

Stachelbeeren fruchten am besten an 10–20 cm langen einjährigen Seitentrieben aus dem Gerüst. Sie werden wie Rote Johannisbeeren erzogen und geschnitten. Weil sie aber deutlich schwächer wachsen, liegen die Gerüsttriebe oft unter der Last der Früchte am Boden auf. Als Ersatz für vierjährige oder noch ältere Gerüsttriebe verwendet man deshalb nur die kräftigsten einjährigen Bodentriebe, die man im ersten Jahr zur Stabilisierung um die Hälfte einkürzt. Im Sommer lassen Sie dann nur eine kräftige und nach oben weisende Fortsetzung stehen. An den Gerüsttrieben bleibt auf jeweils 10 cm Länge ein einjähriger Seitentrieb stehen. Alle übrigen und älteren entfernen Sie auf einen 2 cm kurzen Zapfen am Gerüst. Überlange, instabile oder stark verzweigte Gerüsttriebe lenken Sie regelmäßig auf tiefer stehende, nach außen und oben weisende jüngere Seitentriebe um. Am Boden liegende Fruchttriebe entfernen.

→ WANN: VoFr, HoSo

Bei Roter Johannisbeere fördern Sie einjährige Seitentriebe 1, bei Schwarzer einjährige Langtriebe 2. Die Stachelbeere bleibt instabiler und wird daher etwas strenger geschnitten 3.

Frühjahrsschnitt: Him- und Brombeere

Muss ich im Frühjahr an meinen Himbeeren und Brombeeren etwas schneiden? Sie haben leider sehr lange Triebe gebildet.

Frühsommertragende Himbeeren fruchten an Seitentrieben letztjähriger Bodentriebe (siehe Seite 95). Sehr kräftige einjährige Ruten kürzen Sie im Frühjahr auf 180 cm ein, schwächere entsprechend mehr. Ohne Schnitt würden sich im oberen Bereich nur schwache Früchte ausbilden. Kontrollieren Sie dabei die Bindestellen am Gerüst. Die Ruten sollten fest fixiert sein, aber nicht am Draht scheuern. Sogenannte Achterschlaufen garantieren den Abstand zum Drahtgerüst.

Herbsttragende Himbeersorten fruchten hingegen an den Spitzen diesjähriger Triebe, die kürzer bleiben. Es reicht meist aus, wenn Sie die Ruten durch ein etwa 120 cm hohes Gitter hindurchwachsen lassen. Die Ruten würden im nächsten Frühsommer noch einmal tragen, aber nur kleine Früchte bilden. Um eine hochwertige Fruchtbildung zu garantieren, werden jedes Frühjahr alle Ruten vollständig bodeneben entfernt. Zu weit außen wachsende reißen Sie vollständig aus.

Brombeere

Im letzten Sommer haben Sie kräftige Jungruten in das Gerüst eingebunden. Jetzt, im Frühjahr, kürzen Sie die nun einjährigen Ruten auf etwa 3 m Länge ein und binden sie gleichmäßig verteilt an der Rankhilfe an. Seitentriebe der Hauptruten kürzen Sie auf drei Knospen ein. Dafür müssen Sie eventuell über die Hälfte der Pflanze entfernen. Ohne diesen rigorosen Schnitt würde sie jedoch nur kleine Früchte bilden. Kurztriebige, dornenlose Sorten wie 'Nessy' oder 'Navaho' pflanzen Sie auf 2 m Abstand und lassen bis zu zehn Ruten mit 2 m Länge stehen. Dornenlose Brombeeren sind erst vollreif, wenn die Beeren fast von alleine in die Hand fallen. Beerensträucher sind Flachwurzler. Der Boden darf deshalb nur vorsichtig mit der Grabegabel gelockert werden. Eine dicke Mulchschicht aus Stroh hält die Bodenfeuchtigkeit.

→ **WANN:** VoFr, HoSo

Herbsthimbeeren im Frühjahr bodeneben zurückschneiden 1, sie fruchten im nächsten Sommer an diesjährigen Trieben 2. Brombeeren auf 3 m Länge einkürzen, Seitentriebe auf drei Knospen 3.

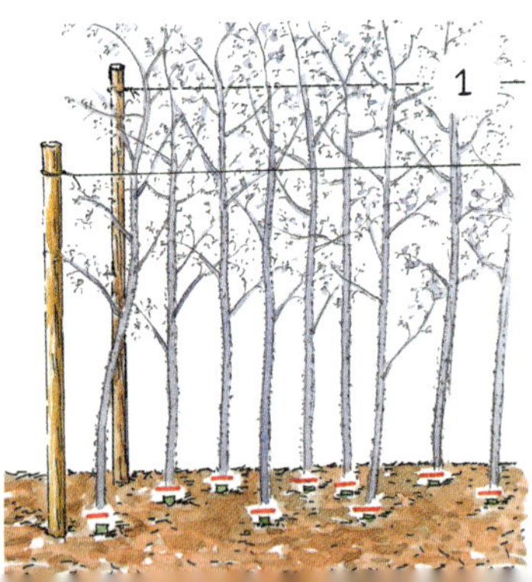

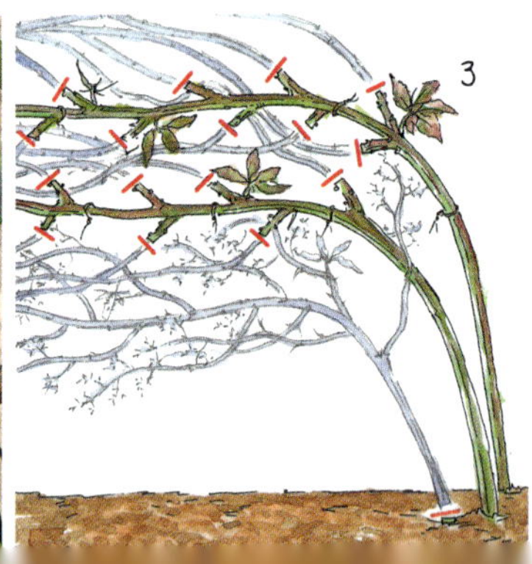

Tafeltraube schneiden

Meine 6-jährige Tafeltraube wächst chaotisch. In Weinbaugegenden sieht man aber sehr schöne Spaliere. Wie erreiche ich das?

Tafeltrauben benötigen eine stabile Stütze, die das Gewicht trägt. Sie werden mit jährlichem Schnitt streng mit Gerüst- und seitlichen Fruchttrieben erzogen. Damit ein Gerüsttrieb auf ganzer Länge mit Seitentrieben garniert ist, wird er jedes Jahr auf höchstens 1 m eingekürzt und an die Rankhilfe gebunden. Sind mehrere Etagen vorgesehen, können Sie einen Gerüsttrieb auch verzweigen und jeden Arm jährlich weiter erziehen. Die Etagen sollten mindestens 60 cm Abstand zueinander haben. Im ersten Sommer wachsen aus den Knospen einjähriger Gerüsttriebe Seitentriebe, an denen sich im unteren Bereich meist zwei Trauben entwickeln. Hat der Trieb bis Juli 10–15 Blätter entwickelt, kürzen Sie ihn auf 2–4 Blätter über der letzten Traube ein. So fließt die Energie im Sommer in die Trauben und nicht in übermäßiges Triebwachstum. Aus den obersten Knospen entstehen bis August neue Triebe, die ausgebrochen werden.

Frühjahrsschnitt

Im folgenden Frühjahr werden die Gerüsttriebe bei Bedarf um 1 m verlängert. Dann kürzen Sie die abgetragenen Fruchttriebe auf zwei Knospen ein. Aus ihnen entstehen zwei neue Fruchttriebe. Sind an älterem Holz im letzten Jahr bereits zwei Fruchttriebe entstanden, so entfernen Sie zuerst den oberen äußeren vollständig und lassen nur den unteren gerüstnahen Trieb stehen. Diesen kürzen Sie zum Schluss wiederum auf zwei Knospen ein. So wachsen nur zwei hochwertige Fruchttriebe pro Ansatz.

Pilzfeste Sorten wählen

Neuere Sorten sind widerstandsfähig gegenüber Pilzkrankheiten und benötigen weniger Pflanzenschutz. Blasen auf den Blättern sind oft von Pockenmilben verursacht und schädigen die Pflanze nicht nachhaltig. Entfernen Sie stark befallene Blätter und entsorgen sie im Restmüll.

→ WANN: ErFr, VollFr – HoSo

Die Erziehung folgt einem klaren Gerüstaufbau 1, von dem Fruchttriebe abzweigen. Im Sommer Fruchttriebe einkürzen 2, im folgenden Frühjahr bleibt ein Zapfen mit zwei Knospen stehen 3.

Sommerschnitt bei Him- und Brombeere

Meine Himbeeren und vor allem die Brombeeren wuchern im Sommer sehr stark. Das möchte ich nicht. Wie kann ich das eindämmen?

Im Frühsommer tragende Himbeeren fruchten an Seitentrieben der letztjährigen Triebe. Parallel dazu treiben im Frühsommer wieder unverzweigte Ruten aus dem Boden. Im zweiten Jahr fruchten diese Ruten und sterben spätestens im dritten Jahr ab. Bei Sorten, die im Frühsommer tragen, entfernen Sie zur besseren Hygiene direkt nach der Ernte abgetragene Ruten sowie überzählige junge bodeneben. Alle 10 cm lassen Sie einen kräftigen diesjährigen Jungtrieb stehen und binden ihn am Gerüst an. An überstarken Trieben platzt oft die Rinde auf und Schädlinge oder Krankheiten dringen ein. Solche Ruten sollten Sie ebenfalls bodeneben entfernen.

Zum Befestigen am Rankgerüst knoten Sie zuerst einen Papierdraht oder eine Schnur fest an den Draht. Erst dann umwickeln und verknoten Sie den Trieb. So kann er nicht am Draht scheuern und ist doch fixiert.

Brombeere

Bei einem Pflanzabstand von 3 m treiben Brombeeren jedes Jahr mehrere, bis zu 5 m lange Neutriebe aus. Davon lässt man jährlich 5–7 kräftige Ruten stehen und bindet sie ins Rankgerüst ein. Vermeiden Sie möglichst einen Rückschnitt dieser Haupttriebe. Je mehr Blätter sie zur Reservestoffbildung zur Verfügung haben, umso besser fällt die Fruchtqualität im kommenden Jahr aus (siehe Seite 94). Entfernen Sie alle übrigen und schwachen Triebe bereits im Sommer. Brombeeren bilden an ihren starken Ruten im selben Sommer noch lange Seitentriebe. Auch sie werden mit eingebunden. Lediglich wenn es Ihnen zu dicht erscheint, kürzen Sie die Seitentriebe auf 30 cm ein.

Achten Sie bei beiden Beerenarten auf eine ausreichende Wasserversorgung, vor allem in trockenen oder heißen Perioden. 30 l Wasser auf 1 m pro Woche ist ausreichend.

→ WANN: FrSo, HoSo

Entfernen Sie abgetragene Ruten im Frühsommer nach der Ernte und binden Jungtriebe an 1. Brombeeren bilden Seitentriebe, die Sie im Sommer auf 30 cm einkürzen können 2.

Resistente Sorten

Aus meiner Kindheit kenne ich Cox-Orange-Äpfel oder Schattenmorellen. Würden Bäume davon in meinem Garten gut gedeihen?

Leider nicht. Längst nicht alle gängigen Obstsorten von annodazumal oder aus dem Supermarkt taugen als Pflanze für den Hausgarten. Daher stellen wir hier ein paar robuste Sorten vor, mit denen auch Gartenneulinge Erfolg haben.

ACHT BEISPIELE ROBUSTER OBSTSORTEN

Obstart	Sorte	Eigenschaften
Apfel	*'Santana'*	Herbstapfel zum Sofortverzehr; gilt als allergikergeeignet
Apfel	*'Karneval'*	robust gegenüber Schorf und Mehltau
Birne	*'Novembra'*	Ernte ab Oktober; wunderbare Früchte; gut lagerfähig (Anmerkung: Leider ist selbst diese sehr empfehlenswerte Sorte nicht resistent gegen Birnengitterrost)
Mirabelle	*'Aprimira'*	Regelmäßiger im Ertrag als die ähnliche, bekannte 'Mirabelle von Nancy'
Pfirsich	*'Benedicte'*	Nicht ganz resistent gegen Kräuselkrankheit, dennoch derzeit wohl die beste gut schmeckende Standardsorte
Sauerkirsche	*'Morina'*	Befall von Monilia unwahrscheinlich; geschmacklich prima
Süßkirsche	*'Bellise'*	Gutes Aroma, früh reifend und darum recht madenfrei
Zwetschge	*'Kulinaria'*	Vitale Verbesserung der 'Hauszwetschge' mit vergleichbarem Geschmack

Kräuter

Mehrjährige und einjährige Kräuter

Ich liebe Küchenkräuter und möchte möglichst viele davon im eigenen Garten haben. Kann ich sie alle auf einem Beet anbauen?

Auch Küchenkräuter haben bestimmte Ansprüche an Boden und Lichtverhältnisse. Mediterrane Kräuter wollen einen durchlässigen Boden, Sonne und Trockenheit. Andere einen humosen, feuchten Boden und vertragen sogar Halbschatten. Für ein gesundes Wachstum ist der Standort entscheidend. Zudem ist er unerlässlich für die maximale Ausbildung der Aromastoffe und ätherischen Öle.

Kräuter für normale Böden

Zu den wichtigsten mehrjährigen Kräutern im Küchengarten zählt der Schnittlauch. Kaufen Sie sich im Frühjahr eine Jungpflanze, die Sie ins Beet setzen. Sie können dann ernten bis zum Mai, dann erscheinen die violetten Blüten, deren Stängel allerdings zu hart zum Essen sind. Schneiden Sie alle Stängel bis auf 2 cm zurück, dann wachsen neue Halme nach. Sie können auch ein paar Blüten stehen lassen; sie eignen sich hervorragend zur Salatdekoration.

Liebstöckel, auch als Maggikraut bekannt, braucht eine Einzelstellung. Mit seiner Größe bis zu 2 m ist er sehr imposant, bedrängt aber schnell andere Pflanzen.

Noch nicht so sehr verbreitet ist der Schnittknoblauch. Wenn Sie ihn selbst vorziehen, säen Sie in Töpfen an der Fensterbank vor, da er eine sehr langsame Jugendentwicklung hat. Pflanzen Sie ihn im Abstand von 30 x 30 cm. Schnittknoblauch wächst wie Schnittlauch und wird auch so geerntet. Die

Liebstöckel ist äußerst aromatisch 1. Buntes Kräuterbeet mit Petersilie 2. Gurken und Dill sind im Beet und in der Küche eine gute Kombination 3.

Schlotten haben einen milden Knoblauchgeschmack und sind äußerst vielseitig in der Küche verwendbar.

Einjährige Kräuter

Was in keinem Garten fehlt, ist die Petersilie. Pflanzen Sie 15 x 15 cm. Wenn die Blätter voll ausgebildet sind, kann alles abgeschnitten werden. Nicht Benötigtes friert man ein. Nach einer leichten Düngergabe wachsen die Blätter nach.

Kerbel können Sie ab April ins Freiland säen, geerntet wird dann 6–8 Wochen später bis zum Blühbeginn. Damit Sie immer frische Blätter haben, können Sie bis Juni alle vier Wochen aussäen. Drücken Sie die Samen nur an. Kerbel ist Lichtkeimer.

Koriander kommt im April im Reihenabstand von 20 cm ins Beet Da er viel Wärme zur Keimung braucht, decken Sie die Samen mit Vlies ab. Petersilie, Kerbel, Koriander und Dill sind Doldenblütler und selbstunverträglich. Erst nach fünf Jahren dürfen Pflanzen aus dieser Familie wieder auf denselben Platz.

Auch Borretsch, der bis zu 60 cm groß wird, kann direkt gesät werden, allerdings benötigen Sie nur wenige Pflanzen für die Küche. Aufgrund seiner Inhaltsstoffe sollte er nur sehr sparsam eingesetzt werden. Die leuchtend blauen Blüten locken viele Insekten an. Sie eignen sich aber auch hervorragend zur Dekoration von Salaten. Borretsch sät sich gerne selbst aus. Wenn Sie die Samen ausreifen lassen, haben Sie immer frischen Borretsch im Garten. Halten Sie ihn aber im Zaum; wo er sich wohlfühlt, besiedelt er schnell große Flächen.

Dill wird in Reihen oder auch breitwürfig ab April ausgesät. Geerntet werden nur die jungen Blätter oder die Triebspitzen. Um immer frische, junge Blätter zu haben, können Sie mehrmals im Jahr aussäen.

GUT ZU WISSEN

Kräuter stecken voller gesunder und aromatischer Inhaltsstoffe. Eigentlich kann man ja gar nicht genug davon bekommen. Aber nicht jedes Kraut sollte man im Übermaß konsumieren.

Manche Kräuter können – im Übermaß genossen – zu gesundheitlichen Beeinträchtigungen führen. Ein gutes Beispiel ist der Waldmeister. Wer viel Waldmeisterbowle trinkt, wird sicher nach ein paar Stunden Kopfschmerzen bekommen. Schuld daran ist der enthaltene Wirkstoff Cumarin. Auch Borretsch und Sauerampfer verwendet man nicht in größeren Mengen. Wer auf Nummer sicher gehen will, nutzt die ganze Vielfalt der Kräuter, ohne sich auf ein Kraut festzulegen.

Mediterrane Kräuter

Ich verreise sehr gerne in südliche Länder und liebe die mediterrane Küche. Lohnt es sich, Kräuter aus dem Süden anzubauen?

Mediterrane Küchenkräuter aus dem Mittelmeergebiet brauchen eher trockene, wasserdurchlässige Böden. Bei schweren und feuchten Böden überstehen sie den Winter nicht. Zudem lieben sie die volle Sonne. Nur hier entfalten sie ihr volles Potenzial an ätherischen Ölen. Durch ihre Wärmeliebe sind diese Pflanzen gut für Töpfe und Pflanztröge auf dem Balkon oder der Terrasse geeignet. Die Steine speichern die Sonnenwärme und geben sie auch wieder ab. Das fördert zusätzlich die Bildung der Inhaltsstoffe. Als Substrat können Sie handelsübliche Pflanzerde hernehmen. Bis die Pflanzen ihre eigentliche Größe erreicht haben, können Sie sparsam düngen. Gegossen wird nur bei Trockenheit.

Estragon, Rosmarin, Thymian, Oregano

Vom Estragon gibt es zwei Arten. Der Russische Estragon gedeiht überall, ist sehr robust und vollkommen winterhart, enthält aber nur wenige Inhaltsstoffe. Französischer Estragon hingegen ist sehr aromatisch, benötigt im Winter aber einen gewissen Schutz aus einer Schicht Laub, Kompost, Vlies oder Ähnlichem, um gut durchzukommen.

Rosmarin ist ein sehr vielseitiges Küchenkraut. Mit seinen Blättern, die wie Nadeln aussehen, können Sie intensiv schmeckende Kräuteröle herstellen. Allerdings ist Rosmarin nur bedingt winterhart. Sicherer ist die Überwinterung im Topf auf einer Fensterbank. Dabei muss es nicht einmal hell und warm sein. Seien Sie nur vorsichtig beim Gießen. Lieber zu wenig als zu viel.

Thymian wächst als Wildform an Felsen. Dementsprechend ist er an heiße, trockene Standorte bestens angepasst. In Steingärten und auf mageren Standorten entwickeln verschiedene Sorten wunderschöne breite Pflanzenteppiche. Thymian entwickelt ein sehr starkes Aroma. Die verschiedenen Arten und Sorten werden zwischen 10 cm und 30 cm hoch. Je nach Art blühen Thymiane von Mai bis September und locken

In milden Gegenden können große Rosmarinbüsche wachsen 1. Die hübschen Thymianblüten locken viele Insekten an 2. Basilkum gibt es in vielen Arten und Sorten mit unterschiedlichen Farben 3.

als Lippenblütler sehr viele Insekten an. Die Pflanzen kaufen Sie am besten als Jungpflanzen. Thymian ist aber auch durch Aussaat leicht vermehrbar.

Salbei, Bohnenkraut und Basilikum

Salbei gibt es als Heil- und Gewürzpflanze oder als Zierpflanze in sehr vielen Arten und Sorten. Achten Sie beim Kauf auf eine winterharte Art. Das Kraut braucht Platz, das sollten Sie vor dem Kauf einplanen, außerdem, ob es ein Zier- oder Küchensalbei sein sollte. Schon ein Tee mit drei Blättern kann eine beginnende Erkältung zurückdrängen.

Beim Bohnenkraut unterscheidet man zwischen dem mehrjährigen winterharten Berg-Bohnenkraut, das viele Jahre Freude macht, und dem einjährigen Sommer-Bohnenkraut. Das einjährige wachst schnell und kann als Beetpartner zu Bohnen ausgesät werden. Es lässt sich gut durch Samen vermehren.

Basilikum stammt nicht aus dem Mittelmeerraum, sondern aus den Subtropen. Üblicherweise kaufen Sie das Kraut als fertige Topfpflanze. Da die Stängel hier aber dicht an dicht stehen, trocknen sie nur langsam ab. Dann greift der Grauschimmel an und zerstört die Pflanze. Sie können das vermeiden, indem Sie das Basilikum aus dem Topf nehmen und daraus vier Teile machen. Diese pflanzen Sie wieder in Töpfe, Kästen oder ins Beet. Dort wachsen sie ungestört weiter.

GUT ZU WISSEN

Kräuter können Sie frisch zum Essen verwenden oder aber auf vielfältige Weise bevorraten. Neben Essig, Öl und Kräutersalz ist das Trocknen von Kräutern eine gängige und beliebte Methode.

Kräuter kann man ganz klassisch an der Luft trocknen. Oft gelingt das aber nicht, weil die Luftfeuchtigkeit zu hoch oder die Sonneneinstrahlung zu stark ist. Eine gute Alternative sind Dörrapparate. Warme Luft – die Temperatur kann exakt eingestellt werden – strömt an den Kräutern vorbei, die auf Siebböden liegen, und entweicht durch eine Öffnung, sodass keine feuchte Luft entstehen kann. Auch im Backofen kann getrocknet werden, dann muss die Tür aber einen Spaltbreit geöffnet bleiben, damit die Feuchtigkeit entweichen kann.

Gesprenkelte Topfkräuter

Meine Topfkräuter auf der Terrasse haben lauter helle Sprengsel auf den Blättern. Ist das schlecht für die Pflanzen? Was ist zu tun?

Kräuter im Topf zu kultivieren, ist nicht ganz so einfach. Substrat und Wassermanagement müssen passen.

Das kommt auf die Ursache an. Helle Flecken auf der Oberseite entstehen vor allem, wenn die Pflanzen sehr heiß und trocken stehen, was auf Balkon und Terrasse häufig der Fall ist. Kleine bräunliche Punkte, die sich bewegen, und Gespinste an den Triebspitzen zeigen einen Befall mit Spinnmilben an. Die Tiere können einen größeren Schaden bis zum Absterben der Pflanzen verursachen. Besprühen Sie vornehmlich die Blattunterseiten mit einem scharfen Wasserstrahl und schneiden Sie Blätter mit Gespinsten aus. Befinden sich auf der Ober- oder Unterseite der Blätter 2 mm große, helle Insekten, die bei Annäherung weghüpfen, handelt es sich um Zikaden. Stellen Sie die Pflanzen in den Schatten und spritzen die Blätter täglich mit Wasser ab.

→ WANN: ErFr – FrHe

Dill kommt nicht voran

Ich habe Dill ausgesät, aber es geht nichts auf, und wenn doch, verkümmern die kleinen Pflänzchen. Was ist der Grund dafür?

Dill können Sie schlecht pikieren. Sie müssen ihn deshalb direkt aussäen. Geeignet sind vollsonnige Plätze, da hier viel ätherische Öle ausgebildet werden. Der Boden sollte humos und locker sein. Säen Sie erst im Mai an einem Platz, an dem die letzten fünf Jahre keine Doldenblütler wie Petersilie, Möhre oder Sellerie standen. Doldenblütler sind untereinander unverträglich und reagieren sehr heftig mit Wachstumsstörungen. Ist der Dill 2–3 cm groß und wächst nicht, könnten Läuse die Ursache sein. Ein Anzeichen sind nach unten verkrümmte Blätter. Spritzen Sie die Tiere mit einem nicht zu starken Wasserstrahl weg.

→ WANN: VollFr – HoSo

Petersilie gedeiht nicht

Ich säe jedes Jahr Petersilie. Es gelingt aber sehr selten, dass wirklich Pflänzchen durchkommen. Was mache ich falsch?

Petersilie ist ein Doldenblütler, Pflanzen aus dieser Familie sind untereinander unverträglich. Besonders die Petersilie reagiert da empfindlich. Wenn in den fünf vorherigen Jahren Petersilie, Möhren, Sellerie, Dill oder Kerbel auf einem Beet kultiviert wurden, geht gar nichts auf. Der Platz muss also sehr sorgfältig ausgewählt werden. Petersilie verträgt Vollsonne oder Halbschatten. An den Boden stellt sie keine allzu großen Ansprüche, aber Staunässe mag sie nicht.

Dass nichts keimt, kann aber auch andere Ursachen haben: Petersilie hat eine sehr lange Keimdauer von 2–3 Wochen. Notieren Sie das Aussaatdatum und üben Sie sich in Geduld. In dieser Zeit sind die Keimlinge aber auch sehr anfällig für Witterungseinflüsse wie Trockenheit oder Vernässung. Oft sind auch Schädlinge am Werk, beispielsweise die Genetzte Ackerschnecke. Sie verlässt als Jungschnecke den Boden nicht und frisst die Keimlinge unter der Erde. Sie bemerken davon gar nichts, außer dass nichts aufgeht.

Aussaat in Schalen

Bei der Petersilie hat es sich deshalb bewährt, in eine Aussaatschale auszusäen. Dafür eignen sich verschiedene Gefäße, die Substrathöhe sollte aber schon 5–6 cm betragen. Als Substrat nehmen Sie am besten Aussaaterde. Gartenerde oder Kompost sind ungeeignet, denn hier sind meist zu viele Unkrautsamen und auch Nährstoffe enthalten. Säen Sie nun in Reihen mit einem Abstand von etwa 10 cm aus. In der Reihe legen Sie pro Zentimeter 3–5 Samen in die Erde. Nun gießen Sie an und stellen die Saatschale an einer geschützten Stelle auf. Das kann beispielsweise eine Fensterbank sein. Wenn das dritte oder vierte Laubblatt erscheint, können Sie die Pflanzen büschelweise ins Beet pflanzen.

→ WANN: ErFr – FrSo

Die kleinen Keimlinge der Petersilie müssen erst einmal pikiert werden, um zu kräftigen Pflanzen heranwachsen zu können 1. Petersilie wächst nicht nach anderen Doldenblütlern 2.

Glossar

Absenker
Vermehrungsmethode, bei der Seitentriebe zum Boden hinab und dort befestigt werden, damit sie Wurzeln schlagen. Den am Boden aufliegenden Triebabschnitt bedeckt man oberflächlich mit Erde, bis die Wurzelbildung erfolgt. Dann trennt man ihn von der Mutterpflanze ab.

Achterschleife
Stabile Bindetechnik, um ein junges Gehölz an einem Stützpfahl zu befestigen. Dazu führt man flexibles Bindematerial, z. B. Kokosstrick, wie eine liegende Acht mehrmals um Pfahl und Stamm.

Älchen → Nematoden

Ausgeizen
Das Ausbrechen von Seitentrieben, die sich aus Blattachseln mancher Pflanzen wie Tomate oder Weinrebe bilden. Die Maßnahme fördert den Ertrag und die Wuchskraft des Haupttriebes.

Auslichten
Schnittmaßnahme, bei der einzelne Triebe im Gehölzinnern und an der Basis vollständig entfernt werden, um Belichtung und Abtrocknung zu verbessern, den Strauch zu verjüngen und die Bildung neuer Bodentriebe anzuregen.

Bentonit
Natürlicherweise im Boden vorkommendes Tonmineralmehl, das durch sein Speichervermögen z. B. die Wasserhaltekapazität durchlässiger Sandböden verbessert. Bentonit ist als Zuschlagstoff für selbst gemischte Pflanzsubstrate erhältlich.

Bewurzelungspulver
Pulverförmiges Kräftigungsmittel für Pflanzen, in dem Pflanzenhormone konserviert sind, die das Wurzelwachstum z. B. bei der Stecklingsvermehrung beschleunigen.

Bodenmüdigkeit
Durch einseitigen Nährstoffentzug in Dauerkultur hervorgerufener Nährstoffmangel mit nachlassender Wuchs- und Ertragsleistung. Auch angereicherte Wuchshemmstoffe tragen vermutlich dazu bei. Bodenmüdigkeit tritt oft bei Rosengewächsen auf (→ Fruchtwechsel, → Selbstunverträglichkeit).

Climber-Rosen
Kletterrosen mit meist festen, aufrechten, starren Trieben, die man als vergrößerte Strauchrosen bezeichnen könnte. Sie erreichen eine sortentypische Höhe von 2–4 m, in Einzelfällen auch mehr. Climber-Rosen blühen mit nur wenigen Pausen den ganzen Sommer durch. Bekannte, schöne

Sorten sind z. B. 'Goldfassade' oder 'Compas-sion' (→ Rambler-Rosen).

Diesjähriger Trieb

Nicht verholzter Gehölztrieb, der sich im Wachstum befindet (→ Einjähriger Trieb).

Einheitserde

Standardisierte, hochwertige, aufgedüngte Erdmischung aus ca. 70 % Torf und 30 % Ton zur Topfpflanzenkultur oder als Vermehrungssubstrat (Anzuchterde).

Einjähriger Langtrieb

Verholzter Langtrieb, der nach einem Sommer sein Wachstum abgeschlossen hat und meist länger als 20 cm ist (→ Langtrieb).

Einjähriger Trieb

Gehölztrieb, der nach einem Sommer sein Längenwachstum abgeschlossen hat und verholzt ist (→ Diesjähriger Trieb).

Erziehungsschnitt

Dient dem Aufbau des Gerüstes, bis ein Gehölz seine Endgröße erreicht hat. Er kann bei Obsthochstämmen über 10 Jahre dauern (→ Gerüsttrieb).

Etiolieren → Vergeilen

Frostgare

Krümelige Bodenstruktur, die im Laufe des Winters durch die Sprengkraft gefrorenen Bodenwassers entsteht. Das Wasser dehnt sich aus und führt so zu einer Lockerung der Erde.

Frostkeimer → Kaltkeimer

Frostschutzvlies → Gartenvlies

Frosttrocknis

Fehlender Wassernachschub aus dem gefrorenen Boden, der bei Immergrünen im Winter zu Trockenschäden führt. Der Effekt wird durch austrocknende Winde und starke Sonneneinstrahlung verstärkt.

Fruchtwechsel

Wechsel der Anbaufolge in einem Beet. Durch Unterschiede im Nährstoffverbrauch bleibt die Bodenfruchtbarkeit erhalten (→ Bodenmüdigkeit, → Selbstunverträglichkeit).

Frühbeet

Ein z. T. im Boden versenkter, flacher Kasten ohne Boden für die Frühkultur im Freiland. Ein nach Süden geneigtes Pultdach aus Glas oder Kunststoff sorgt dafür, dass sich die Luft darunter schnell erwärmt.

Gartenvlies

Luft- und wasserdurchlässiges Kunststoffgewebe für empfindliche Pflanzen, das im Winter als Frostschutz, bei der Frühkultur gegen Spätfröste und zur Insektenabwehr z. B. bei Kohlgemüse eingesetzt wird.

Geiltriebe

Dünne, lange, hellgrüne bis gelbe Pflanzentriebe, die sich bei mangelnder Helligkeit bilden. Zimmerwärme beschleunigt das Wachstum. Geiltriebe treten nicht auf, wenn Pflanzen kühl und hell überwintern.

Gelbtafeln

Mit Insekten-Fangleim bestrichene gelbe Fallen aus Pappe oder Kunststoff. Von der gelben Farbe angezogene fliegende Schadinsekten kleben darauf fest. Gelbtafeln dienen vor allem der Bestandskontrolle von fliegenden Schädlingen.

Gerüsttrieb

Kräftiger Trieb, der mehrere Jahre oder auch lebenslang in einem Gehölz verbleibt und davon abzweigende Blüten- oder Fruchttriebe trägt. Bei einem rundkronigen Obstbaum z. B. besteht das Gerüst aus einem mittleren Gerüsttrieb mit drei starken Seitentrieben.

Gründüngung

Einsaat von Brachflächen zur Bodenverbesserung, z. B. im Frühjahr als Vor- und Zwischensaat oder über Winter. Dabei sorgen tief reichende Wurzeln von Bienenfreun *(Phacelia)* oder einjähriger Kreuzblütler wie Raps für eine Lockerung des Bodens. Andere, wie Schmetterlingsblütler, reichern den Boden mit Stickstoff an. Die geschlossene Pflanzendecke schützt die Oberfläche vor Witterungseinflüssen. Nach einer Wachstumsperiode arbeitet man die Pflanzen zur Förderung der Humusbildung in den Boden ein.

Horstbildende Gräser

Gräser, deren Neuaustrieb an der Basis in einem dichten Büschel erfolgt. Auch Bambus kann horstbildend sein.

Kaltkeimer

Pflanzen, deren Samen zum Abbau keimhemmender Substanzen eine Kühlperiode durchleben müssen. Nach der Samenquellung sind mehrere Wochen Temperaturen um den Gefrierpunkt nötig.

Kapillare

Zusammenhängende Porenräume im Boden, in denen Wasser zur Bodenoberfläche steigt und verdunstet. Durch flache Bodenbearbeitung oder Mulchen wird die Kapillarwirkung unterbrochen und die Feuchtigkeit bleibt im Boden.

Kurztrieb

Gehölztrieb, der in der Regel kürzer ist als 15 cm. Bei etlichen Sträuchern trägt er keine Blüten oder Früchte. Bei Gehölzen mit langlebigem Blüten- oder Fruchtholz hingegen sind die Kurztriebe meist mit Blütenknospen besetzt (→ Langtrieb).

Langtrieb

Lange, in der Regel einjährige Triebe, die bei vielen frühblühenden Sträuchern, einmalblühenden Rosen und Schwarzen Johannisbeeren ab dem zweiten Jahr die meisten Blüten und Früchte tragen. Bei Bäumen sind sie oft unerwünscht, da sie Konkurrenztriebe zu den Gerüsttrieben bilden (→ Kurztrieb).

Leimring

Mit einer klebenden Leimschicht versehene Manschette, die eng um den Baumstamm gelegt wird. Sie hält kriechende Schädlinge davon ab, über den Stamm in die Baumkrone zu gelangen.

Mineralischer Dünger

Auch als »Kunstdünger« bezeichneter, synthetisch hergestellter Dünger, bei dem die düngenden Nährstoffe in Form von Salzen vorliegen. Da sie leicht löslich sind, stehen sie den Pflanzen sofort zur Verfügung und gleichen Nährstoffdefizite schnell aus, bauen aber keine nachhaltige Bodenfruchtbarkeit auf (→ Organischer Dünger).

Mischkultur

Der gleichzeitige Anbau verschiedener Kultur- und Zierpflanzen in einem Beet. Die einzelnen Pflanzen beanspruchen dabei unterschiedlich viel Platz und Nährstoffe, sodass eine ausgewogene Bewirtschaftung des Bodens möglich ist.

Mitteltrieb

Die Verlängerung des Baumstamms oberhalb der ersten Seitenäste. Der Mitteltrieb ist Teil des Gerüstes, das dem Baum ein Leben lang erhalten bleibt (→ Kurztrieb).

Moorbeeterde

Spezialsubstrat für Moorbeetpflanzen wie Rhododendron oder Heidekraut, das aufgrund des hohen Torfanteils oder nachwachsender Rohstoffe wie Rindenkompost einen niedrigen pH-Wert aufweist.

Mulch

Vom englischen Wort »mulch« abgeleitete Bezeichnung für eine schützende Bodenbedeckung mit organischem Material. Eine Mulchschicht hält die Feuchtigkeit im Boden, schützt die Oberfläche vor Witterungseinflüssen und dämmt lästigen Unkrautaufwuchs ein.

Mulchfolie

Sie ist eine dünne, schwarze Polyethylenfolie, die zur Frühkultur auf das Beet gelegt und an den Rändern eingegraben wird. Gepflanzt und gesät wird durch zuvor eingeschnittene Schlitze in der Folie. Unter der Folie erwärmt sich der Boden schneller, Feuchtigkeit verdunstet langsamer und Unkrautaufwuchs wird verhindert, doch man sollte sie vermeiden, weil der Einsatz dieser Folien zum Eintrag von Mikroplastik in unsere Böden beiträgt.

Nematoden

Farblose, glatte, 0,3 bis 5 mm große Fadenwürmer, die im Boden, im Wasser und in Pflanzen leben. Es gibt Arten, die das Pflanzengewebe schädigen, indem sie Stängel, Blätter oder Wurzeln zerstören. Manche Arten sind aber als natürliche Feinde von Pflanzenschädlingen nützlich bei deren Bekämpfung (→ Nützlinge).

Nützlinge

Natürlicher Gegenspieler (Fressfeind) eines Schädlings. Igel und Marienkäfer z. B. sind Nützlinge, weil sie Schnecken oder Blattläuse vertilgen. Auch Raubmilben, Schlupfwespen und Nematoden gehören dazu (→ Nematoden).

Organischer Dünger

In pflanzlichen und tierischen Abfallprodukten wie Hornspänen oder Kompost gebundene Nährstoffe. Sie sind erst pflanzenverfügbar, nachdem sie von Bodenorganismen aufgeschlossen wurden, und wirken daher langsam über einen Zeitraum von bis zu mehreren Monaten und tragen zum nachhaltigen Aufbau der Bodenfruchtbarkeit bei (→ Mineralischer Dünger).

Pikieren

Vereinzeln kleiner, aus Samen gezogener Keimlinge. Sobald sich zwei Blätter über den Keimblättern entwickelt haben, hebt man die jungen Pflänzchen an der Wurzel vorsichtig aus der Erde und pflanzt sie in größeren Abständen in einen Topf oder ins Beet, wo ihnen mehr Platz für die weitere Entwicklung zur Verfügung steht.

Rambler-Rosen

Überwiegend einmalblühende Kletterrosen mit flexiblen Trieben, die je nach Sorte zwischen 4–10 m lang werden. Rambler-Rosen eignen sich ideal als Fassadengrün und zum Beranken von Bäumen. 'New Dawn', 'Ghislaine de Feligonde' oder 'Guirlande d'Amour' blühen auch mehrmals (→ Climber-Rosen).

Remontieren

Die Fähigkeit von Pflanzen, mehrmals im Jahr zu blühen. Eine zweite Blüte erfolgt z. B., wenn Pflanzen wie Rittersporn oder Steppen-Salbei nach der Hauptblüte zurückgeschnitten werden. Auch viele Rosensorten remontieren.

Rhizomsperre

In den Boden eingebrachte Barriere, die Pflanzen mit starkem Ausbreitungsdrang wie Bambus daran hindert, weitreichende Ausläufer zu bilden. Rhizomsperren bestehen z. B. aus 2 mm starken Kunststoffbahnen, die ringförmig etwa 70 cm tief um den Wurzelballen ausgelegt werden und etwa 5 cm aus der Erde ragen, damit die Pflanzen sie nicht überwachsen können.

Rindenmulch

Grob zerkleinerte Baumrindenstücke, meist von Nadelhölzern, mit einem hohen Anteil an Gerbsäuren und Phenolen. Rindenmulch hat einen niedrigen pH-Wert und kaum Nährstoffe. Er entzieht dem Boden Stickstoff und eignet sich als Mulch z. B. unter Gehölzen, säureliebenden Moorbeetpflanzen und als Wegbelag.

Saftdruck

Druck, der im Frühjahr vor dem Austrieb den Saft aus den Wurzeln in die oberirdischen Pflanzenteile transportiert. Der Saftdruck strebt in der Pflanze – auch in den einzelnen Trieben – immer nach oben.

Saftstau

Erhöhter Saftdruck an der Schnittstelle eines im Frühjahr geschnittenen Gehölztriebes, der einen stärkeren Austrieb unterhalb der Schnittstelle bewirkt. Die Stauwirkung kann über mehrere Jahre bestehen, bis der neue Trieb den ursprünglichen Saftstrom vollständig aufnehmen kann.

Saftstaustufe

Austriebsstelle unterhalb der Schnittstelle an einem Gehölztrieb. Werden z. B. bei einer Hecke die Triebe Jahr für Jahr etwas höher und breiter eingekürzt, kommt es von innen nach außen durch Saftstau zu aufeinanderfolgenden Austriebsstellen. Das fördert buschigen und vitalen Wuchs.

Schlitzast

Von seiner Basis an sehr steil wachsender, bruchgefährdeter Gehölztrieb, der auf der Oberseite nicht stabil mit dem Hauptast verwachsen ist.

Schutzvlies → Gartenvlies

Schwachzehrer

Pflanzen mit geringem Nährstoffbedarf. In der Gemüsekultur gelten z. B. Radieschen oder Kräuter wie Basilikum und Rosmarin als Schwachzehrer (→ Starkzehrer).

Seitentrieb

Untergeordneter Trieb, der seitlich von einem aufrechten Gerüsttrieb abzweigt.

Selbstunverträglichkeit

Durch Krankheitserreger, Schädlinge oder andere Pflanzenrückstände im Boden hervorgerufener Mangelwuchs und/oder Ertragsrückgang bei Pflanzen. Häufig bei Pflanzen der gleichen Familie, die ohne Anbaupause kultiviert werden.

Starkzehrer

Pflanzen mit hohem Nährstoffbedarf. Zu den Starkzehrern unter den Kulturpflanzen gehören Kohlgewächse, Tomaten und Gurken, aber auch Zitruspflanzen und Rosen (→ Schwachzehrer).

Tonminerale

Bei der Verwitterung von Silikatgestein entstehende, feinkörnige, mehrschichtige Minerale mit hoher Wasser- und Nährstoffspeicherfähigkeit.

Trasszement

Portland-Zement, der durch Zuschlag von Trass, einem Vulkangestein, wasserdicht wird und kaum zu Kalkausblühungen neigt. Trasszement ist bestens geeignet zum Verlegen von Natursteinplatten, zum Vermörteln von Natursteinen und für Restaurierungsarbeiten.

Umlenken

Das Verkleinern langer, oft verzweigter Gehölztriebe durch Rückschnitt auf einen tiefer stehenden und nach außen weisenden Seitentrieb. In diesen wird dann der Saftdruck umgelenkt. Bei überalterten Gehölzen bezeichnet man damit den Rückschnitt zur Erde hängender, besenartig verzweigter und vergreister Triebe auf schräg nach oben wachsende Triebe.

Unterlage

Bezeichnung für die Wurzel veredelter Pflanzen. Voraussetzung für das Zusammenwachsen ist, dass die Unterlage mit der Edelsorte verwandt ist (→ Veredeln).

Vegetativ vermehren

Die Vermehrung einer Pflanze aus vitalen Pflanzenteilen, z. B. über belaubte Stecklinge und unbelaubte Steckhölzer. Dazu trennt man die entsprechenden Pflanzenteile ab und steckt sie in feuchtes Substrat zum Bewurzeln. Auch Absenker oder Teilung des Wurzelstocks sind Arten vegetativer Vermehrung. Die neuen Pflanzen gleichen der Mutterpflanze in allen Teilen.

Veredeln

Das Aufsetzen (Pfropfen) des Triebstückes einer Edelsorte auf einen Wurzelstock der gleichen Gehölzart. Der Wurzelstock, die sogenannte Unterlage, reguliert nach dem Verwachsen die Wüchsigkeit und die Standfestigkeit der gesamten Pflanze. Die Verbindung der beiden Partner erfolgt am Sprossrand der Veredelungsstelle, wo sich teilungsfähiges Gewebe bildet. Die spezifischen Eigenschaften der Edelsorte bleiben vollständig erhalten und können durch die Unterlage in Bezug auf Frosthärte oder Resistenz gegen Krankheiten noch verbessert werden. Eine angewandte Veredelungstechnik ist die Okulation. Dabei schiebt man Triebanlagen, sogenannte Augen, in die Rinde des Wurzelhalses (u. a. bei Rosen).

Vereinzeln von Gehölztrieben

Beim Vereinzeln entfernt man sehr dicht stehende Gehölztriebe und lässt dabei nur einen Trieb stehen. Dieser erhält dann an der Basis mehr Licht und kann sich besser verzweigen (→ Verschlanken).

Vergeilen

Die Bildung langer, dünner und bleicher Pflanzentriebe infolge von Lichtmangel. Bei zu geringer Fotosyntheseleistung entwickeln sich chlorophyllarme Blätter und Triebe und es kommt zu kümmerlichem Wuchs. Das Streben zur Lichtquelle fördert das Längenwachstum der Pflanze (→ Geiltriebe).

Vergreisen

Das Nachlassen von Wachstum und Blühwilligkeit bei älteren Pflanzen – ein Prozess, der genetisch festgelegt und von Art zu Art verschieden ist. Bei Gehölzen bilden sich im Alter sehr starke Verzweigungen und kaum noch Jungtriebe, später sterben einzelne Triebe ab. Entsprechende Schnittmaßnahmen können dieser Entwicklung entgegenwirken.

Verschlanken

Das Vereinzeln von Triebspitzen verzweigter Triebe auf nur eine Fortsetzung. Das Verschlanken fördert eine ästhetische Gestalt und sorgt für einen besseren Lichteinfall in das Gehölzinnere. Der verbleibende Trieb ist im Gegensatz zum Umlenken dabei meist die natürliche Fortsetzung des Haupttriebes. Bei dieser Methode handelt es sich um die sanfteste Art des Gehölzschnittes. Sie regt das Wachstum der Triebe am geringsten an.

Vertikutieren

Technik, bei der man den Rasen durch vertikale Schnitte auflockert sowie Verfilzungen und Verhärtungen der Grasnarbe löst. Gleichzeitig durchlüftet man dabei den Boden und ermöglicht vitales Gräserwachstum. Der Begriff leitet sich von dem englischen Begriff »vertical cutting« ab.

Vertikutierer

Ein meist motorbetriebenes Gerät für die Rasenpflege. An einer Walze befinden sich spitze Messer mit regulierbarer Schnitttiefe, die in die Grasnarbe schneiden, um sie zu lockern (→ Vertikutieren).

Vlies → Gartenvlies

Wurzelälchen → Nematoden

Wurzelnackt

Gehölze, die mit freiliegenden Wurzeln ohne Erdballen verpflanzt oder verkauft werden. Bei wurzelnackten Obstgehölzen, Rosen und Stauden ist die Sortenauswahl in der Regel größer als bei Topfware. Die Pflanzzeit beschränkt sich aber auf Herbst und Frühjahr, während Containerware, also Topfgehölze, fast das ganze Jahr über gepflanzt werden kann.

Wurzelunkräuter

Wildpflanzen, die sich meist durch unterirdische Ausläufer ausbreiten, wie Quecke, Giersch, Schachtelhalm und Kriechender Hahnenfuß, oder tiefreichende Pfahlwurzeln haben, z. B. Löwenzahn und Ampfer.

Zuchtsorte

Variante einer Kulturpflanzenart. Jede Zuchtsorte unterscheidet sich in mindestens einem Merkmal, z. B. in Farbe, Größe, Frosthärte oder Ertrag, von anderen Sorten der gleichen Art.

Zuschlagstoffe

Mineralische Bestandteile im Pflanzsubstrat, die Blumenerde locker und großporig machen. Dazu gehört z. B. das Tonmineral Bentonit, Blähton oder das Granulat Perlite. Zuschlagstoffe sind z. B. wichtig für mediterrane Kübelpflanzen.

Zweijähriger Langtrieb

Langer Gehölztrieb nach zwei Wachstumsperioden mit einjährigen, seitlichen Kurztrieben, die meistens zahlreiche Blütenknospen tragen (→ Langtrieb).

Zweijähriger Trieb

Trieb nach zwei Wachstumsperioden. Bei Obst- und Ziergehölzen sitzt an diesen Trieben sehr schönes, vitales Blütenholz.

Zweijähriger Umtrieb

Kulturmethode z. B. für Beerensträucher in zweijährigem Turnus. Der sich im ersten Jahr entwickelnde Trieb trägt im 2. Jahr Früchte und wird dann durch einen neuen Jungtrieb ersetzt.

Register

A

Absenker und Veredelungen 62
Apfelwickler 245
Aussaat im Freiland 204
Aussaatfehler 57
Aussaatmethoden 54

B

Ballierte und wurzelnackte **Pflanzen** 65
Richtige **Baumgröße** 236
Beet anlegen auf einer Rasenfläche 23
Beet vorbreiten 63
Besondere **Beetformen** 34
Umgang mit **Beikräutern** 81
Berg-Waldrebe schneiden 129
Biomittel gegen Blattläuse 77
Blauregen in Form bringen 131
Blumenwiese 195
Spiräe und **Blutjohannisbeere** schneiden 119
Boden ist nicht gleich Boden 24
Boden mulchen 32
Boden schützen 26
Bodendecker für den Schatten 157
Bodenleben 20
Bodenretterpflanzen 27
Sommerschnitt bei Himbeere und **Brombeere** 262
Himbeeren und **Brombeeren** kultivieren 254
Buchsbaumzünsler 111
Buchsersatzpflanzen 108

C und D

Paprika und **Chili** 220
Dahlienknollen pflanzen 172
Dickmaulrüssler 79
Dill gedeiht nicht 269
Düngemittel 41
Tierische **Düngemittel** 42
Düngen mit Mist 43
Dünger selbst herstellen 44
Grundkenntnisse **Düngung** 40

E

Efeu und Wilden Wein bändigen 130
Einpflanzen 64
Erdbeeren 252
Erdflöhe 233
Vliese und **Folien** 33
Formschnitte 121
Früchte ausdünnen 237
Früchte für Mensch und Tier 105
Fruchtfolge und Mischkultur 202
Frühbeet anlegen 211
Markante **Frühjahrsblüher** 120
Frühjahrspflanzung 171
Frühlingsboten 176

G

Die wichtigsten **Gartengeräte** 68
Neun wilde **Garten-Stars** 160
Frühblühende **Gehölze** 102
Gehölze für den Garten 94
Kleinbleibende attraktive **Gehölze** 104

Gemüse fault 232
Gemüse kultivieren 226
Gemüse pflanzen 206
Pflanzzeiten **Gemüse** 207
Geräte für die Gartenarbeit 67
Gespinstmotten 112
Aussaaten im **Gewächshaus** 209
Pflanzen im **Gewächshaus** 208
Gießtipps 48
Pflanzung und Pflege von **Gräsern** 158
Gräser schneiden 163
Gurken kultivieren 216

H

Hangbepflanzung 107
Hausbäume und Klimagehölze 96
Hecken als Sichtschutz 99
Bunte blühende **Hecken** 101
Hecken in Form halten 122
Hecken Schritt für Schritt 98
Heidelbeeren 257
Einjährige **Herbstblüher** 181
Mönchspfeffer und **Hibiskus** schneiden 117
Nützliche **Hilfsmittel** 56
Frühjahrsschnitt **Himbeere** und Brombeere 260
Himbeeren und Brombeeren kultivieren 254
Hortensien 110
Hortensien schneiden 116
Hülsenfrüchte 222

J

Johannisbeeren und Stachelbeeren 256
Johannisbeeren und Stachelbeeren schneiden 259

K

Kartoffeln anbauen 219
Kirsche und Zwetschge schneiden 244
Madige **Kirschen** 247
Kirschessigfliege 258
Klematis schneiden 128
Klematisarten 127
Klematiswelke 132
Einjährige **Kletterpflanzen** 126
Selbsthaftende **Kletterpflanzen** 124
Stützhilfen für **Kletterpflanzen** 125
Vorteile von **Kletterpflanzen** 123
Kletterrosen schneiden 143
Gestalten mit Zwiebeln und **Knollen** 174
Zwiebeln und **Knollen** pflanzen 167
Kohlarten gedeihen nicht 217
Empfehlenswerte **Koniferen** 109
Absterbende **Koniferenhecke** 113
Kräuselkrankheit an Pfirsich 246
Mediterrane **Kräuter** 266
Mehrjährige und einjährige **Kräuter** 264
Kübelpflanzen überwintern 186
Zucchini und **Kürbis** 221

L

Lauchminierfliege 231
Lavendel und Thymian schneiden 118
Lebensformen von Pflanzen 51

M

Fruchtfolge und **Mischkultur** 202
Mönchspfeffer und Hibiskus schneiden 117

N

Nährstoffe kurz erklärt 36
Wichtige **Nährstoffe** 37
Nährstoffmangel bei

Gemüse 212
Schadbilder durch **Nährstoffmangel** 38
Gefahren im **Naturgarten** vermeiden 88
Schritte zum **Naturgarten** 86
Nützlinge 82
Nützlingsstreifen 78

O

Obstarten 234
Obstbaum erziehen 238
Obstbaum vital halten 239

P

Paprika und Chili 220
Petersilie gedeiht nicht 270
Sauerkirsche und **Pfirsich** schneiden 241
Die wichtigsten **Pflanzengruppen** 52
Natürliche **Pflanzenschutzmittel** 74
Das ideale **Pflanzgefäß** 72

R

Rasen aussäen 189
Rasen mähen 191
Wichtiges Gartenelement: **Rasen** 188
Rasenflächen gestalten 194
Rasenkrankheiten 193
Rasenprobleme 192
Resistente Sorten 263
Rindenbrand bei Obstgehölzen 250
Rollrasen 190
Rosen – hoch hinaus 136
Einmalblühende **Rosen** schneiden 144
Öfterblühende **Rosen** schneiden 142
Rosen pflanzen 133
Pflegeschnitt bei **Rosen** 145
Rosen vergangener Tage 140
Winterschutz bei **Rosen** 141
Rosenkrankheiten 146
Rosenpflege 138
Die passenden **Rosensorten** finden 134
Rosenstämmchen 139

S

Saatgutbegriffe 54
Saatgutgewinnung 55
Saftdruck steuert Wachstum 92
Aussaattabelle **Saisonpflanzen** 182
Saisonpflanzen für Insekten 180
Direktsaat von **Sommerblumen** 184
Salat anbauen 218
Sauerkirsche und Pfirsich schneiden 241
Säulenbäume schneiden 242
Schimmel auf der Erde 22
Schnecken abwehren 76
Schnittformen 114
Schrotschusskrankheit 248
Sommerblüher für Anfänger 179
Sommerblüher für heiße Standorte 178
Pflege der **Sommerblumen** 177
Sommerschnitt 115
Sommerstauden schneiden 162
Spalierbäume erziehen 243
Spindelbaum schneiden 240
Spinnmilbe an Gurke 225
Spiräe und Blutjohannisbeere schneiden 119
Johannisbeeren und **Stachelbeeren** 256
Johannisbeeren und **Stachelbeeren** schneiden 259
Bodendeckende **Stauden** 156
Dauerblüher **Stauden** 155
Stauden für den Schatten 154
Stauden für trockene Flächen 152
Stauden pflanzen und umpflanzen 150

Stauden teilen und trennen 60
Wintergrüne **Stauden** schneiden 164
Sommerlicher **Staudenschnitt** 165
Staudenvielfalt 148
Steckholzvermehrung 61
Stecklingsvermehrung 59
Blühende **Sträucher** für kleine Gärten 103
Hitzeverträgliche **Sträucher** 106
Wiederverwendung von **Substraten** 31

T

Krankheiten an **Tafeltraube** 249
Tafeltraube schneiden 261
Teich anlegen 196
Pflanzen für den **Teich** 198
Teichpflege 199
Teichplanung 197
Lavendel und **Thymian** schneiden 118
Tomaten anbauen 214
Tomatenkrankheiten 230
Richtig gärtnern in **Töpfen** 73
Gesprenkelte **Topfkräuter** 268
Torffreie Erden 30
Totholzhecke 100
Trockenblumen 185
Tulpen kommen nicht mehr 173

U und V

Einfache **Überwinterung** 175
Absenker und **Veredelungen** 62
Vliese und Folien 33
Vorziehen auf der Fensterbank 210

W

Walnussfruchtfliege 251
Wasser sparen 49
Wasserbedarf 50
Richtig **wässern** 47
Wildbienen im Garten fördern 84
Efeu und **Wilden Wein** bändigen 130
Wildgehölze 100
Wuchs- und Triebformen 93
Wühlmäuse bekämpfen 80
Wurzelgemüse aussäen 223
Wurzelnackte Pflanzen 66

Z

Zeigerpflanzen 28
Mit **Ziergräsern** gestalten 159
Zucchini und Kürbis 221
Kirsche und **Zwetschge** schneiden 244
Zwiebel und Knollenpflanzen in Gefäßen 170
Wichtige **Zwiebel- und Knollenpflanzen** 168
Zwiebelgewächse anbauen 224
Gestalten mit **Zwiebeln** und Knollen 174
Zwiebeln und Knollen pflanzen 167
Tolles trockenes **Zwiebel-Pflanzgut** 166

... das machen wir mit Links!

Bestimmt sind Sie beim Lesen neugierig darauf geworden, die vielleicht neu entdeckte »Gartenwelt« weiter zu erkunden. Kein Problem!
Hier ist als Einstieg in die Gartenszene eine bunte Vielfalt an Tipps mit Weblinks zusammengetragen. Sie finden Top-Bezugsquellen, Anlaufstellen bei diversen Fragen, seriöse Ratgeberseiten, Vereine »im grünen Bereich«, Buchtipps und etliches mehr.
Freilich kann unsere Zusammenstellung nur ein unvollständiger Ausschnitt aus der Gartenszene sein ... aber irgendwo muss man ja anfangen.

Per Knüddel-Code zur Landingpage:
Damit Sie nicht die Adressen mühsam fehlerfrei für die Websuche abtippen müssen, haben wir Ihnen diesen QR-Code vorbereitet. Einfach scannen, dann stehen alle Website-Links auf unserer Landingpage verfügbar bereit und das Garten-Surfen im Internet kann losgehen.

Bezugsquellen ...

... für Stauden

Staudengärtnerei Gaißmayer
vorzügliche Qualität, fast alles aus Bio-Anbau, enorm große Auswahl, die keine Wünsche offen lässt, viele Kräuter
Website: www.gaissmayer.de

Staudengärtnerei Gräfin von Zeppelin
große Auswahl, seit Generationen sehr bekannt für vorzügliche Iris, Taglilien und Päonien, schöner Gartenbuch-Shop
Website: www.graefin-von-zeppelin.de

Lichtnelke Pflanzenversand
Staudengärtnerei Henning Bargest
reizvolles Sortiment mit vielen spannenden innovativen Sorten
Website: www.lichtnelke.de

... für Kräuter

Rühlemann's Kräuter und Duftpflanzen
Fantastische Aromapflanzen für Gaumen und Nase, sehr bekannter Anbieter für Kräuter
Website: www.kraeuter-und-duftpflanzen.de

... für Saatgut

Samenhaus Müller
Saatgut aller Art von zahlreichen renommierten Anbietern und viel Zubehör sowie Blumenzwiebeln und -knollen
www.samenhaus.de

Bingenheimer Saatgut
Saatgut in Bio-Qualität, zahlreiche samenfeste Sorten von Blumen und Gemüse wie Tomaten
www.bingenheimersaatgut.de

Dreschflegel Saatgut
Bio-Saatgut, viele alte und samenfeste Arten und Sorten für nachhaltiges Gärtnern
www.bingenheimersaatgut.de

... für Rosen

Rosenhof Schultheis
bemerkenswert schöne eigene Züchtungen, viele alte und historische Sorten und Raritäten sowie neue Sorten internationaler Züchter
Website: www.rosenhof-schultheis.de

RosenPark Dräger
wahrlich beeindruckendes reichhaltiges, aktuelles Sortiment aller relevanten internationalen Züchter
Website: www.rosenpark-draeger.de

Rosenschule Ruf
Rosenpflanzen in Bio-Qualität, wunderschöne eigene Rugosa-Züchtungen, sehr reivolle selbst produzierte Spezialitäten
aus Rosen
Website: www.rosenschule.de

Ihre zahlreichen und empfehlenswerten eigenen Sorten beschreiben drei weltweit namhafte deutsche Rosenzüchter in ihren Websites und verkaufen sie von dort online:

Kordes Rosen
Website: www.rosen.de

Noack Rosen
Website: www.noack-rosen.com

Rosen Tantau
Website: www.rosen-tantau.com

... für Klematis

Clematis Herian
ausgesprochen reizvolle Klematis, ausgezeichnete Pflanzenqualität, außerdem noch tolle Obstpflanzen-Raritäten
Website: www.clematis-herian.de

... für Gehölze
Baumschule Hachmann
Schwerpunkt Rhododendron, Azaleen und Fächerahorne, aber es gibt auch Heckenpflanzen und andere Gehölze
Website: www.hachmann.de

Biobaumversand
Schwerpunkt Obstgehölze sowie Erdbeerenpflanzen aus Bio-Anbau
Website: www.biobaumversand.de

... für Blumenzwiebeln und -knollen

Nijssen Bulbs
niederländischer Anbieter mit sehr weitem und reizvollem Sortiment, viele überaus spannende Raritäten
Website: www.nijssentuin.nl

Fluwel
niederländischer Anbieter mit erlesenem Qualitäts-Sortiment, bemerkenswerte Auswahl von Lilien und Rittersternen (="Amaryllis")
www.fluwel.de

... für Wasserpflanzen

Jörg Petrowsky Wasserpflanzengärtnerei
Teichpflanzen und vor allem eine fantastische Kollektion von Seerosensorten
Website: www.seerosensorten.de

... für (fast) alles = Gesamtanbieter

Hof Jeebel
Gehölze, Stauden, Sämereien und sehr vieles mehr in Bio-Qualität
Website: www.biogartenversand.de

Lubera
großes, mitunter überraschendes Sortiment, auch Obstgehölze, Kübelpflanzen oder Saatgut
Website: www.lubera.com/de

Baumschule Horstman
hier gibt es (fast) alles an Pflanzen; Gehölze, Stauden, Rosen in einer sehr großen Auswahl
Website: www.baumschule-horstmann.de

Sängerhof Ley
Obstgehölze und Erdbeerpflanzen von Häberli, viele weitere Pflanzen und interessantes Garten-Zubehör
Website: www.gartenwebshop.eu

Anbieter von qualitativ hochwertigem Zubehör/Hilfsmittel

Vieles davon ist vor Ort im Handel, wie etwa Gartencentern oder Raiffeisenmärkten, erhältlich.

Sneeboer
Das ist wohl so ziemlich das Beste, was es an geschmiedetem Gartenwerkzeug gibt! Einmal tief in die Tasche greifen – und man hat etwas »fürs Leben«.
Website: www.sneeboer.com/de

Felco
Eindeutig des Profis Lieblingsscheren! Eine Felco-Schere ist oft ein Geschenk, spätestens zur bestandenen Gesellenprüfung.
Website: www.eu.felco.com/de

Neudorff
Seit jeher profilierter Anbieter von Dünger, Erden, Substraten, Pflanzenschutz für nachhaltiges Bio-Gärtnern
Website: www.neudorff.de

Wolf-Garten
Sehr anwenderfreundliches und solides Gartengerätesystem, sehr gute Scheren, von Anfang an spezialisiert auf Rasenaussaat und -pflege
Website: www.wolf-garten.com/de

Oscorna
ausgezeichnete Produkte zur Bodenverbesserung und Förderung des Bodenlebens, sowie für die Düngung und Kompostierung
Website: www.oscorna.de

Gardena
guter Standard von Gartengeräten, sehr Bewährtes für die Bewässerung; äußerst praktische Schlauchsysteme
Website: www.gardena.com/de

Oase
sehr bewährte Teichtechnik, in dieser Hinsicht ein »one-stop-shop«
Website: www.oase.com/de-de

Snoek
interessante Produkte zum naturnahen Gärtnern, vor allem zur Verbesserung von Böden und Stützen der Pflanzengesundheit
Website: www.snoek-naturprodukte.de

Compo
Schon immer ein Qualitätsanbieter für Dünger, Erden, Substrate etc. – Bio-Linie wird ausgebaut
Website: www.compo.de

Hier gibt es Rat zur Tat

ADR-Rosen
hier gibt es Rosensortenempfehlungen von der strengsten Rosenprüfstelle überhaupt, die Ergebnisse aus 11 bundesweit verteilten Prüfgärten auswertet
Website: www.adr-rose.de

Natürlich Gärtnern 1
Unterkapitel auf der Website des NABU mit zahlreichen Teilthemen
Website: www.nabu.de/umwelt-und-ressourcen/oekologisch-leben/balkon-und-garten/grundlagen

Natürlich Gärtnern 2
Unterkapitel auf der Website des Bund Naturschutz, wo viele Aspekte behandelt werden
Website: www.bund-naturschutz.de/oekologisch-leben/naturgarten

Bundesministerium für Landwirtschaft, Ernährung und Heimat
diverse Themen – beispielsweise »torffreie Blumenerden« – aber man kann sich weiter durchklicken
www.torffrei.info

Bundesverband der Kleingartenvereine Deutschlands
Anlaufstelle über Informationen zu Kleingärten, Überblick über die regionalen Untergruppen
Website: www.kleingarten-bund.de

Umweltbundesamt
Fundgrube! Verzeichnis der Gartenakademien, Landwirtschaftlichen Untersuchungs- und Forschungsanstalten mit dem Service-Angebot (auch Bodenprobenuntersuchungen) in den Bundesländern sowie weiterführende Links zu diversen seriösen, öffentlichen Datenbanken, gemeinnützigen Vereinen und Infodiensten
www.umweltbundesamt.de/oeffentliche-beratungsstellen-fuer-hobbygaertner

Garten-Kultur / Reiseziele

Rosenmuseum Steinfurth
DAS Rosenmuseum in der Rosenstadt Steinfurth/Bad Nauheim, Hessen – am Ort finden sich auch tolle Rosenschulen wie Schultheis, Ruf und der große Rosenpark Dräger für eine große Rosentour
Website: www.rosenmuseum.com

Botanische Gärten
Überblick über die Botanischen Gärten in Deutschland, Niederlande, Luxemburg, Schweiz und Österreich mit Verlinkungen auf die Websites der einzelnen Botanischen Gärten
Website: www.verband-botanischer-gaerten.de/Mitgliedsgaerten/Karte.html

Museum der Gartenkultur
Schönes Gartenmuseum, wechselnde Ausstellungen, sehenswerte kleine Museumsgärten in Illertissen, Bayern (nahe Ulm); in direkter Nachbarschaft befindet sich die Staudengärtnerei Gaissmayer, mit fantastischen Schaupflanzungen
Website: www.museum-der-gartenkultur.de

Kew Gardens
Ausgangspunkt und Zentrum englischer Gartenkultur, London – wer gartenaffin ist, London bereist und mehr als drei Tage dort ist, sollte einen Besuch dort unbedingt einplanen
Website: www.Kew.org

Online-Szene

campus botanicus
tolle Online-Vorträge und Webinare – entstanden während der Corona-Zeit, hat sich profiliert zum Forum mit vielen namhaften Expertinnen und Experten
Website: www.campus-botanicus.de

Bio-Balkon
von Brigitte Schattling ins Leben gerufen; interessante Interviews und sehr viele praxisnahe Anregungen für nachhaltiges Gärtnern in Kübeln und Kästen
Website: www.bio-balkon.de

Podwatch
Da Podcasts – nicht nur bezüglich Gartenthemen – eine Sache sehr persönlicher Interessen und Vorlieben ist, überlassen wir Ihnen hier die Auswahl aus allgemein anerkannten und beliebten Angeboten, die hier auf dieser Seite gelistet sind
Website: www.podwatch.io/charts/heim-und-garten-podcasts/

… noch zwei interessante Adressen:

slowflower-Bewegung
Schnittblumen-Anbau und Floristik aus regionalem, saisonalen und nachhaltigem Anbau
Website: www.slowflower-bewegung.de

Gesellschaft zur Förderung der Gartenkultur
Rühriger Verein äußerst fähiger Gartenmenschen, Herausgeber des preisgekrönten Magazins »Blätterrauschen«
Website: www.gartengesellschaft.de

Aufgelesenes

Das Große GU Praxishandbuch Pflanzenschnitt / Hansjörg Haas
Detaillierte Ratgeber zum Thema Pflanzenschnitt
336 S. / 970 Zeichnungen und Fotos / Gräfe & Unzer Verlag / ISBN 978-3-8338-8963-9

MDR Garten – Richtig gärtnern für Nützlinge / Brigitte Goss
Einführung ins nützlingsbewusste und ökologische Gärtnern
144 S. / 300 Fotos, 48 Zeichnungen / Landwirtschaftsverlag Münster / ISBN 978-3784356020

Das Große Ulmer Rosenbuch / Andreas Barlage
alles was man über Rosen wissen sollte
288 S. / 300 Fotos, 48 Zeichnungen /Verlag Eugen Ulmer / ISBN 978-3-8186-1759-2

Wie kommt die Laus aufs Blatt / Andreas Barlage
Sammlung kurzweiliger Essays zum Thema »Tiere im Garten«
184 S. / zahlreiche historische Stiche / Thorbecke Verlag / ISBN 978-3-7995-1479-8

Wilde Wiesen gestalten / Katrin Lugerbauer & Joachim Hegmann
Sehnsuchtsort Wiese – so kann man den Garten dazu umwandeln
160 S. / 151 Fotos / Verlag Eugen Ulmer / ISBN 978-3-8186-1229-0

Schattenstauden – die dunkle Seite Ihres Gartens / Katrin Lugerbauer
tolle Abhandlung über Gartenpflanzen, die wenig Licht brauchen
176 S. / 137 Fotos, 8 Zeichnungen / Verlag Eugen Ulmer / ISBN 978-3818614447

Altes Gärtnerwissen wieder entdeckt / Inga Maria Richberg
... wie der Titel schon sagt – Fundgrube!
208 S. / 137 Fotos, 8 Zeichnungen / Gräfe & Unzer Verlag / ISBN 978-3833896910

Das große Biogarten-Buch / Andrea Heistinger
Ein zeitgemäßes, immer wieder aktualisiertes Standardwerk zum Thema
624 S. / 1.100 Abbildungen / Löwenzahn Verlag / ISBN 978-3706625166

Das Kompostbuch / Agnes Pahler
Anleitung zum »Recycling« von Gartenabfällen in fruchtbare Erde
162 S. / zahlreiche Abbildungen / pala-Verlag / ISBN 978-3895663154

Bildnachweis

Cover und U4: FinePic, München

Illustrationen: alle von Heidi Janicek, außer Seite 11 (Phänologische Jahreszeiten): Matias Kovacic und Seite 15: Deutscher Wetterdienst

Fotos:

AdobeStock: 12-4, 13-2, 13-3, 13-4, 14, 16-2, 18, 21-1, 22, 29, 30, 33, 39-4, 39-5, 39-6, 39-7, 39-8, 39-9, 43, 49, 54, 57-3, 65-3, 72-1, 72-2, 74-1, 76-1, 76-2, 76-3, 84, 88, 96-3, 100, 102-3, 103-3, 105, 106, 110-2, 110-3, 111-1, 111-2, 111-3, 129-2, 131-1, 141-1, 147-2, 147-4, 147-5, 147-7, 148-2, 148-3, 150, 152-2, 158-1, 158-3, 159-3, 161-1, 161-2, 161-4, 161-5, 161-6, 161-8, 174-1, 174-2, 181-2, 190, 192, 193, 195, 198, 202-1, 202-2, 208, 209-2, 210-1, 210-2, 211-1, 214-2, 216, 217-1, 217-2, 220-1, 222-223, 224-2, 230-1, 231-1, 233, 245-247, 248-1, 249-3, 251-1, 252-2, 252-3, 254-1, 254-2, 254-3, 258-1, 258-2, 263, 264-1, 269-2; Alamy: 80, 83, 98-1, 98-3, 108-1, 161-3, 194-2, 202-3, 232-1, 264-3, 266-2, 269-1; Barlage, Andreas: 12-1, 12-2, 12-3, 12-5, 13-1, 13-5, 58, 94, 102-1, 110-1, 126, 132, 134, 137, 138, 140, 147-1, 147-3, 159-1, 166, 170, 172, 173, 175, 178, 180, 181-1, 187, 237, 250; Baumjohann, Dorothea: 21-2, 39-2, 39-3, 57-1, 59-1, 59-2, 59-3, 147-6, 147-8, 221, 224-3, 225, 231-2, 256, 264-2; Biosphoto: 86, 152-3, 252-1, 266-1; Botanikfoto: 124-1, 141-2; FloraPress: 57-2, 62, 74-3, 78, 90, 96-2, 101, 108-2, 109-3, 109-4, 139-1, 152-1, 157, 159-2, 171-1, 189-1, 189-3, 189-4, 194-1, 196, 199, 204-3, 211-2, 235-2, 236, 248-2; Friedrich Strauss: 8, 16-1, 23-1, 23-2, 23-3, 34, 47-2, 50-1, 50-2, 55, 60, 63-1, 63-2, 64-1, 64-2, 64-3, 64-4, 65-2, 72-3, 73, 81-1, 96-1, 98-2, 109-2, 167-2, 181-3, 191, 200, 204-1, 204-2, 206-1, 206-2, 209-1, 214-1, 214-3, 218, 220-2, 235-1, 235-3, 266-3; GAP Photos: 61-1, 61-2, 61-3, 109-1, 143-2, 167-1, 204-3, 212-1, 257-2; Getty Images: 119-2; Haas, Hansjörg: 93, 115, 118-3, 121-2, 122-2, 130, 143-2, 144-2, 145, 162-165, 241-2, 241-3, 242-2, 242-3, 243-3, 260-2, 262-2; iStock: 17, 21-3, 44, 48, 74-2, 81-2, 82, 124-3, 161-7, 251-2, 257-1, 268, 270; LBV Bildarchiv/Oliver Wittig: 16-3; NovaPhoto: 99, 171-2; Schadbild.com - Christoph Hoyer: 230-2; Shutterstock: 2-3, 102-2, 103-1, 103-2, 108-3, 108-4, 112-1, 112-2, 115-1, 117-3, 124-2, 147-9, 148-1, 158-2, 161-9, 189-2, 212-2, 212-3, 232-2, 249-1, 249-2; Westend61: 188. Gartengeräte Seite 68-71: alle AdobeStock, außer Spritzball, ummantelter Draht, Gertrude-Jekyll-Gabel: Andreas Barlage; Kleine Kanne, Bastschnur: Shutterstock.

Autoren

Foto: Christian Eppelt

Andreas Barlage

Andreas Barlage ist Diplom-Agraringenieur, Fachrichtung Gartenbau, Fachautor und -referent, passionierter Gärtner und plant Gärten. Alles, was ihn in Sachen Pflanzen interessiert, probiert er mit Begeisterung selbst aus und sammelte so im Laufe der Zeit einen reichen Erfahrungsschatz an. Daraus schöpft er seine Themen und die Fähigkeit, praxisnah und anschaulich zu berichten. Seine besondere Liebe gehört Rosen, Stauden, Saisonpflanzen sowie Zwiebel- und Knollenpflanzen. Gegenwärtig experimentiert er viel mit winterharten und frostempfindlichen Gewächsen in Kübeln und Kästen.

Foto: privat

Brigitte Goss

Die Gartenbautechnikerin und Zierpflanzengärtnerin war 13 Jahre Mitarbeiterin und Fachautorin der Bayerischen Gartenakademie Veitshöchheim. Hauptberuflich ist sie heute Fachberaterin für Gartenkultur an einer Naturschutzbehörde. Daneben setzt sie sich mit ganzer Gartenleidenschaft als Mitarbeiterin der Redaktion der Fernsehsendung »MDR-Garten« ein, ist eine gefragte Gartenexpertin im Bayerischen Fernsehen und schreibt regelmäßig für verschiedene Gartenmagazine.

Foto: Anne Schaudt

Hansjörg Haas

Hansjörg Haas studierte nach seiner Ausbildung zum Gärtner an der TU München-Weihenstephan Gartenbauwissenschaften. Seit 1992 ist er Fachberater für Obst, Gartenbau und Landespflege. Er gibt Praxiskurse und hält Vorträge. Daneben öffnet er seinen Garten, veranstaltet Gartenreisen und ist Autor von mehreren Schnittratgebern. Weitere Informationen unter www.herrenmuehle-bleichheim.de

Foto: privat

Thomas Schuster

Der Diplomingenieur für Gartenbau war viele Jahre in der bayrischen Landwirtschaftsverwaltung als Pflanzenschutzberater tätig. Ab 2006 war er für die Gemüsebauberatung zuständig. Der Spezialist für Pflanzenschutz sowie Obst- und Gemüseanbau kennt die Probleme von Hobbygärtnern genau und weiß für jedes Problem die richtige Lösung.

GU

LIEBE LESERIN, LIEBER LESER,

wie wunderbar, dass Sie sich für ein Buch von GU entschieden haben! In unserem Verlag dreht sich alles darum, mit gutem Rat Ihr Leben schöner, erfüllter und einfacher zu machen. Unsere Autorinnen und Autoren sind echte Expertinnen und Experten auf ihren Gebieten, die ihr Wissen mit viel Leidenschaft mit Ihnen teilen. Und unsere erfahrenen Redakteurinnen und Redakteure stecken viel Liebe und Sorgfalt in jedes Buch, um Ihnen ein Leseerlebnis zu bieten, das wirklich besonders ist. Qualität steht bei uns schon seit jeher an erster Stelle – jedes Buch ist von Büchermenschen für Buchbegeisterte gemacht, mit dem Ziel, Ihr neues Lieblingsbuch zu werden.

Ihre Meinung ist uns wichtig, und wir freuen uns sehr über Ihr Feedback und Ihre Empfehlungen – sei es im Freundeskreis oder online.

Viel Spaß beim Lesen und Entdecken!

PS: Hier noch mehr GU-Bücher entdecken: www.gu.de

DIE BÜCHERMENSCHEN HINTER DIESEM PROJEKT

Verlagsleitung: Nadja Harzdorf-van Wickeren
Projektleitung: Julia Herko
Lektorat: Christine Weidenweber
Korrektorat: Annette Baldszuhn
Bildredaktion: Hannah Crawford
Cover: zero-media.net, München
Layout: ki 36 Editorial Design, München, Bettina Stickel
Satz: Ludger Vorfeld
Herstellung: Petra Roth
Reproduktion: Longo AG, Bozen
Druck & Bindung: Firmengruppe APPL, aprinta druck, Wemding

Grillparzerstraße 8, 81675 München

www.gu.de/kontakt | hallo@gu.de

GU ist eine eingetragene Marke der GRÄFE UND UNZER VERLAG GmbH

1. Auflage 2026,
ISBN: 978-3-8338-8274-6

WERDEN SIE TEIL DER GU-COMMUNITY!

Sie und Ihre Familie, Ihr Haustier, Ihr Garten oder einfach richtig gutes Essen. Egal, wo Sie im Leben stehen: Als Teil unserer Community entdecken Sie die neuesten GU-Bücher als Erstes, Sie genießen exklusive Leseproben und werden mit wertvollen Impulsen und kreativen Ideen bereichert.

Worauf warten Sie? Seien Sie dabei!

www.gu.de/gu-community

© Kay Blaschke

FÜR DIE UMWELT

Dieses Buch wurde auf PEFC-zertifiziertem Papier aus nachhaltiger Waldwirtschaft gedruckt. Aus Liebe zur Natur verwenden wir leichtes Papier.

WICHTIGER HINWEIS

Die Gedanken, Methoden und Tipps in diesem Buch basieren auf den Erfahrungen unserer Autorinnen und Autoren. Sie wurden nach bestem Wissen erstellt und mit größtmöglicher Sorgfalt geprüft. Weder die Autoren noch der Verlag können jedoch für eventuelle Nachteile oder Schäden, die aus den im Buch gegebenen praktischen Hinweisen resultieren, eine Haftung übernehmen.

WARUM UNS DAS BUCH BEGEISTERT

Der ideale Gartenratgeber für Einsteiger: Hier werden alle Ihre Fragen beantwortet!

Nadja Harzdorf-van Wickeren,
Verlagsleitung